大直径潜孔锤岩土工程施工新技术

雷　斌　尚增弟　著

中国建筑工业出版社

图书在版编目（CIP）数据

大直径潜孔锤岩土工程施工新技术/雷斌，尚增弟著. —北京：中国建筑工业出版社，2020.11
ISBN 978-7-112-25728-7

Ⅰ. ①大… Ⅱ. ①雷… ②尚… Ⅲ. ①潜孔钻机-岩土工程-工程施工 Ⅳ. ①TU4

中国版本图书馆 CIP 数据核字（2020）第 247362 号

随着国内外桩工机械的技术进步，潜孔锤钻进技术的理论、工艺配套与实践应用方面均取得了突破性进展。为更好地总结潜孔锤在岩土工程中的应用，大力推广潜孔锤施工新技术，作者整理了近十年来的研究、应用以及最新的创新成果，编著成书。全书共包括 7 章，每章的每一节均为一项新技术，从工程应用实例、工艺特点、适用范围、工艺原理、施工工艺流程、工序操作要点、机具设备、质量控制、安全措施等方面予以综合阐述。

本书适合从事岩土工程施工技术人员和机械设备制造、研发相关人员学习参考。

责任编辑：杨　允
责任校对：李美娜

大直径潜孔锤岩土工程施工新技术

雷　斌　尚增弟　著

*

中国建筑工业出版社出版、发行（北京海淀三里河路 9 号）

各地新华书店、建筑书店经销

霸州市顺浩图文科技发展有限公司制版

北京建筑工业印刷厂印刷

*

开本：787 毫米×1092 毫米　1/16　印张：17½　字数：426 千字

2020 年 12 月第一版　2020 年 12 月第一次印刷

定价：**60.00** 元

ISBN 978-7-112-25728-7

(36311)

前　言

随着国内外桩工机械的技术进步，潜孔锤钻进技术的理论、工艺配套与实践应用均取得了突破性进展，在房屋建筑、市政、水利、石油、矿山、地质、天然气等行业，以及在灌注桩硬岩钻进、预制桩引孔、锚固钻进、非开挖地下管线铺设、潜孔定向钻进、岩爆孔钻凿等项目施工领域，大直径潜孔锤的钻进技术优越性得到充分发挥，显示出了较大的优势，越来越多地得到广泛应用。

1871 年美国研究制造了第一台蒸汽动力凿岩机，不久之后，便转到空气作为动力的研究上，1902 年美国英格索兰公司推出了第一台移动的往复式空气压缩机；20 世纪初，开始对空气潜孔锤钻进技术的实验工作，进行了大量空气压缩的改进和研究，潜孔锤的结构设计、机械配套得到不断完善，并于 20 世纪 50～60 年代投入生产与应用，在 20 世纪 80 年代得到快速发展。

我国在 1957～1958 年，地质部门曾进行过早期系列空气钻进试验。20 世纪 60～70 年代乃至“六五”期间，不少研究机构、高等院校、生产单位陆续进行研究试验和生产应用，虽未能形成较大规模的生产能力，但对发展此技术的认识和推广起到了积极作用。原地质矿产部“七五”科技及攻关项目之一“多工艺空气潜孔锤钻进技术的开发研究”，项目所设的七项课题均取得了丰硕的成果。近几十年来，全国各相关单位加大了科研力度，通过吸收国外的先进技术和机具，取得了一大批潜孔锤钻进技术成果，推动了潜孔锤钻进的技术进步。目前，国内潜孔锤钻进技术呈现出规格型号多样化、向大孔径推进、向深钻孔延伸的趋势，钻进效率逐步提高，钻头寿命延长，配套器具不断完善。

近十多年来，作者依托深圳市工勘岩土集团有限公司拥有的企业资质、机械设备、专业人才、市场规模、施工能力，以及深圳市晟辉机械有限公司在研发、制造、应用等方面的优势，一直从事潜孔锤桩机、钻具、配套、工艺等方面的研究，开发出了各种型号液压式、履带式潜孔锤钻机，可适用于各种复杂地层和周边环境条件下的钻进施工；研制出了各种类型、尺寸潜孔锤钻头，包括圆形、锥形、方形潜孔锤钻头，滑块式、旋翼式、分体式跟管钻头，以及单体、集束潜孔锤钻头，最大单体潜孔锤直径达 1476mm；完善了潜孔锤钻进综合配套施工技术，包括潜孔锤与地下连续墙抓斗、与旋挖钻机、与全套管全回转钻机、与冲击钻机等机械配合，最大限度发挥出了潜孔锤工艺的优越性能；研发的各种专用配套设备及工具，包括潜孔锤跟管钻进管靴、跟管钻头耐磨器、六方接头插销连接保护装置、潜孔锤钻具掉落打捞装置、串筒式降尘防护罩等，提升了潜孔锤工艺的钻进效能和使用效率。同时，在岩土工程施工项目中，探索和大力推广大直径潜孔锤技术的应用，在灌注桩全套管跟管钻进、预应力管桩硬岩引孔、地下连续墙硬岩穿越、基坑支护超深硬岩桩钻进、基坑咬合桩止水帷幕施工等项目中，达到了良好的使用效果，并形成了一系列的配套施工工法。

本书的两位作者在潜孔锤领域潜心合作了近 13 年，互为良师益友，面向市场施工项目需求，始终坚守科技创新，坚持不懈地开展潜孔锤新设备、新技术、新工艺的研发，持续进行各种配套试验、设计优化、工艺完善；同时，注重市场分析、技术提升、工艺总结、成果转化，在潜孔锤方面获得了一大批科研成果，包括：获省级工法证书 32 项，获发明、实用新型专利、外观专利共 38 项，32 项科研成果达到国内领先或国内先进水平，18 项科研成果获国家、省级行业协会科学技术奖，解决了一系列基础施工关键技术难题。

鉴于目前缺乏潜孔锤工艺方面的专著，为更好地总结潜孔锤在岩土工程中的应用，大力推广潜孔锤施工新技术，作者整理了近十年来的研究、应用以及最新的创新成果，编著成书，供同行借鉴和参考，希望能藉此进一步推动潜孔锤技术的进步，促进岩土施工技术不断完善和发展。

本书共包括 7 章，每章的每一节均为一项新技术，对每一项新技术从背景现状、工艺特点、适用范围、工艺原理、工艺流程、工序操作要点、设备配套、质量控制、安全措施等方面予以综合阐述。第 1 章介绍潜孔锤预应力管桩引孔新技术，包括针对不同桩径的预应力管桩，采取优化的综合引孔工艺，拓宽了预应力管桩的使用范围；第 2 章介绍大直径潜孔锤灌注桩施工新技术，包括灌注桩跟管钻进、旋挖潜孔锤钻进、集束潜孔锤钻进等；第 3 章介绍大直径潜孔锤基坑支护施工新技术，包括深厚硬岩基坑支护桩、锥形潜孔锤基坑支护桩、基坑支护咬合桩、方形潜孔锤硬岩钻进等；第 4 章介绍地下连续墙大直径潜孔锤成槽新技术，包括地下连续墙大直径潜孔锤成槽、超深硬岩成槽，以及咬合跟管一次性引孔成槽等综合施工技术；第 5 章介绍潜孔锤地基处理、锚固施工新技术，包括潜孔锤咬合止水帷幕、潜孔冲击高压旋喷水泥土桩及复合预制桩施工、抗浮锚杆潜孔锤双钻头顶驱钻进、海上平台斜桩潜孔锤锚固等新技术；第 6 章介绍潜孔锤绿色施工新技术，包括潜孔锤钻进孔口防护降尘罩、气液钻进降尘等新技术；第 7 章介绍潜孔锤施工事故处理技术，包括潜孔锤钻具活动式卡销打捞、潜孔锤预应力管桩吊脚桩处理等施工新技术。

本书汇集了作者及其科研团队所完成的研究成果，特此向参加各项目研发的技术人员表示感谢。为尽可能全面介绍国内潜孔锤施工技术，在本书的第 5 章 5.1 节编录了由北京荣创岩土工程股份有限公司研发的“潜孔冲击高压旋喷水泥土桩及复合预制桩施工技术”，第 2 章 2.4 节“灌注桩旋挖集束式潜孔锤硬岩钻进成桩施工技术”由山东玖翊工程机械有限公司侯磊磊副总经理提供资料，在此表示感谢。限于作者的水平和能力，书中不足在所难免，将以感激的心情诚恳接受读者的批评和建议。

感谢关心、支持出版本书以及阅读、使用本书的所有新老朋友。

雷　斌　尚增弟

于广东·深圳·工勘大厦

2020 年 10 月

目　录

第1章　潜孔锤预应力管桩引孔新技术

1.1　大直径潜孔锤预应力管桩引孔技术

1.1.1　引言

预应力混凝土管桩因桩体强度高、施工速度快、现场管理简单、便于现场文明施工管理等优点，已被广泛应用于珠三角地区的桩基础工程中。随着预应力管桩应用的普及，以及深圳地区场地地层的特殊性，预应力管桩施工经常遇到难以穿越的复杂地层，如深厚填石层、坚硬岩石夹层、孤石等，此时需要进行引孔施工，而采用常规方法引孔效果不佳，成为预应力管桩应用的一大困难和障碍。

目前，针对预应力管桩引孔方法包括：钻孔引孔法、冲孔引孔法、长螺旋引孔法等工艺。对于坚硬岩石夹层而言，长螺旋引孔效果差，回转钻进的速度慢、效率低、时间长；冲孔破岩能力强，但冲孔采用泥浆循环施工，冲孔时间相对较长，且往往冲孔最小直径不小于600mm，引孔直径偏大，对现场文明施工不利。另外，常规的引孔均采用的取土方法，使得预应力管桩桩侧摩阻力受到一定程度的损失。

经过现场通过各种引孔工艺的试验，总结出采用“大直径潜孔锤引孔技术”，即采用潜孔锤钻进穿过坚硬岩石夹层后，将管桩顺利沉入持力层。大直径风动潜孔锤钻进能充分发挥潜孔锤破岩的优越性，引孔速度快，引孔直径与预应力管桩相匹配，能一次性快速完成引孔，为预应力管桩在硬岩夹层引孔施工提供了良好途径。

1.1.2　工程应用实例

1. 深圳龙岗家和盛世花园二期预应力管桩工程

（1）工程概况

深圳龙岗家和盛世花园二期预应力管桩工程项目位于深圳市龙岗中心城，总占地面积约13600m^2，总建筑面积约140501m^2，基础设计采用直径500mm锤击预应力管桩，2010年2月开始基坑开挖，2010年3月进行预应力管桩施工。

（2）桩基础设计

基础设计采用直径500mm预应力管桩，桩端持力层为石炭系砂岩。

（3）硬岩夹层分布情况

在基坑开挖至坑底标高后进行管桩施工，施工过程中发现中风化砂岩夹层，造成管桩施工困难。经钻孔探明，中风化砂岩夹层厚度不均，夹层厚度在1.10～11.90m。场地地层分布见图1.1-1。

（4）预应力管桩引孔施工及验收情况

钻孔地质柱状图

钻孔编号：17　　　　钻孔深度：25.00 (m)

孔口标高：______ (m)　　　　钻探日期：2010.04.04

地层编号	时代成因	层底标高(m)	层底深度(m)	分层厚度(m)	柱状图 1:200	岩土名称及其特征
①	Q^{ml}	9.00	9.00	-3.47		人工填土:灰黑色、褐黄色等杂色,主要成分为黏性土混砖块碎石,粒径3～20cm不等,稍湿,松散状态
$②_3$	Q^{ml}	-13.5	13.5	11.90		中风化砂岩夹层:褐黄色、主要成分为黏性土混强—中风化砂岩碎块,碎石含量50%左右,粒径1～8cm不等
$②_1$		-16.90	16.90	3.40		黏性土:褐黄色、褐红色,以黏性土为主,含少量强风化砂岩碎块,湿,可塑—硬塑状态
③	C	-25.00	25.00	8.10		石炭系砂岩:褐黄色、灰色,岩芯多呈碎块状,裂隙发育,但岩性较硬合金钻进困难

钻孔地质柱状图

钻孔编号：19　　　　钻孔深度：25.00 (m)

孔口标高：——— (m)　　　　钻探日期:2010.04.04

地层编号	时代成因	层底标高(m)	层底深度(m)	分层厚度(m)	柱状图 1:200	岩土名称及其特征
①	Q^{ml}	-2.40	2.40	2.40		人工填土:灰黑色、黄色，主要成分为黏性土混砖块碎石等,粒径3～20cm不等,稍湿,松散状态
$②_3$	Q^{ml}	-3.5	3.5	1.10		中风化砂岩夹层:褐黄色、灰色，岩芯多层碎石块,裂隙发育但岩性较硬,合金钻进困难
$②_1$		-16.30	16.30	12.8		黏性土:褐黄色、褐红色,以黏性土为主,含少量强风化砂岩碎块,湿,可塑—硬塑状态
③	C	-26.00	26.00	9.70		石炭系砂岩:褐黄色、灰色,岩芯多呈碎块状,裂隙发育,但岩性较硬合金钻进困难

图 1.1-1　场地钻孔地质柱状图

经充分论证，决定采用大直径潜孔锤引孔技术，进场一台引孔桩机，配备 $21m^3/min$ 空压机、直径 450mm 潜孔锤，每天实际完成引孔 12 个，最大引孔深度 18m。在后期预应力管桩施工过程中，锤击管桩顺利穿越中风化硬岩夹层。完工后经静载荷试验、小应变测试，全部满足设计要求。

现场潜孔锤引孔施工见图 1.1-2，现场潜孔锤引孔机与锤击管桩配合施工见图 1.1-3。

图 1.1-2　大直径潜孔锤引孔施工现场

图 1.1-3　预应力管桩机紧随引孔机施工

2. 深圳创维科技工业园 3 号、4 号工程师宿舍预应力管桩工程

（1）工程概况

创维科技工业园 3 号、4 号工程师宿舍位于深圳市宝安区石岩街道塘头一号路创维科技工业园（北侧），由创维平面显示科技（深圳）有限公司投资，监理单位为深圳市赛格监理有限公司，施工单位为江苏省第一建筑安装有限公司；建筑面积 79526.26m^2，地下 1 层，地上 25 层，地下室采用桩基础，共计 1048 根。

（2）桩基础设计

桩基础设计采用静压 PHC-AB-500（125）型高强预应力混凝土管桩，桩端设计持力层为强风化花岗岩；单桩竖向承载力特征值为 2200kN，设计有效桩长约 26～35m；设计要求终压值为特征值的 2.2 倍，连续复压不少于 3 次；桩尖采用十字形钢桩尖施工。

（3）场地地层分布情况

场地勘察钻孔揭露的地层主要分布为：人工填土层、含砾黏土、砾质黏性土，下伏基坑为燕山期花岗岩全风化、强风化、中风化花岗岩。在全风化花岗岩中分布大量的孤石，孤石大小 0.8～2.0m，成片分布。

（4）预应力管桩引孔施工情况

桩基础原设计为锤击管桩，后考虑锤击管桩噪声大、振动大，对园区内周边建筑尤其是 1 号、2 号员工宿舍产生影响，变更采用静压施工，但基坑的边桩位置因无静压桩基施工操作面，仍采用锤击施工。为满足现场施工需要，本项目共进场 2 台 ZYJ800 静压桩机、1 台 DCB60-15 锤击桩机。

施工过程中，遇到孤石，经引孔工艺比选，决定采用大直径潜孔锤引孔。引孔桩机于 2012 年 11 月初进场，配备 2 台压力 1.5MPa、流量 29.5m^3/min 的空压机，引孔直径 450mm 潜孔锤，每天实际完成引孔 10 个，最大引孔深度 26m。

现场潜孔锤引孔施工见图 1.1-4，现场潜孔锤引孔机与静压预应力管桩机配合施工见图 1.1-5。

图 1.1-4　现场潜孔锤引孔施工

图 1.1-5　潜孔锤引孔机与锤击管桩配合施工

1.1.3　工艺特点

1. 施工速度快

风动潜孔锤破岩效率高，引孔速度快，一根桩长 15～20m 的桩，一般成孔时间 40～60min，一天可完成 10～15 根左右。

2. 工艺简单

潜孔锤钻具在空压机、钻机电机带动下，在钻具旋转过程中，同时潜孔锤钻头振动下沉破岩，钻进时对桩周地层产生一定的挤密效应，同时岩渣被空压携至孔口，工艺相对简单，钻进操作方便。

3. 引孔效果好

采用风动潜孔锤钻进，挤密作用使得引孔孔型较规整；同时，根据预应力管桩设计桩径大小，选择相应大小的潜孔锤钻具，引孔直径满足管桩施工，为预应力管桩施工创造条件。

4. 引孔设备相对简单

引孔机械主要为引孔机、空压机和大直径潜孔锤，引孔机采用液压自行系统，不需要另配吊车移位。

5. 造价相对低

潜孔锤引孔工艺简单、引孔速度快，综合造价低，是钻孔或冲击桩机引孔的 30%左右。

1.1.4　适用范围

1. 适用地层

适用于穿越填石、孤石及各硬质夹层。

2. 适用桩径

适用于直径 ϕ500mm～ϕ800mm 预应力管桩引孔施工。

1.1.5　工艺原理

大直径潜孔锤在空压机的作用下，以压缩空气为动力介质驱动其工作，潜孔锤冲击器带动潜孔锤钻头对硬岩进行超高频率破碎冲击；同时，空压机产生的压缩空气也兼作洗孔介质，将潜孔锤破碎的岩屑携出孔内；潜孔锤钻头根据管径进行合理选用，以达到引孔效果，满足预应力管桩的顺利成桩。

大直径潜孔锤引孔及施工原理示意见图 1.1-6、图 1.1-7。

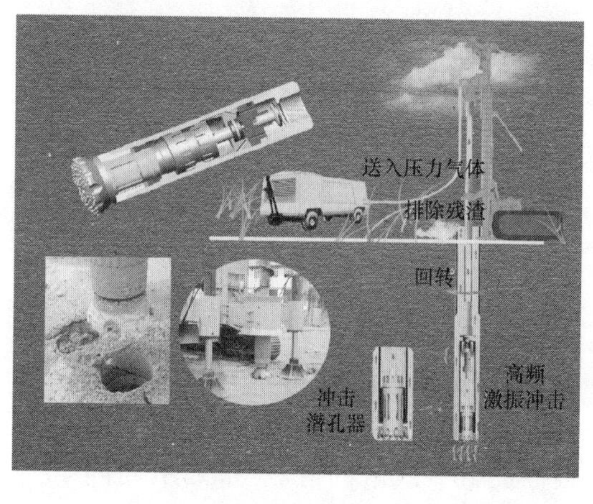

图 1.1-6　大直径潜孔锤硬岩引孔工艺原理图

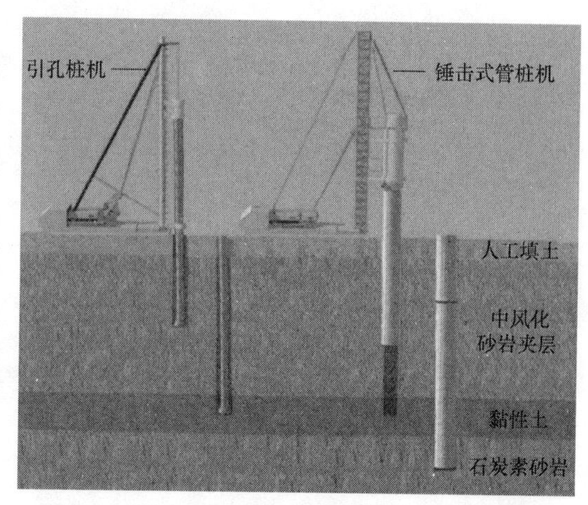

图 1.1-7　大直径潜孔锤硬岩引孔工序原理图

1.1.6 施工工艺流程

大直径潜孔锤在硬岩中引孔施工工艺流程见图1.1-8。

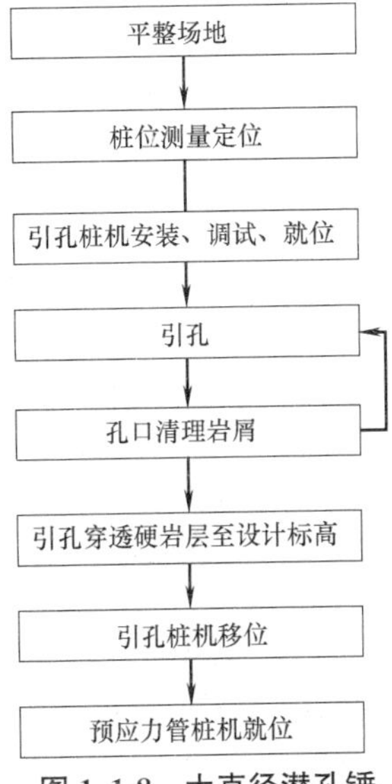

图1.1-8 大直径潜孔锤硬岩引孔工艺流程图

1.1.7 工序操作要点

1. 场地平整

(1) 施工前，对施工场地进行平整，以方便桩机顺利行走。

(2) 对局部软弱部位换填，保证场地密实、稳固，确保桩机施工时不发生偏斜。

2. 桩位测量定位

(1) 接收测量控制点、基准线和水准点，并与监理工程师共同校测其测量精度。

(2) 测点放样前，认真做好内业准备工作，校正仪器设备，拟定施测方案。

(3) 桩位测量完成后，提交监理工程师复核，无误后交现场使用，桩位测量误差严格控制在规范要求和设计要求范围内。

3. 桩机安装、就位、调试

(1) 设备吊装由专人指挥，做到平稳，轻起轻落，非作业人员撤离作业范围。

(2) 引孔钻机就位后，采用液压系统调平，用水平尺校正水平度，确保始终保持桩机水平。

(3) 设备安装就位后，将潜孔锤钻头对准桩位，保持与桩位中心重合，再将桩机调平，确保施工中不发生偏斜和移位。

(4) 桩机安装完成后，进行现场验收。

(5) 桩机设备使用前进行检修，并进行试运转。

潜孔锤钻机安装调试见图1.1-9，潜孔锤钻机机座液压移动装置见图1.1-10。

图1.1-9 潜孔锤桩机安装、调试

图1.1-10 潜孔锤桩机机座液压移动装置

4. 引孔

（1）桩机就位后，首先将潜孔锤钻头对准桩位并调好垂直度。

（2）下放潜孔锤，启动空压机，进行潜孔锤跟管钻进。

（3）引孔过程中，控制潜孔锤下沉速度，派专人观察钻具的下沉速度是否异常；若出现异常情况应分析原因，及时采取措施。

（4）引孔过程中，派专人从相交垂直方向同时吊两根垂线，校核钻具垂直度。

（5）沉管过程中，派专人做好现场施工记录，包括：桩号、桩径、桩长、地层、施工时间等。

潜孔锤钻进吹渣见图1.1-11，引孔施工时吊线校核潜孔锤钻具垂直度见图1.1-12。

图1.1-11　潜孔锤引孔钻进吹渣

图1.1-12　施工时吊线校核潜孔锤钻具垂直度

5. 孔口清理岩屑

（1）引孔过程中，空压机产生的压缩空气兼作洗孔介质，将潜孔锤破碎的岩屑携出孔内并堆积在孔口，现场派专人不间断进行孔口岩渣清理。

（2）清理出的岩屑呈颗粒状，按平面布置集中堆放或外运。

潜孔锤岩渣引孔孔口堆积岩渣情况见图 1.1-13，孔口人工清理岩渣见图 1.1-14，潜孔锤引孔完成后孔口情况见图 1.1-15。

图 1.1-13　潜孔锤引孔孔口堆积岩渣

图 1.1-14　孔口人工清理岩渣

图 1.1-15　潜孔锤完成引孔

6. 引孔穿透硬岩层

(1) 引孔过程中，注意观察钻进速度和孔口岩屑排出情况，按设计要求的引孔深度控制引孔标高位置，具体见图 1.1-16。

图 1.1-16 潜孔锤岩渣引孔孔口排渣情况

（2）引孔满足预应力管桩沉桩要求后，即停止引孔，拔出钻具。

（3）拔出钻具时，空压机正常工作，边锤击、边旋转、边上提，使孔内岩屑顺利排出。

7. 预应力管桩机就位与施工

（1）引孔分片进行，当完成预定片区引孔施工后，即可进行预应力管桩施工，具体见图 1.1-17。

（2）预应力管桩施工时，应控制施工速度，监控桩管垂直度，防止桩管偏斜。

图 1.1-17 潜孔锤引孔与预应力管桩机施工现场

1.1.8 机具设备

1. 设备机具选择

（1）根据场地地层条件选择引孔钻机。

（2）为方便施工，钻机包括主机架、旋转电机、液压行走装置等，具体见图 1.1-18。

（3）根据引孔穿越硬岩的岩性，选择 30～60m^3/min 以上风量的空压机，具体见图 1.1-19。

（4）潜孔锤钻头根据预应力管桩设计直径合理选择，即：当预应力管桩设计桩径为 ϕ500mm，选择潜孔锤直径 ϕ450mm，实际引孔直径 480～500mm；如管桩设计桩径为

ϕ600mm，则使用 ϕ550 的潜孔锤，实际引孔直径 580～600mm。潜孔锤钻具及潜孔锤钻头见图 1.1-20、图 1.1-21。

（5）钻具选择大直径钻杆，一是增大锤击力，二是减小引孔时钻具与孔壁间的环状间隙，有利于防止偏孔发生。

图 1.1-18 潜孔锤桩机安装、调试

图 1.1-19 潜孔锤引孔空压机

图 1.1-20 大直径潜孔锤引孔钻具

图 1.1-21 大直径潜孔锤引孔钻头

2. 设备机具配套

以深圳创维科技工业园3号、4号工程师宿舍预应力管桩工程引孔为例，大直径潜孔锤引孔施工机械设备配套见表1.1-1。

大直径潜孔锤引孔施工机械设备配套表 **表1.1-1**

序号	机械设备名称	机械设备型号	备 注
1	引孔钻机	JZB-60型	110kW，引孔，液压自动移位
2	空压机	29.5m^3/min	潜孔锤动力
3	潜孔锤	直径ϕ450mm	破岩
4	钻杆	ϕ400mm	

1.1.9 质量控制

1. 桩位偏差

（1）引孔桩位由测量工程师现场测量放线，报监理工程师审批。

（2）钻机就位时，认真校核潜孔锤对位情况，如发现偏差超标，及时调整。

2. 桩身垂直度

（1）引孔钻机就位前，进行场地平整、密实，防止钻机出现不均匀下沉导致引孔偏斜。

（2）钻机用水平尺校核水平，用液压系统调节支腿高度。

（3）引孔时，采用两个垂直方向吊垂线校核钻具垂直度，确保满足设计和规范要求。

3. 引孔

（1）引孔深度严格按设计要求，以满足预应力管桩设计桩长。

（2）引孔过程中，控制潜孔锤下沉速度；派专人观察钻具的下沉速度是否异常，钻具是否有挤偏的现象；若出现异常情况则分析原因，及时采取措施。

（3）引孔终孔深度如出现异常（短桩或超长桩），及时上报设计、监理进行妥善处理，可采取超前钻预先探明引孔地层分布。

（4）引孔时，由于钻杆直径相对较大，引孔过程中钻杆与孔壁间的环状孔隙小，对孔壁稳定有一定的作用。

（5）对于孔口为砂性土，引孔容易造成孔壁不稳定，此时可采取重复回填、成孔挤密措施。

（6）引孔时，派专人及时清理孔口岩渣，防止造成孔口堆积，避免岩渣二次入孔，发生重复破碎。

4. 斜孔处理措施

（1）对于引孔中出现的垂直度偏差较大的斜孔，则采取回填重新引孔。

（2）处理斜孔时，注意控制钻进速度和风压。

1.1.10 安全措施

1. 引孔

（1）引孔前，以桩机的前端定位，调整导轨与钻具的垂直度。

（2）空压机高风压管连接紧固，并采用辅助固定措施，防止脱落后伤人。

（3）引孔时做好孔口的防护措施，防止高风压携渣伤人。

（4）对已施工完成的引孔，采用孔口覆盖、回填泥土等方式进行防护，防止人员落入孔洞受伤。

（5）潜孔锤桩机移位前，采用钢丝绳将钻头固定，防止钻头晃动碰触造成安全隐患。

（6）当钻机移位时，施工作业面保持平整，设专人现场统一指挥，无关人员撤离作业现场，避免发生桩机倾倒伤人事故。

2. 防护措施

（1）机械设备操作人员必须经过专业培训，熟练机械操作性能，经专业管理部门考核取得操作证后上机操作。

（2）机械设备操作人员和指挥人员严格遵守安全操作技术规程，工作时集中精力，谨慎工作，不擅离职守，严禁酒后操作。

（3）检查机具的紧固性，不得在螺栓松动或缺失状态下启动；作业中，保持钻机液压系统处于良好的润滑。

（4）机械设备发生故障后及时检修，严禁带故障运行和违规操作，杜绝机械事故。

（5）现场所有施工人员按要求做好个人安全防护，爬高作业时系好安全带，特种人员佩戴专门的防护用具；孔口清理人员佩戴防护镜，防止孔内吹出岩屑伤害眼睛。

（6）现场用电由专业电工操作，持证上岗。

1.2 深厚填石层 ϕ800mm、超深预应力管桩施工技术

1.2.1 引言

在各种桩基础工程中，预应力管桩以成孔速度快、施工管理简便、质量控制好、工程造价低的优点越来越被广泛利用，尤其是 ϕ800mm 大直径预应力管桩，其可替代相同直径的钻孔灌注桩，其应用前景更为广阔。但在超过 10m 以上的深厚填石层施工 ϕ800mm 大直径、50m 左右超深预应力混凝土管桩，在施工工艺技术上存在上部深厚填石层穿越困难、超深桩长预应力管桩穿透能力要求高、桩管孔隙水压应力集中造成桩管爆裂等关键技术难题，需要在施工工艺改善、机械设备配套、质量安全措施等方面寻找突破口。

珠海高栏港务多用途码头二期工程位于南水作业区，港区陆域总面积约 18.2 万 m^2，工程建设主要包括：辅建区道路、堆场、地基处理、场地回填、临时护岸及水电、通信、消防等，港区内工程建（构）筑物为大跨度钢结构。该项目港区内进行了大规模的开山填筑堆填，由于上部深厚填石的影响，桩基础设计为 ϕ800PHC 高强预应力混凝土管桩，桩长平均 46m、最大桩长 52m。预应力管桩施工过程中，我们综合采用了上部深厚填石层的大直径潜孔锤跟管“3＋1”复合引孔技术、超深超长桩管沉入穿透技术、地下水应力消散技术等，较好地完成了复杂地层条件下桩基础的施工任务。通过类似项目工程实践，经过反复研讨和总结，提出了“深厚填石层大直径 ϕ800mm、超深预应力管桩综合施工工法”，形成了相应的施工新技术。

1.2.2　工程应用实例

1. 预应力管桩基础设计情况

珠海港高栏港务多用途码头二期工程位于珠海市高栏港区南水作业区，项目场地为开山填筑堆填后形成。港区为大跨度钢结构设计，柱基础采用 ϕ800 高强预应力混凝土管桩（PHC），桩端持力层为强风化花岗岩地层，珠海港高栏港区基岩面起伏大，成桩平均深度 40m，最大深度超过 50m。

2. 项目场地工程地质条件

本工程场地所处原始地貌单元为浅海滩涂地貌，后经附近开山采用开山石人工堆填整平，场地较平坦。施工范围内各岩土层工程地质特征自上而下为：

（1）人工填土（Q^{ml}）：

填石层，为新近开山填筑堆填，主要由花岗岩块石、黏土、砾砂组成，块石粒径 20～1200cm，堆填过程中经过强夯处理，呈密实状，全场分布，厚 8～11m。

（2）第四系海陆交互相沉积层（Q^{mc}）：

淤泥：深灰、灰黑色，呈饱和、流塑状态，全场分布，厚 5～11m；

粗砂：灰白、灰褐色，呈饱和，松散，或稍密状态，层厚 1.20～10.80m；

砾砂：灰白、灰褐色，饱和、中密状态，层厚 1.10～8.90m。

（3）第四系残积砾质黏性土（Q^{el}）：

褐黄、灰白色，呈饱和、硬塑状态，层厚 1.2～9.5m。

（4）燕山期花岗岩（γ_y）：

全风化岩：土黄、黄褐色，原岩基本风化成土状，平均厚度 8.56m；

强风化岩：土黄、灰褐、黄褐色，平均厚度 12.10m，为预应力管桩桩端持力层。

3. 预应力管桩施工情况

（1）施工总体情况

本桩基工程于 2013 年 6 月开工，2013 年 10 月完工，期间开动 1 台潜孔锤引孔桩机、2 台锤击预应力管桩机，共完成直径 ϕ800mm 预应力管桩 246 根。

由于本项目场地位于深厚填石层之上，总体施工安排为先进行分区分片预先引孔，完成分块区域内引孔作业后，然后再分区分片进行预应力管桩施工。

（2）深厚填石层大直径潜孔锤引孔

由于本场地填石层厚、含量大且填石分布不均，引孔较为困难。前期采用单孔潜孔锤引孔，引孔未完全清除填石影响，造成预应力管桩施工困难。后采取大直径潜孔锤全护筒跟管钻进，经过反复试验，先后采用单桩单孔引孔、单桩三孔品字型引孔方法，但在预应力管桩施工中仍然会造成一定程度的填石阻滞；最终，采取“3+1”复合引孔技术，解决了填石层的顺利穿越难题。

为克服超长桩的穿透能力，我们把原设计的长锥型桩尖改为筒式钢桩尖，较好地解决了残留填石对沉桩的影响，提升了桩管的导向和垂直度控制能力。

由于管桩沉入深度大，场地地下水位高，我们采取在桩管端开设双向泄水孔，较好地解决了沉桩过程中孔隙水应力集中消散问题，大大减少了沉桩过程的爆管、裂管现象，保证沉桩达到设计深度。

4. 预应力管桩检测及验收情况

经现场小应变动力检测和大应变检测试验，桩身完整性、桩长、承载力均满足设计要求，工程一次验收合格。

1.2.3　工艺特点

1. 成桩速度快

采用 ϕ580mm 大直径潜孔锤"3＋1"钻进快速引孔方法，将预应力管桩桩位范围内的上部填石层最大限度地置换为砂土，使预应力管桩轻易穿透上部填石层，管桩施工效率大幅提升。

2. 成桩质量有保证

采用潜孔锤引孔、筒型钢桩尖和桩管泄水孔技术，显著提升桩管的穿透能力，使得管桩顺利达到设计持力层位置，大大减少了桩尖变形、桩管破裂损坏，且有利于超长管桩的垂直度控制，保证了预应力管桩的施工质量。

3. 综合施工成本低

采用潜孔锤引孔速度快、单机综合效率高，一天单机效率可完成 15 根桩引孔，施工成本与冲击引孔相比，综合成本极大压缩，经济和社会效益显著。

4. 场地清洁、现场管理简化

大直径潜孔锤引孔施工不使用泥浆作业，现场施工环境得到极大的改善，不存在废浆废渣外运及处理困难，大大减少了废泥浆储存、外运等日常的管理工作，管理环节得到极大地简化。

1.2.4　适用范围

1. 适用地层

本工艺适用于预应力管桩穿越填石、硬岩夹层、孤石、基岩地层施工，填石段厚度 30m 以内。

2. 适用桩径

本工艺采用"3＋1"复合引孔，可适用于桩径 ϕ800 预应力管桩施工；如采用"4＋1"复合引孔，则可满足桩径 ϕ1000 预应力管桩施工。

3. 适用桩长

本工艺的桩长主要是受护筒跟管的长度限制，受起拔影响其最大适应预应力管桩桩长为 50m。

1.2.5　工艺原理

本工艺特点主要表现为三部分，即：一是穿越上部深厚填石层的大直径潜孔锤引孔技术；二是超深超长预应力管桩沉入时穿透能力和垂直导向技术；三是预应力管桩地下水应力消散及抗浮、防爆技术，这也是本工艺三大关键技术点所在。

根据现场地质条件及管桩设计要求，经分析对比，我们采取了综合施工技术，即：在上部填石层采用大直径潜孔锤引孔穿越，使用筒型钢桩尖提高桩管的穿透力和垂直度，设置专门的双向泄水孔以克服地下水应力集中，达到了满意效果。

1. 填石层穿越——大直径潜孔锤引孔技术

(1) 潜孔锤引孔原理

为穿越填石层，采用了大直径潜孔锤跟管复合引孔技术。为克服引孔时发生垮孔，专门采用潜孔锤全护筒跟管钻进，在引孔完成拔出潜孔锤后，即在护筒内填充砂土，再起拔钢护筒。

潜孔锤是以压缩空气作为动力，压缩空气由空气压缩机提供，经钻杆进入潜孔锤冲击器，推动潜孔锤工作，利用潜孔锤对钻头的往复冲击作用达到破岩的目的，被破碎的岩屑随压缩空气携带到地面。由于冲击频率高、低冲程，破碎的岩屑颗粒小，破碎填石引孔效果好。

潜孔锤钻头设置有 4 块可伸缩冲击滑块，可确保钻头破碎工作时钻孔直径比跟管钻进的护筒大，以达到钢护筒全程跟管钻进目的。钢套管的及时跟进，既保护了钻孔，又有效隔开了填石地层中的填石、块石，并及时对钻孔砂土回填进行置换，以保证引孔的效果。

(2) 潜孔锤“3+1”复合分序引孔

为完全避免上部填石对预应力管桩锤击下沉施工的影响，通过单孔、3 孔交叉等反复试验和不断完善，我们完善了引孔方案，创造性设计了“3+1”复合引孔方案，即：以桩轴线为中心，先在桩位平面位置均匀布置 3 个交叉孔位，分序施工形成交叉品字形，最后在桩轴线处再次以桩中心实施引孔，确保桩轴心处填石层被置换完全。

大直径潜孔锤全护筒跟管“3+1”复合引孔平面布置见图 1.2-1。

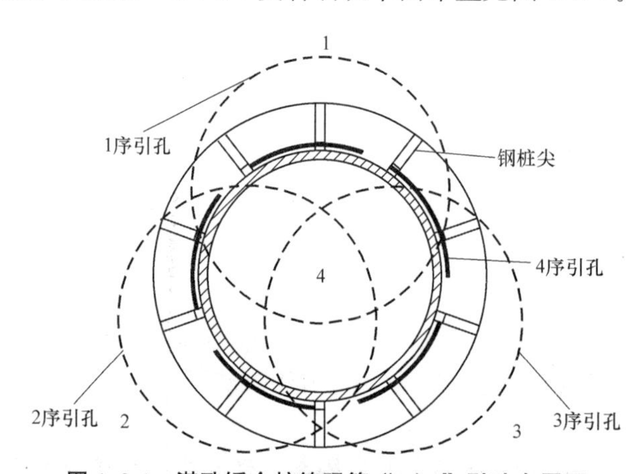

图 1.2-1 潜孔锤全护筒跟管“3+1”引孔布置图

2. 筒式钢桩尖提升超长管桩的穿透和垂直度导向技术

本项目预应力管桩设计采用锥型钢桩尖，由于锥型钢桩尖断面通透空间小，受场地内深厚填石层及超长桩身的施工难度的影响，填石段残留的块石会被卡在桩尖位置，使得预应力管桩锤击下沉受到不同程度的阻滞，严重影响管桩在填石层的穿越能力。另外，在管桩桩长范围内，分布较厚的砂层和砾砂层，如何提升桩管的穿透能力，使管桩施工达到设计的持力层位置，也是大直径、超长桩的一大难题。

针对现场条件，经过现场试验和改进，我们最终将锥型桩尖改为采用筒式开口通透钢桩尖，筒式钢桩尖长 1.10m，由厚度 20mm 钢板卷制，在钢桩尖四周设置导向钢板，厚

20mm，夹角 36°。筒式钢桩尖使桩管的穿透能力进一步提升，同时成为管桩底部锤击沉入时的导向，也有利于管桩的垂直度控制。

筒式钢桩尖情况见图 1.2-2、图 1.2-3。

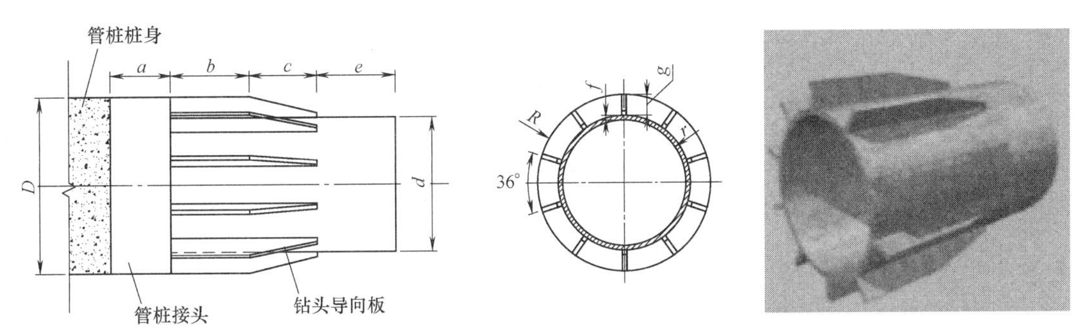

图 1.2-2 筒式钢桩尖穿透能力强、导向性好

3. 预应力管桩桩身应力集中消散、防爆技术

超深预应力管桩在成桩时，会遇到地下孔隙水应力集中且产生较大浮力的影响，增加了管桩下沉难度；为满足桩管收锤标准，往往造成锤击数过大，容易出现爆管、桩端头开裂，造成所施工的管桩报废。

针对在管桩沉桩过程中受到的地下孔隙水应力集中消散难、桩身抗浮和防爆问题，我们在每节管桩接头位置专门设置了双向泄水孔，以消除孔隙水压力对管桩沉入时的影响，确保管桩顺利下沉到位。

桩管泄水孔直径 60mm，双向贯通，位置处于桩管端头板附近 1.0～1.2m。具体设置与分布见图 1.2-4。

图 1.2-3 筒式钢桩尖

图 1.2-4 桩管又向泄水孔设置分布图

1.2.6 施工工艺流程

深厚填石层 ϕ800mm、超深预应力管桩综合施工工艺流程见图 1.2-5、图 1.2-6。

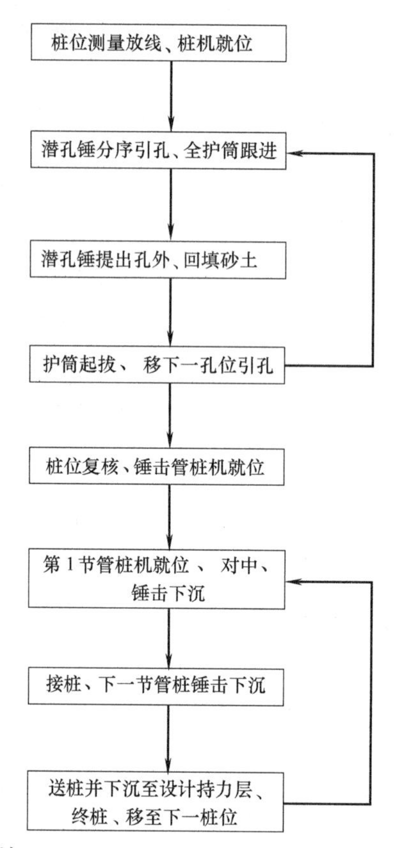

图 1. 2-5　深厚填石层 ϕ800mm、超深预应力管桩综合施工工艺流程图

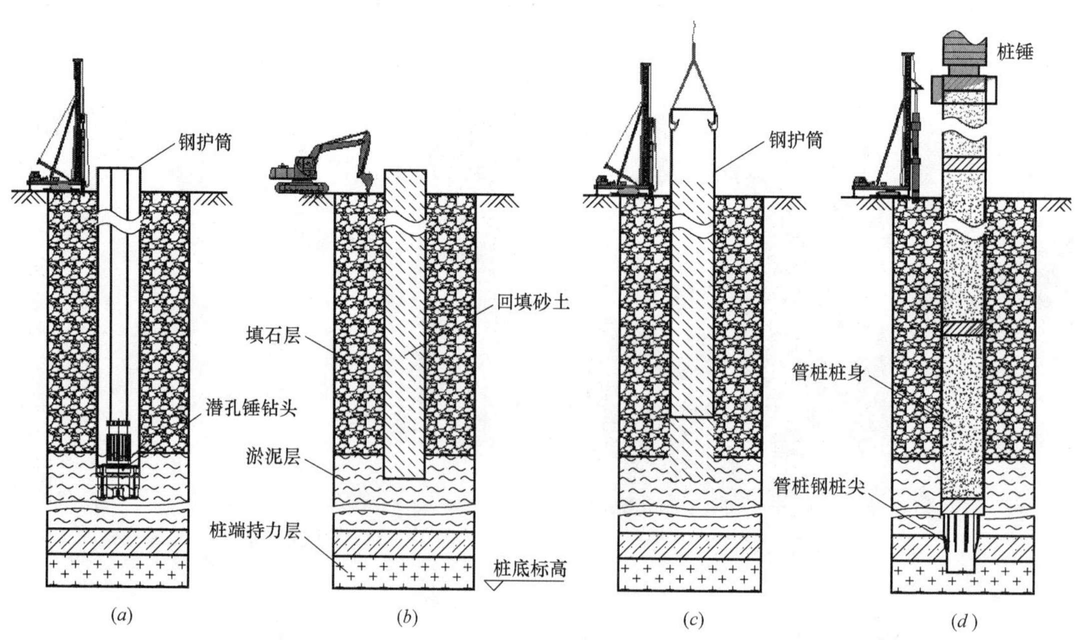

图 1. 2-6　深厚填石层 ϕ800mm、超深预应力管桩综合施工工艺原理示意图

(*a*) 填石层大直径潜孔锤全护筒跟管“3+1”复合分序引孔；(*b*) 拔出潜孔锤，在钢护筒内用挖掘机回填砂土将填石置换；(*c*) 钢护筒双向挂钩起拔完成填石层引孔置换；(*d*) 预应力管桩筒式钢桩尖逐节锤击沉桩

1.2.7 工序操作要点

1. 测量放线

(1) 根据业主提供的基点、导线和水准点，在场地内设立施工用的测量控制网和水准点。

(2) 施工前，专业测量工程师按桩位图进行桩位测量定位，并做好桩位标识。

2. 潜孔锤引孔位置布孔

(1) 以管桩中心为圆心，按“3+1”复合引孔平面位置布设分序引孔孔位。

(2) 引孔采用分序进行，受振动和回填砂土的影响，在前序孔完成后，应对后序孔进行复核。

3. 分序引孔位置布设

“3+1”复合型分序引孔见图 1.2-7～图 1.2-10。

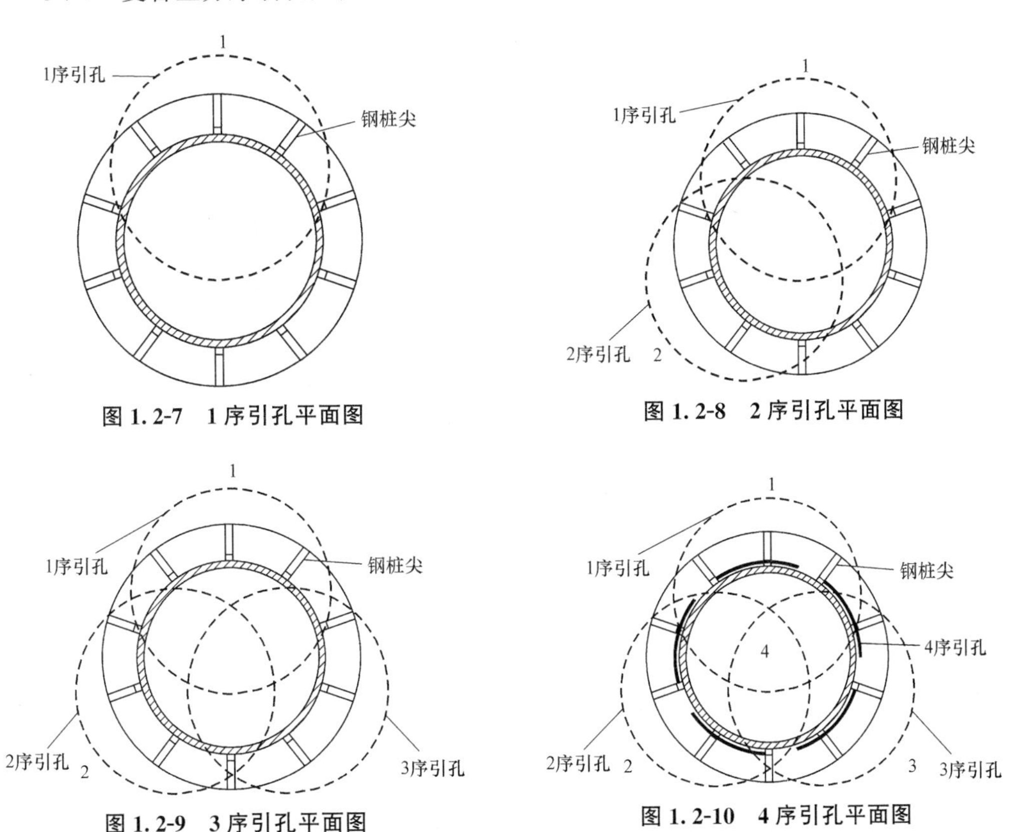

图 1.2-7 1 序引孔平面图

图 1.2-8 2 序引孔平面图

图 1.2-9 3 序引孔平面图

图 1.2-10 4 序引孔平面图

4. 大直径潜孔锤引孔

(1) 钻架利用长螺旋钻机塔架较高的钻机改装，更换卷扬，加固机架，保留原钻架自行走部分。潜孔锤引孔钻机见图 1.2-11。

(2) 冲击器外径选用 ϕ420mm，潜孔锤钻头直径 580mm。钻头采用平底可伸缩滑块钻头，钻头在提升状态时，外径较套管内径小约 5cm，在有压工作状态时，其底部设置的 4 个滑动块，在压力和冲击器的冲击力作用下向外扩张，破岩的同时带动钢护筒下沉，实

图1.2-11　引孔潜孔锤桩机

现全护筒跟管钻进。潜孔锤钻头见图1.2-12。

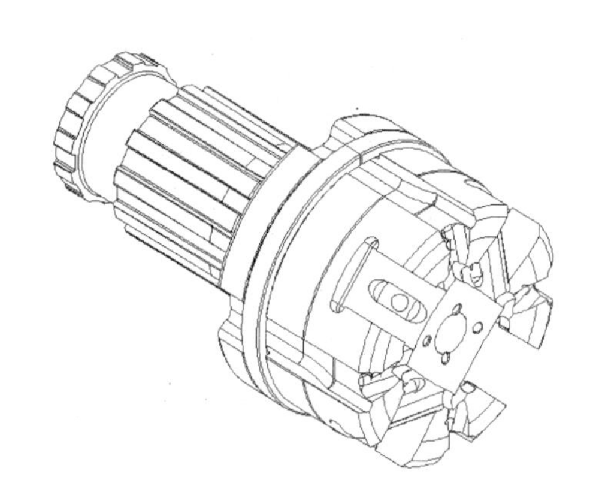

图1.2-12　潜孔锤引孔钻头

（3）钻杆直径为420mm，六方快速接头。为防止岩屑在钻孔环状间隙中积聚，在钻头外侧均布焊接了6～8条10mm的钢筋，形成相对独立的通风通道，当1个或2个通道堵塞时，其他的通道仍可保持畅通，期间的风压随即上升，作用于堵塞通道时，又将其冲开，始终可保持全部通道的通风、排屑顺畅。

（4）空压机的风压和供风量是大直径潜孔锤有效工作的保证，一定的风压可保证冲击器正常工作，还可保证冲击器、钻头的使用寿命。风量是正常排屑的重要因素，在改进了钻孔的环状间隙的情况下，为确保高能量冲击器的有效工作和正常的排屑，现场采用了3台英格索兰XHP系列的空压机并联的方式，提供持续、稳定的压力和供风量，以使风量达到$60m^3/min$。

空压机工作状态见图1.2-13。

（5）跟管钻进护筒直径610mm，长12m，采用16mm钢板卷制。钢护筒上部设置若干孔洞，孔洞直径约10cm，以方便潜孔锤钻进时孔内渣土从孔洞吹出。具体见图1.2-14。

图 1.2-13 三台空压机并联作业

图 1.2-14 引孔桩机和锤击预应力管桩机

(6) 引孔钻进参数：

转速：5～13rpm；风压：1.0～2.5MPa；风量：50～60m^3/min。

现场实际（3+1）引孔操作见图 1.2-15。

5. 护筒内回填砂土

(1) 引孔终孔

潜孔锤引孔至钻穿填石后终孔，终孔可依据回返至地面的钻渣潜孔锤钻进声响明显判断。

(2) 回填砂土

护筒下沉到位后，拔出潜孔锤，及时用砂土进行引孔回填。回填所用的砂土要求以粗砂、黏性土为主，所含最大粒径不得超过 15cm；砂土用小型运输车辆运至现场临时堆放，如最大粒径不能满足要求，则使用前进行筛选。

砂土用挖掘机填入孔内，现场所用砂土及砂土回填情况见图 1.2-16。

图 1.2-15 3+1 复合引孔平面布置图及分序引孔

图 1.2-16 回填砂土引孔后填入钢护筒内

6. 护筒起拔

(1) 潜孔锤跟管护筒平均长度 12m，以穿透人工填石层为准，以超高风压吹出的渣样及潜孔锤接触地层的声响可进行准确判断。

(2) 砂土回填至护筒口后，及时起拔护筒。

(3) 护筒采用制作的金属双向倒钩，挂住护筒顶设置的孔洞开口，用钻机的副卷扬

图 1.2-17　双向倒钩钻机副卷扬机起拔钢护筒

起拔。

护筒起拔情况见图 1.2-17。

7. 管桩沉入

（1）管桩施工机械选择：根据以往的施工经验，施工机械型号选用 HD80 锤。收锤标准为最后 3 阵、每阵 10 击下沉量不超过 3cm，落距为 2.2m。

（2）桩尖：预应力管桩桩尖采用开口型筒式钢桩尖，钢桩尖与桩端头板焊接。

（3）预应力管桩桩端部泄水孔减压技术：在预应力管桩端头位置专门设置了双向泄水孔，泄水孔直径约 6cm，在厂家制造时预埋钢管与桩管同时生产。双向泄水孔的设置，有效地释放了水压和侧摩阻应力，减少了应力集中对桩管的影响，确保了管桩顺利下沉到位。

（4）垂直度控制技术：采用筒式开口型桩尖，钢桩尖较长，能起到良好的穿透和导向作用，有利于桩管的垂直度控制。同时，管桩施工过程中，采用双向垂直两个方向吊垂直线控制桩管的垂直度；发现偏差，及时进行纠正。

（5）接桩与送桩：本工程管桩较长，最常用配置为单节 14m 长桩管，合理搭配 12m、8m、6m 桩管。接桩前，将下节桩的接头处清理干净，设置导向箍以方便上节桩的正确就位，上下节桩中心线偏差不大于 2mm；接桩时，下节桩段的桩头高出地面 0.5～1m；焊接时，先在坡口圆周上对称点焊 4～6 点，待上下节桩固定后拆除导向箍，再分层施焊，焊接层数不少于 2 层，第一层焊完后把焊渣清理干净，再进行第二层施焊；施焊由两个焊工对称进行，焊缝每层检查，不留有夹渣、气孔等缺陷；焊缝做到连续饱满，厚度满足设计要求，焊好的桩接头自然冷却时间不少于 8min 后再继续锤击。

预应力管桩施工机械见图 1.2-18、图 1.2-19。

图 1.2-18　预应力管桩校核桩位、垂直度

图 1.2-19　预应力管桩焊接接桩

1.2.8　机具设备

1. 主要机械设备选择

（1）潜孔锤桩机：对 CDFG18 型长螺旋钻机进行改造，利用其机架和动力，调整了输出转速；钻机包括主机架、旋转电机、液压行走装置等，全套钻机功率约 110kW；改造后的该机底盘高，液压机械行走，可就地旋转让出孔口，整机重量大，机架高（18m）且稳定性好，负重大，过载能力提高。

（2）锤击预应力管桩机：根据桩径、桩长选择 HD80 型锤击预应力管桩机械。

2. 主要机械设备配套

本工艺主要施工机械设备配置见表 1.2-1。

预应力管桩施工主要机械设备配置表　　　　**表 1.2-1**

序号	设备名称	型　号	数量	备　　注
1	引孔钻机	DCDFG18 型	1 台	110kW，机高 18m
2	锤击桩桩锤	HD80	2 台	预应力管桩锤击沉桩
3	空压机	XHP900	2 台	潜孔锤动力，采取 2～3 台空压机并联方式供风
4		XHP1170	1 台	
5	钻具	ϕ420mm	1 套	六方接头
6	钢护筒	ϕ610δ16mm	1 节 12m	引孔时钢护筒护壁
7	潜孔锤	ϕ580mm	2 个	全断面、伸缩钻头
8	挖掘机	CAT	1 台	引孔后护筒内回填砂土

1.2.9　质量控制

1. 桩位偏差

（1）引孔桩位由测量工程师现场测量放线，报监理工程师审批。

（2）钻机就位时，认真校核潜孔锤对位情况，如发现偏差超标，及时调整。

（3）预应力管桩施工前，再次复核桩位，并进行隐蔽工程验收。

2. 垂直度控制措施

（1）引孔钻机就位前，进行场地平整、密实，防止钻机出现不均匀下沉导致引孔偏斜。

（2）钻机用水平尺校核水平，用液压系统调节支腿高度。

（3）预应力管桩改用筒式开口型桩尖，导向性好，可以较好避开填石的影响；同时，钢桩尖较长，沉入时能起到了良好的穿透和导向作用，有利于桩管的垂直度控制。

（4）锤击施工时，桩身保持垂直，使打桩不偏心受力，第一节桩要求吊直，桩插入地面的垂直偏差不得超过桩长的 0.5%，且现场校正垂直度。

（5）预应力管桩接头焊接时，上下接头清理干净，按设计要求对准上下两节桩中心位置，保证上下桩节找平接直，上下节桩之间的间隙用铁片全部填实焊牢，然后沿圆周对称点焊六处，继而分层对称施焊，每个接头的焊缝不少于两层，每层焊缝的接头错开，焊缝饱满，不出现夹渣或气孔等缺陷，施焊完毕须自然冷却8min后方可继续施打。

（6）引孔及预应力管桩施工过程中，采用二个垂直方向吊垂线校核钻具及桩管垂直度，派专人监控，确保满足设计和规范要求。

（7）管桩锤击过程中如发现偏差超标，及时进行校正，或采用将上部填石层局部开挖，再将管拔出进行处理。

3. 引孔

（1）引孔深度以穿过填石层约1m左右控制，以返回地面的钻渣判断。

（2）引孔严格按“3+1”复合引孔平面布置进行，以确保引孔效果。

（3）引孔过程中，控制潜孔锤下沉速度；派专人观察钻具的下沉速度是否异常，钻具是否有挤偏的现象；若出现异常情况应分析原因，及时采取措施。

（4）引孔结束后，及时进行回填砂土。

（5）用于回填的砂土严格控制块度粒径，防止出现填石对管桩施工造成不利影响。

4. 锤击沉桩

（1）对桩机位置进行平整压实处理，防止桩机下沉影响桩垂直度。

（2）锤击沉桩时，派专人观察桩管垂直度、桩管裂缝情况等，发现异常及时处理。

（3）接桩时由两名电焊工同时作业，缩短焊接时间，减少停待时间。

（4）接桩焊接完成后，由监理工程师进行隐蔽工程验收，包括：焊缝、冷却时间等，满足要求后继续施工。

（5）严格执行终桩标准，控制贯入度值，经监理同意后终桩。

（6）施工过程派专人做好施工全过程记录。

1.2.10　安全措施

1. 引孔

（1）现场工作面需进行平整压实，防止机械下陷，避免发生机械倾覆事故。

（2）作业前，检查机具的紧固性，不得在螺栓松动或缺失状态下启动；作业中，保持钻机液压系统处于良好的润滑。

（3）引孔作业时，孔口严禁站人，防止高压风携带钻渣伤人。

（4）当钻机移位时，施工作业面保持基本平整，设专人现场统一指挥，无关人员撤离作业现场，避免发生桩机倾倒伤人事故。

（5）对已完成的引孔桩位，及时进行回填或安全防护，防止人员掉入或机械设备陷入发生安全事故。

2. 预应力管桩施工

（1）预应力管桩施工时与引孔间隔一定的安全距离，避免造成相互间的影响。

（2）现场吊车使用多，起吊作业时派专门的司索工指挥吊装作业；预应力管桩起吊时，施工现场内起吊范围内的无关人员清理出场，起重臂下及影响作业范围内严禁站人。

（3）管桩接头焊接由专业电焊工操作，正确佩戴安全防护罩。

（4）管桩吊点设置合理，起吊前做好临时加固措施，防止管桩接头变形损坏。

（5）氧气、乙炔罐的摆放要分开放置，切割作业由持证专业人员进行。

（6）暴雨时，停止现场施工；台风来临时，做好现场安全防护措施，将桩架固定或放下，确保现场安全。

第2章　大直径潜孔锤灌注桩施工新技术

2.1　灌注桩潜孔锤全护筒跟管管靴技术

2.1.1　引言

中海石油深水天然气珠海高栏终端生产区建造工程球罐桩基础工程，桩基设计为钻（冲）孔灌注桩，桩身直径 ϕ550mm，桩端持力层为入中风化花岗岩或微风化花岗岩≥1500mm，平均桩长27m左右，最大桩长约45m。4000m^3 储罐单桩竖向承载力特征值预估为4200kN，施工场地主要工程地质问题为分布深厚填石层，填石整体块度离散性大，填石块度一般为20～80cm，个别填石块度大于2m；填石厚度最浅7m左右，最厚处达40m，平均厚度约18m。填石场地虽经过前期分层强夯处理，但填石间的缝隙空间大、渗透性强，严重影响桩基础施工。

本工程钻孔灌注桩基础前期采用冲击成孔，出现成桩困难，后期改用潜孔锤全护筒跟管钻进成孔工艺。在潜孔锤钻进成孔的过程中，出现全护筒下沉受阻，甚至卡住无法下沉的现象，导致钻孔出现塌孔，潜孔锤需反复进行成孔作业，为确保孔壁稳定，需要采取振动锤辅助沉入护筒，严重影响施工进度和工程质量。

针对本项目现场条件、设计要求，结合实际工程项目实践，课题组开展了“深厚填石层钻孔灌注桩潜孔锤全护筒跟管管靴技术研究”，经过一系列现场试验、工艺完善、护筒跟管结构设计、机具调整，以及现场专家会评审、总结、工艺优化，最终形成了完整的施工工艺流程、技术标准、操作规程，顺利解决了基坑支护钻孔灌注桩深厚硬岩成桩综合施工技术，取得了显著成效，实现了质量可靠、施工安全、文明环保、高效经济目标，达到预期效果。

2.1.2　潜孔锤全护筒跟管钻进出现的问题

目前，大直径潜孔锤全护筒跟管钻进成孔技术已广泛应用于复杂地层钻孔灌注桩工程中，其破岩速度快、护壁效果好、成桩质量有保证。全护筒跟管钻进见图2.1-1、图2.1-2。

全护筒套设在潜孔锤的外周，潜孔锤在钻进时，潜孔锤的钻头采用平底全断面可伸缩钻头，钻头在有压工作状态时，其底部设置的4个滑动块在压力和冲击器的作用下向外滑出，随着潜孔锤钻头对岩（土）层的破碎，并将破碎的岩屑吹出孔外，全护筒依靠自身的重力随着潜孔锤跟管下沉，从而实现全护筒跟管钻进，保证钻进过程中，对钻孔进行有效护壁。

图 2.1-1 潜孔锤全套管跟管钻进施工现场

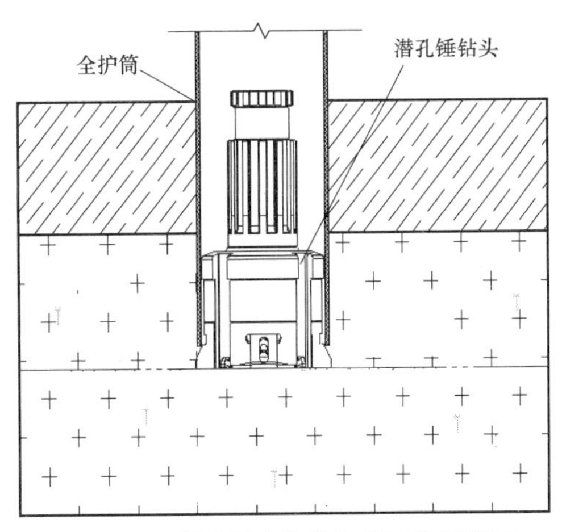

图 2.1-2 潜孔锤全护筒跟管工作示意图

实际施工过程中，当桩孔土层均质时，全护筒可以依靠自身重力跟进潜孔锤，顺利实现跟管钻进成孔。但是，当潜孔锤在钻孔过程中遇到不均质地层，以及孔内局部孤石、填石、硬质夹层等地层时，实际施工会遇到许多障碍，主要表现在：

1. 全护筒下沉受阻

如图 2.1-3 所示，在潜孔锤钻进成孔的过程中，由于全护筒受到不均质地层的影响，在护筒下沉过程中受到的阻力不均，会出现全护筒在下沉时，其下沉与潜孔锤的钻进不同步，导致全护筒下沉受阻，甚至卡住无法下沉的现象，从而不能对钻孔进行有效护壁，导致钻孔出现塌孔的现象，对潜孔锤钻进成孔带来困难。

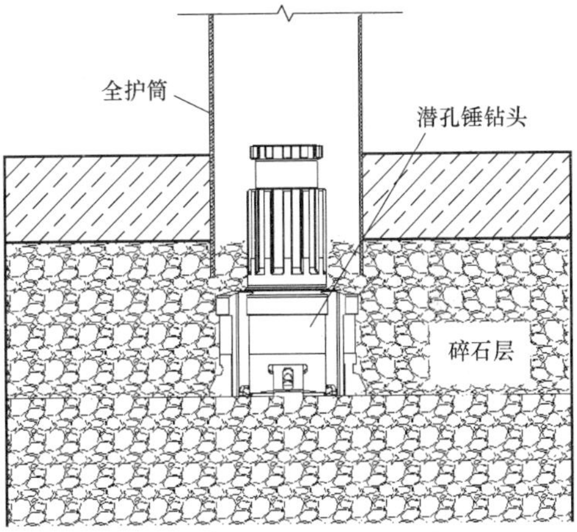

2. 施工质量难以满足设计要求

由于钻孔难以形成有效护壁，并出现塌孔现象，灌注桩身混凝土容易出现缩径或断桩现象；更为严重的问题是，受塌孔严重的影响，造成孔碎石堆积，难以保证清孔效果，使孔底沉渣难以满足规范和设计要求。

图 2.1-3 潜孔锤全护筒跟管在碎石层中工作示意图

3. 施工综合效率差

由于钻孔难以形成有效护壁，并出现塌孔现象，需潜孔锤对塌孔位置钻进清孔，以确保钢护筒与潜孔锤钻进深度保持一致。为满足设计要求，施工时，当遇到此类情况时，需要采用振动锤配合沉入护筒，采用潜孔锤钻进与振动锤沉入护筒配合作业，以满足全护筒跟管需求。此时，既降低了潜孔锤机械综合施工效率，也给现场机械配置提出更高的要求，造成施工综合成本高，现场施工面临成本剧增。振动锤配合沉入钢护筒施工见图 2.1-4。

因此，在潜孔锤全护筒跟管钻进施工中，如何探寻一种可靠、安全、可行、快捷的全护筒跟管施工方案，既达到节省工程建设资金，降低施工成本，加快施工效率，成为本科研项目的重要任务，其研究成果将具有广泛的使用价值和指导意义。

图 2.1-4 振动锤配合钢护筒沉入就位

2.1.3 潜孔锤全护筒跟管管靴技术

在现场潜孔锤全护筒跟管施工出现不利的状况下，针对该场地的工程地质特征和桩基设计要求，现场开展了大直径潜孔锤全护筒跟管管靴结构的研究和试验，新的跟管结构包括连接于护筒下端的环体，环体延伸至全护筒的内部，焊接于护筒底，形成凸出结构。环体置于潜孔锤钻头外周，并且形成的凸出结构与钻头的凹陷结构配合，当潜孔锤往下钻进时，潜孔锤钻头本身的凹陷结构与护筒的凸出结构相互配合下，即使全护筒受到阻力，其不会脱离潜孔锤，而是与潜孔锤保持同步下沉，从而对钻孔实现有效护壁，避免出现塌孔现象，保证有效成孔。

2012 年 4 月，项目部进场进行了 3 根试桩。试桩完成在桩身达到养护龄期后，进行了小应变动力测试、抽芯和静载试验，试验结果均满足设计和规范要求。

本项目的主要目的是解决深厚填石层中钻孔灌注桩潜孔锤全护筒跟管管靴结构工艺技术问题，拟通过现场试验研究，以总结经验、确定施工方法、优化机具配置，确定工序操作流程，针对性制订相关控制及保证措施。

2.1.4 工艺原理

潜孔锤全护筒跟管钻进的关键工艺在于潜孔锤破岩钻进技术，以及潜孔锤与钢护筒之间钻进和同步沉入技术，研究重点在于实现潜孔锤钻进过程中，如何保持钢护筒的同步下沉，以达到对孔壁的稳定和保护。

1. 全护筒跟管钻进工作原理

工作原理是通过建立跟管结构，即通过潜孔锤锤头设置、全护筒跟管钻进管靴结构设计，使潜孔锤钻进过程中保持与钢护筒的有效接触，保持钢护筒不会脱离潜孔锤，始终与潜孔锤保持同步下沉，从而对潜孔锤的钻孔实现有效护壁，避免出现塌孔现象，且便于潜孔锤钻孔。

2. 跟管结构

管靴的环体整个置于护筒底部，嵌于护筒的内表面，管靴环体在护筒底部内环形成凸出结构，此凸出结构将与潜孔锤体接触，形成跟管结构的一部分；管靴环体与钢护筒接触的外环面，管靴环体与护筒形成的坡口采用焊接工艺，将管靴环体与护筒结合成一体。

管靴结构尺寸根据护筒及钻头尺寸进行选择，本工程使用内径 550mm、壁厚 10mm 护筒进行施工，选择管靴尺寸为：环体高度总高度 140mm、上环高度 70mm 且厚度 7mm；下环高度 70mm 且厚度 17mm、坡口宽度 10mm 且不小于 45°、管靴内径 536mm（小于护筒内径）、管靴外径 570mm（等于护筒外径）。

管靴结构见图 2.1-5～图 2.1-7。

管靴结构与护筒的连接见图 2.1-8、图 2.1-9。

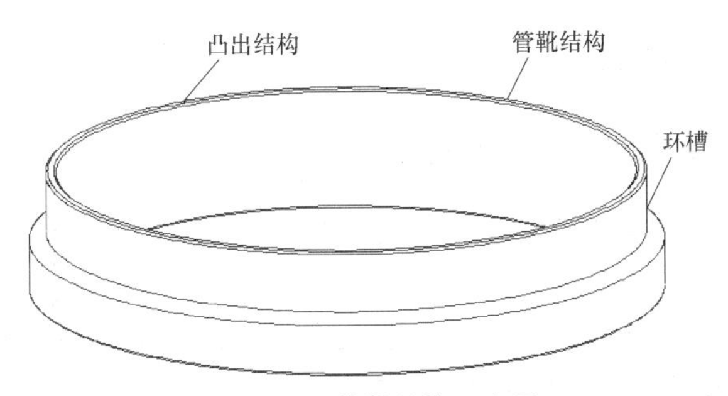

图 2.1-5　管靴结构示意图

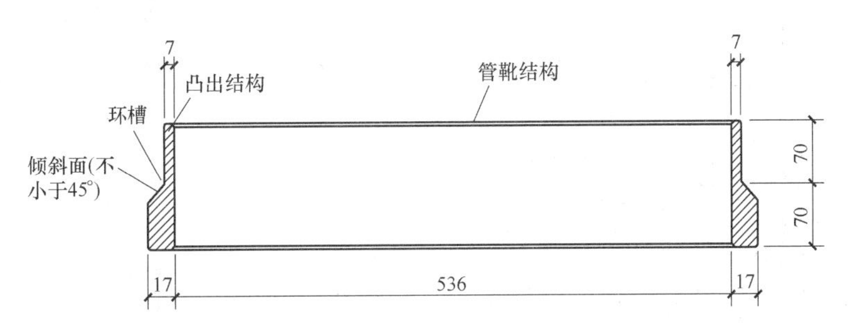

图 2.1-6　管靴结构剖面示意图（单位：mm）

图 2.1-7　管靴实物图

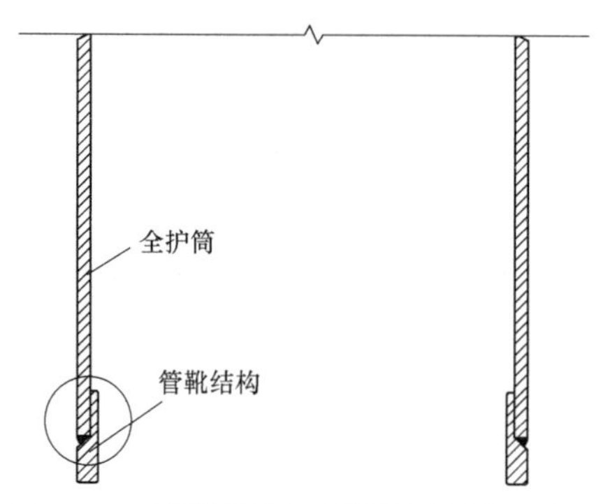

图 2.1-8　管靴结构与全护筒的连接示意图

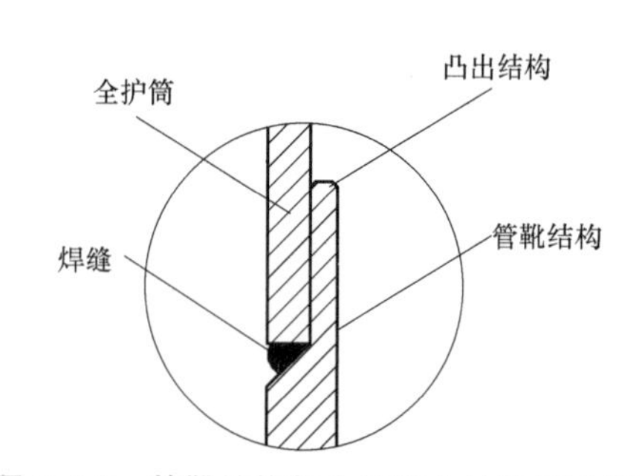

图 2.1-9　管靴结构与全护筒凸处连接示意图

2.1.5　管靴结构与潜孔锤钻头的作用

当全护筒套设在潜孔锤的外周后，管靴环体置于钻头外周，并且形成的凸出结构与钻头的凹陷结构配合，当潜孔锤全护筒跟管钻进的过程中，在凸出结构与凹陷结构的配合下，使全护筒与潜孔锤体接触，其不会脱离潜孔锤，始终与潜孔锤保持同步下沉。

管靴结构与潜孔锤钻头的作用见图 2.1-10、图 2.1-11。

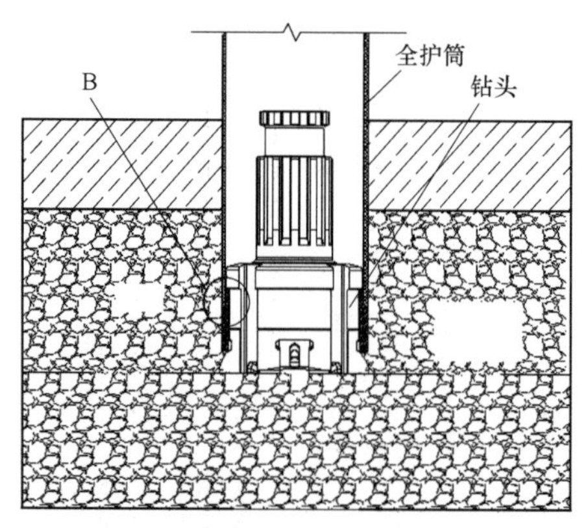

图 2.1-10　管靴与潜孔锤钻作用示意图

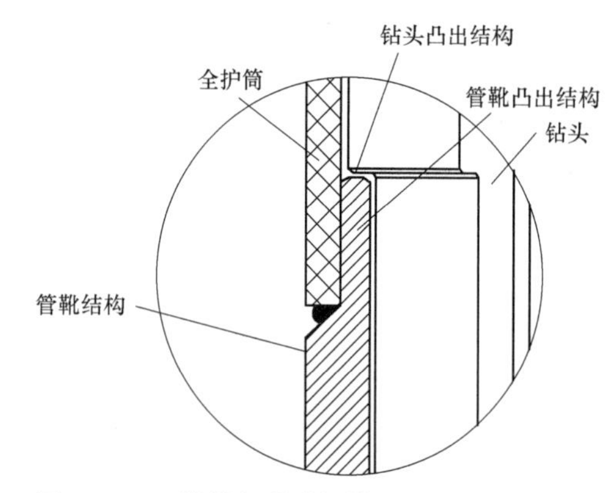

图 2.1-11　管靴与潜孔锤钻头凸处接触示意图

2.1.6　工艺特点

1. 施工效率高

本工艺解决了深厚填石层全护筒跟管难题，全护筒保持与潜孔锤同步下沉，使得孔内保持稳定，免去潜孔锤重复钻进和振动锤辅助下沉护筒的时间，加快成孔施工进度，潜孔锤全护筒跟进工艺可实现 1 天成桩 2 根，成桩速度是冲击钻或其他常规手段的 30 倍及以上。

2. 质量有保证

本工艺成孔孔型规则，潜孔锤的钻孔实现有效护壁，避免出现塌孔、扩径或缩径情况的发生，保证成桩质量。

3. 施工成本相对低

本工艺采用全护筒跟管钻进，避免采用振动锤沉入护筒，节省了成孔时间，减少了机械配置和使用，压缩了生产直接成本，降低了施工费用，经济效益显著。

2.1.7 适用范围

1. 适用地层

适用于地层中存在大量的建筑垃圾、卵石、破碎岩石地层，以及地下水丰富、软硬互层、硬质岩层的灌注桩工程。

2. 适用孔径、孔深

适用于钻孔直径 ϕ500mm～1200mm，护筒跟管深度≤50m 灌注桩工程。

2.1.8 施工工艺流程

深厚填石层钻孔灌注桩潜孔锤全护筒跟管管靴施工工序流程见图 2.1-12。

2.1.9 工序操作要点

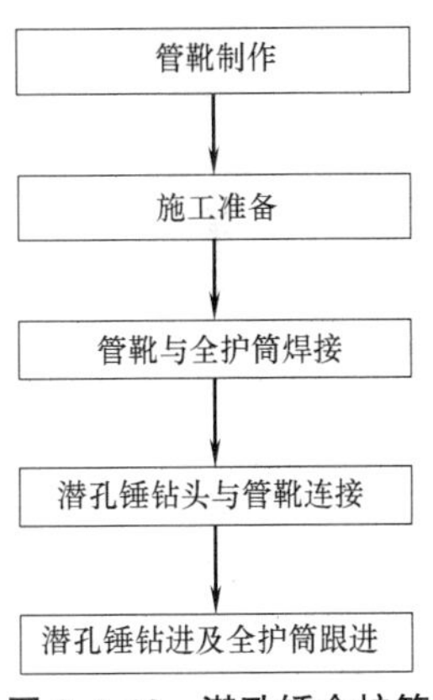

图 2.1-12 潜孔锤全护筒跟管管靴施工工序流程图

1. 管靴制作

（1）管靴根据设计桩径、钻头型号进行设计。

（2）管靴根据设计图，在钢结构工厂内进行加工。

2. 施工准备

（1）根据工程要求及材料质量的具体情况对管靴进行复验，经复验鉴定合格的材料方准正式入库，并做出复验标记，不合格材料清除现场，避免误用。

（2）使用前对管靴进行检查和清理，保证正常使用。

3. 管靴与全护筒焊接

（1）与管靴连接的护筒，在进行焊接连接前，护筒的同心度对护筒的切割面和坡口方面的要求高；护筒在切割后，需对切割口进行坡口处理；实际施工过程中采用专用的管道切割机，自动对护筒接口进行切割处理，确保护筒口平顺圆正，以保证管靴与护筒处于同心圆；切割形成的坡口，可保证孔口焊接时的焊缝填埋饱满，有利于保证焊接质量。护筒切割具体情况见图 2.1-13。

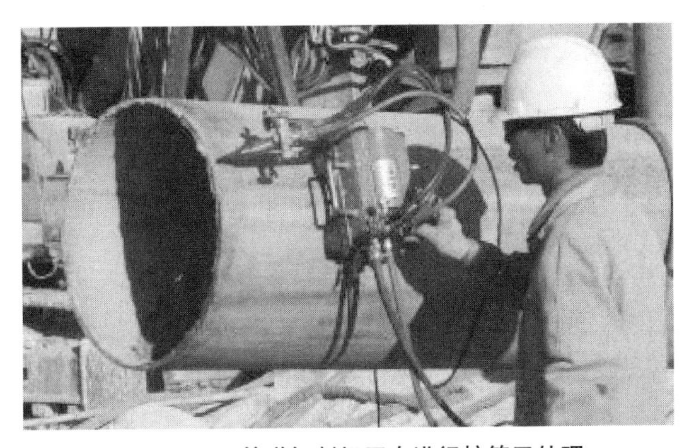

图 2.1-13 管道切割机正在进行护筒口处理

(2) 清除焊接坡口、周边的防锈漆和杂物，焊接口预热。

(3) 管靴插入护筒内，焊接在护筒的两侧对称同时焊接，以减少焊接变形和残余应力；同时，对焊接位置进行清理，保证干净、平整。

钢护筒管靴加工具体情况见图 2.1-14、图 2.1-15。

图 2.1-14 钢护筒管靴

图 2.1-15 管靴与护筒底现场焊接施工

4. 护筒及潜孔锤钻具安装

(1) 潜孔锤吊放前，进行表面清理，保证管靴结构可以与钻头连接。

(2) 潜孔锤吊放到管靴位置后，检查管靴结构和钻头的凸凹结构是否连接。

护筒、潜孔锤安放情况见图 2.1-16、图 2.1-17。

图 2.1-16 潜孔锤安放前的清理

图 2.1-17 吊放潜孔锤

5. 潜孔锤钻进及全护筒跟管

潜孔锤启动后，其底部的四个均布的牙轮钻啮外扩并超出护筒直径，全护筒通过管靴结构与潜孔锤相互连接，紧随潜孔锤跟管下沉，进行有效护壁。跟管钻进见图 2.1-18。

图 2.1-18 潜孔锤跟管钻进

2.2 大直径潜孔锤全护筒跟管灌注桩施工技术

2.2.1 引言

随着工程建设的日益大规模进行，特别是邻近海岸各类储油罐、码头及其附属等工程设施的开发，经常会遇到开山填海造地或人工填筑而成的工程建设项目，此时建（构）物桩基础施工由于受深厚填石层的影响造成施工极其困难，冲击成孔工艺会出现泥浆漏失、坍孔、掉锤、卡锤等现象，造成桩身灌注混凝土充盈系数大、工期拖长等问题；采用回转钻进成孔进度缓慢、施工效率低、综合成本高，给桩基工程施工和项目建设带来严重困扰。

为了寻求在深厚填石层中钻孔灌注桩的有效、快捷、高效的施工新工艺新方法，节省投资，加快施工进度，研发了深厚填石层大直径潜孔锤全护筒跟管钻孔灌注桩施工技术。

2.2.2 工程应用实例

1. 工程概况

2011 年 11 月，中海石油深水天然气珠海高栏终端生产区建造工程球罐桩基础工程开工。该工程位置倚山临海，场地为开山填筑而成，填石块度一般为 20～80cm 不等，个别填石块度大于 2m；填石厚度最浅 7m 左右，最厚处达 40m，平均厚度约 18m。

生产区建造项目桩基础工程包括：4000m^3 丙烷储罐、4000m^3 丁烷储罐、4000m^3 稳定轻烃储罐、分馏框架平台装置、闪蒸塔、吸收塔、再生塔等桩基，桩基设计为钻（冲）孔灌注桩，桩身直径 ϕ550mm，桩端持力层为入中风化花岗岩或微风化花岗岩≥1500mm，平均桩长 27m 左右，最大桩长 45m。4000m^3 储罐单桩竖向承载力特征值预估为 4200kN，单桩水平承载力特征值预估为 100kN。

2. 场地工程地质条件

场地地层条件复杂，自上而下主要分布的地层有：开山填石、素填土、杂填土、花岗石残积土及强风化、中风化岩、微风化花岗石。

场地主要工程地质问题为深厚填石，填石整体块度离散，填石场地虽经过前期分层强夯处理，但填石间的缝隙空间大、渗透性强，严重影响桩基础正常施工。

场地地形特征和现场填石情况见图 2.2-1、图 2.2-2。

图 2.2-1　场地地形特征

图 2.2-2　场地填石情况

3. 前期冲击成孔施工情况

桩基础施工前期，施工单位根据场地条件，按通常做法选择冲击钻设备，制订了采用十字冲击锤将填石冲碎或挤压进桩侧，泥浆循环护壁成孔施工方案。由于场地内分布深厚填石，冲孔施工极其困难，遇到较多无法解决的难题，主要表现在：

(1) 泥浆漏失严重，成孔时间长。由于填石厚度大，填石间的间隙过大，造成在冲击成孔作业过程中出现严重漏浆，使得难以维持泥浆正常循环，孔内钻渣或填石重复在孔内破碎；甚至经常出现泥浆漏失后孔壁坍塌事故，冲击成孔异常困难；一般 30m 左右的桩孔，正常情况 20～25 天左右完成，个别桩孔在冲击超过 1 个月后都难以终孔。当遇孔壁坍塌、漏浆或探头石情况时，成孔、成桩时间成倍增长，经常反复冲孔，重复性工作极多，效率低下。

(2) 长时间冲击成孔，孔内事故多。由于单桩成孔时间长，伴随着孔内事故增多，掉钻、卡钻、斜孔等经常发生，事故处理费用大。

(3) 泥浆处理、浆渣外运费用高。成孔采用泥浆循环护壁和携渣，由于泥浆漏失严重，现场使用泥浆量大，造成泥浆处理费用高；同时，大量的泥浆给文明施工造成困难，泥浆外运增加了施工成本。

（4）综合成本高。由于进度缓慢，现场只得增加冲孔桩机数量；同时，辅助作业机械如吊车、挖掘机等其他机械费用大幅度增加，人员数量也扩充，造成施工综合成本高，现场施工面临成本剧增的被动局面。

（5）施工质量难以满足设计要求。由于桩孔平均深度过深、桩径小，桩的垂直度要求高，在深厚填石层中冲击成孔，受填石大小块径相差大、软硬不均的影响，冲击时容易产生桩孔偏斜，桩孔垂直度无法满足设计要求。更为严重的问题是，受泥浆的影响，造成孔底碎石堆积，难以保证清孔效果。

前期冲击成孔开动桩机 20 多台套，现场施工情况见图 2.2-3。

图 2.2-3 现场冲击成孔情况

4. 大直径潜孔锤全套管跟管钻进方案的选择

针对该场地的工程地质特征和桩基设计要求，现场开展了潜孔锤全护筒跟管钻进成孔施工工艺的研究和试验，新的工艺主要采用大直径潜孔锤风压钻进，发挥潜孔锤破岩的优势，通过配置超大风压，最大限度地将孔内岩渣直接吹出孔外；在钻进过程中采用全套管跟管钻进，避免了孔内垮塌，确保了顺利成孔；此外，全护筒跟管钻进不仅可以隔开孔外的松散地层、地下水、探头石、防止泥浆漏失等，而且在其灌注完混凝土后立即振动起拔全护筒的过程中，可以起到对桩芯混凝土进行二次振动作用，桩身混凝土的密实性更好、强度得到有效保证。

2012 年 4 月，进场进行了 3 根试桩；试桩根据场地工程勘察资料，选择了 3 个不同位置进行。具体试桩情况见表 2.2-1。

大直径潜孔锤跟管钻进试桩情况表 **表 2.2-1**

试桩号	试桩位置	桩长(m)	地层分布情况(m)	成孔时间(h)
1	分馏框架平台第一套装置	13.9	填石 12.4	2.40
2	4000m^3 丙烷储罐	36.0	填石 32.0	9.50
3	4000m^3 丁烷储罐	33.0	填石 23.0	12.00

试桩完成在桩身达到养护龄期后，进行了小应变动力测试、抽芯和静载试验，试验结果均满足设计和规范要求，试验取得了成功，新的技术和工艺得到监理、业主的一致好评。

5. 大直径潜孔锤全套管跟管钻孔灌注桩施工

施工期间，共开动 2 台潜孔锤桩机，采用大直径潜孔锤跟管钻进，平均以每台机每天完成 2 根所完成的工程内容及工程量见表 2.2-2，现场施工见图 2.2-4～图 2.2-6。

大直径潜孔锤跟管钻进完成工程量情况表　　表 2.2-2

工程内容	桩数(根)	平均桩长(m)	备　注
6 个 $4000m^3$ 丙烷储罐	288	35	单个储罐设 12 个承台、每个承台 4 根桩，共 48 根桩
2 个 $4000m^3$ 丁烷储罐	96	30	
2 个 $4000m^3$ 稳定轻烃储罐	96	27	
5 个吸收塔	30	18	单个塔基设 6 个承台、每个承台 1 根桩，共 6 根桩
5 个内蒸塔	30	22	
合计	520	16752	

图 2.2-4　大直径潜孔锤全套管跟进施工现场情况

图 2.2-5　丙烷储罐、丁烷储罐钢筋绑扎

图 2.2-6 丙烷储罐、丁烷储罐

6. 工程桩检测

桩基施工完工达到养护条件后，按设计要求进行了桩基检测：

（1）桩顶开挖及小应变动力测试情况

工程桩 100%进行小应变动力测试。桩头开挖情况及动力测试表明，桩顶标高、桩顶混凝土强度、桩身完整性、桩长等均满足要求。吸收塔桩顶开挖情况见图 2.2-7。

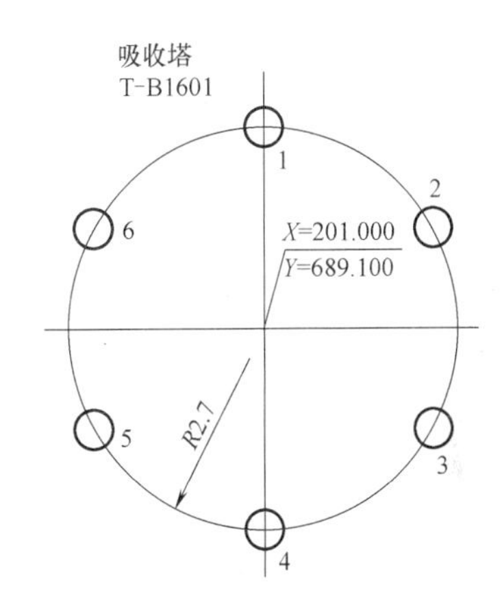

图 2.2-7 吸收塔（6 桩塔）桩顶开挖情况

（2）抽芯检验情况

经桩头开挖验桩、小应变测试、抽芯、静载荷检测，以及桩身混凝土试块试压，检测结果表明：桩身完整性、桩身混凝土强度、桩承载力、孔底沉渣等全部满足设计和规范要求。

2.2.3 工艺特点

1. 成孔速度快

潜孔锤破岩效率高是业内的共识，大直径潜孔锤全断面能一次钻进到位；超大风压将破碎的岩渣吹出孔外，减少了孔内岩渣的重复破碎，加快了成孔速度；全护筒跟进，极大地减少了冲击钻成孔过程中常见的诸如卡锤、掉锤、塌孔、漏浆等事故；潜孔锤全护筒跟管工艺可实现 1 天成桩 2 根的效率，成桩速度是冲击钻或其他常规手段的 30 倍及以上。

2. 质量有保证

表现为以下几个方面：

（1）成孔孔型规则，避免了冲击成孔过程中的钻孔孔径随地层的变化，或扩径或缩径情况发生。

（2）桩芯混凝土密实度较高。

（3）不需要泥浆护壁，避免了混凝土的浇筑过程中的夹泥通病。

（4）钢筋笼沿着光滑的护筒内壁，可顺利地下入到孔底，不会出现钢筋笼难下的状况，钢筋笼的保护层更容易得到保证，桩的耐久性得到保证。

（5）冲击成孔往往受夹层或操作人员责任心不强的影响，持力层往往容易误判；采用潜孔锤跟管工工艺后，桩端入岩情况可凭返回孔口的岩屑精准判断，桩的承载力和持力层得到保证。

3. 施工成本低

相比较于冲击、回转等其他方式成孔，表现在：

（1）施工速度快，单机综合效率高。

（2）事故少、成本低，本工艺的事故一般表现为机械故障，孔内事故少。

（3）潜孔锤钻进时凭借超大风压直接吹出岩渣，岩渣在孔口护筒附近堆积，呈颗粒状，可直接装车外运，避免了冲击成孔大量泥浆制作、处理等费用；同时，钻孔施工不需要施工用水，可节省用水费用。

（4）混凝土超灌量少，冲击成孔在这样的地层中的充盈系数平均为 2.5 左右，而采用本工艺施工的充盈系数平均约 1.2 左右。

4. 现场文明施工条件好

（1）潜孔锤跟管工艺不使用泥浆，现场不再泥泞，场地更清洁，现场施工环境得到极大的改善。

（2）减少了如泥浆的制作、外运等工作，现场临时道路、设备摆放有序，相应的管理环节得到简化。

5. 本工法的不可替代性

由于大量的地下障碍物的存在，往往许多常规手段，如回转钻进、旋挖等无法实现成孔，而冲击成孔效率低、成本高；因此，本工法具有其他手段无法替代的优越性。

2.2.4　适用范围

1. 地层

适用于地层中存在大块填石、孤石、卵砾石及硬质夹层的灌注桩工程。

2. 桩径、桩深

适用于钻孔直径 ϕ500～1000mm，成孔深度≤50m。

2.2.5　工艺原理

潜孔锤是以压缩空气作为动力，压缩空气由空气压缩机提供，经钻机、钻杆进入潜孔冲击器，推动潜孔锤工作，利用潜孔锤对钻头的往复冲击作用，来达到破岩的目的，被破碎的岩屑随潜孔锤高风压携带到地表。由于冲击频率高（可达到 60Hz），低冲程，破碎的岩屑颗粒小，便于压缩空气携带，孔底清洁，岩屑在钻杆与套管间的间隙中上升过程中不容易形成堵塞，整体工作效率高。

跟管钻具工作时由钻机提供回转扭矩及给进动力，采用可伸缩滑块钻头，可确保钻头自由进出套管，同时在轴向力的作用下，其冲击块沿滑动面向外冲击破碎岩石，从而提供套管跟进时的空间；套管的及时跟进，保护了钻孔，避免了不良地层对钻孔的影响，后续作业在套管中进行，对成桩作业的质量起到了保护作用。

图 2.2-8 潜孔锤钻头与套管

潜孔锤钻头滑块和潜孔锤钻头与套管的关系，见图 2.2-8。

通过钻头与护筒、冲击器与护筒等钻具的合理组合，利用大直径潜孔锤冲击器穿透硬岩的能力和全护筒跟管钻进对钻孔的护壁，采取超大风压破岩及清孔，通过合理的钻进工艺参数，实现钻进、护孔、钢筋笼安放、灌注等工序全方位的控制，进而快速、安全地在复杂、深厚填石、硬岩地层情况下成桩。

1. 大直径潜孔锤破岩

本技术选用与桩孔直径相匹配的大直径潜孔锤，一径到底，一次性完成成孔。大直径潜孔锤的冲击器在高压空气带动下对岩石进行直接冲击破碎，其冲击特点是冲击频率高、冲程低，冲击器在破岩时可以将钻头所遇的硬岩粉碎，破岩效率高；破碎的岩渣在超高压气流的作用下，沿潜孔锤钻杆与护筒间的空隙被直接吹送至地面，为保证岩屑顺利上返地面，在钻杆四周侧壁沿通道方向上设置分隔条，人为地制造上返风道，使岩屑不至于在钻杆与护筒的环状空隙中堆积，有利于降低地面空压机的动力损耗，进而实现高速成孔。具体情况见图 2.2-9。

(*a*) (*b*) (*c*)

图 2.2-9 大直径潜孔锤超大风压破岩情况

(*a*) 大直径潜孔锤钻头及钻杆；(*b*) 空压机组；(*c*) 潜孔锤破岩护筒口地面返渣

2. 全护筒跟管钻进

潜孔锤在护筒内成孔，在超高压、超大气量的作用下，潜孔锤的牙轮齿头可外扩超出护筒直径，使得护筒在潜孔锤破岩成孔过程中，随着钻头的向下延伸，护筒也随之沉入，及时地隔断不良地层，使钻孔之后的各工序可在护筒的保护下完成，避免了地下水、分布于地层各层中的块石、卵砾石、建筑垃圾以及淤泥等对成桩的不同阶段的影响，使得成桩各工序的质量、安全都有保证。具体情况见图 2.2-10。

图 2.2-10　潜孔锤钻头滑块外扩破岩护筒跟进

（*a*）潜孔锤安置于套筒内；（*b*）入护筒前潜孔锤状态；（*c*）破岩时潜孔锤滑块外扩状态

3. 安放钢筋笼、灌注导管、水下灌注混凝土成桩

钻孔至要求的深度后，将制作好的钢筋笼放入孔，再下入灌注导管，采用水下回顶法灌注混凝土至孔口，随即利用振动锤逐节振拔护筒，在振拔过程中护筒内的混凝土面会随着振动和护筒的拔出而下降，此时及时补充相应量的混凝土，如此反复直至护筒全部拔出。具体情况见图 2.2-11。

图 2.2-11　全套管跟管、钢筋笼安放、灌注导管安放、灌注混凝土成桩、起拔护筒

（*a*）全护筒跟管到位；（*b*）钢筋笼安放；（*c*）安放灌注导管；（*d*）水下混凝土灌注成桩；（*e*）振动锤拔出护筒

2.2.6　施工工艺流程

大直径潜孔锤全护筒跟管钻进灌注桩施工工艺流程见图 2.2-12。

2.2.7　工序操作要点

1. 桩位测量、桩机就位

（1）钻孔作业前，按设计要求将孔位放出，打入短钢筋设明显的标志，并保护好。

（2）桩机移位前，事先将场地进行平整、压实。

（3）利用桩机的液压系统、行走机构移动钻机至孔位，校核准确后对钻机进行定位。

（4）桩机移位过程中，派专人指挥，定位完成后将钻机固定。

桩位现场测量、桩机移位情况见图 2.2-13、图 2.2-14。

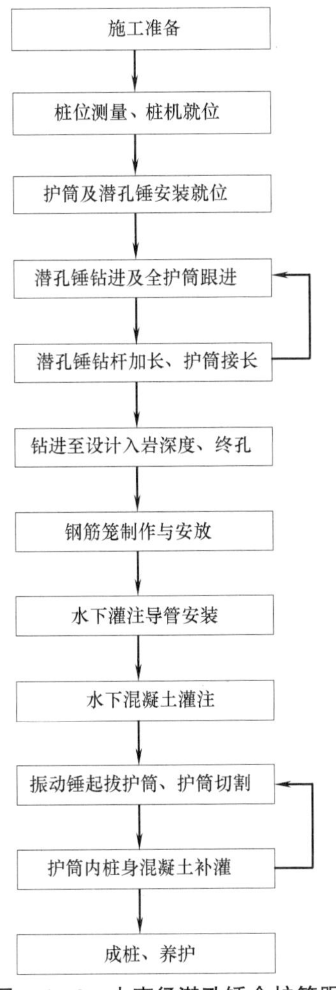

图 2.2-12　大直径潜孔锤全护筒跟管钻进灌注桩施工工艺流程图

图 2.2-13　桩位现场测量

图 2.2-14　桩机移位

2. 护筒及潜孔锤钻具安装

（1）用吊车分别将护筒和钻具吊至孔位，调整桩架位置，确保钻机电机中轴线、护筒中心点、潜孔锤中心点“三点一线”。

（2）护筒安放过程中，其垂直度可采用测量仪器控制，也可利用相互垂直的两个方向吊垂直线的方式校正。

图 2.2-15　套筒、潜孔锤就位

（3）潜孔锤吊放前，进行表面清理，防止风口被堵塞。

护筒、潜孔锤安放情况见图 2.2-15。

3. 潜孔锤钻进及全护筒跟管

（1）开钻前，对桩位、护筒垂直度进行检验，合格后即可开始钻进作业。

（2）先将钻具（潜孔锤钻头、钻杆）提离孔底 20～30cm，开动空压机、钻具上方的回转电机，待护筒口出风时，将钻具轻轻放至孔底，开始潜孔锤钻进作业。

（3）钻进的作业参数：钻压为钻具自重，风量控制为 20～60m^3/min，风压 1.0～2.5MPa，转速 5～13rpm。

（4）潜孔锤启动后，其底部的四个均布的滑块外扩并超出护筒直径，随着破碎的渣土或岩屑吹出孔外，护筒紧随潜孔锤跟管下沉，进行有效护壁。

（5）钻进过程中，从护筒与钻具之间间隙返出大量钻渣，并堆积在孔口附近；当堆积一定高度时，及时进行清理。

潜孔锤风动成孔跟管钻进、孔口清渣情况见图 2.2-16、图 2.2-17。

图 2.2-16　潜孔锤钻进、护筒跟管下沉

图 2.2-17　护筒口钻渣堆积及清理

4. 潜孔锤钻杆加长、护筒接长

（1）当潜孔锤持续破岩钻进、护筒跟管下沉至孔口约 1.0m 左右时，需将钻杆和护筒接长。

（2）将主机与潜孔锤钻杆分离，钻机稍稍让出孔口，先将钻杆接长；钻杆接头采用六方键槽套接，当上下二节钻杆套接到位后，再插入定位销固定；接钻杆时，控制钻杆长度始终高出护筒顶。

（3）钻杆接长后，将下一节护筒吊起置于已接长的钻杆外的前一节护筒处，对接平齐，将上下两节护筒焊接，并加焊加强块；焊接时，采用两台电焊机对称作业，以缩短焊接时间。

（4）由于护筒在拔出时采用人工手动切割操作，切割面凹凸不平，使得护筒再次使用时无法满足护筒同心度要求；因此，护筒在接长作业前，需对接长的护筒接口采用专用的管道切割机进行自动切割处理，以确保其坡口的圆整度。

（5）护筒孔口焊接时，采用两个方向吊垂直线控制护筒的垂直度。

（6）当接长的护筒再次下沉至孔口附近时，重复加钻杆、接护筒作业；如此反复接长、钻进至要求的钻孔深度。

潜孔锤钻杆接长、护筒口处理、护筒孔口焊接等见图 2.2-18～图 2.2-21。

图 2.2-18 潜孔锤钻杆起吊

图 2.2-19 潜孔锤钻杆孔口接长

图 2.2-20 护筒坡口自动切割处理

图 2.2-21 孔口护筒焊接接长

5. 钻进至设计入岩深度、终孔

（1）钻孔钻至要求的深度后，即可终止钻进。

（2）终孔前，需严格判定入岩岩性和入岩深度，以确保桩端持力层满足设计要求。

（3）终孔时，要不断观测孔口上返岩渣、岩屑性状，参考场地钻孔勘探孔资料，进行综合判断，并报监理工程师确认。

（4）终孔后，将潜孔锤提出孔外，桩机可移出孔位施工下一桩孔。

（5）终孔后，用测绳从护筒内测定钻孔深度，以便钢筋笼加工等。

桩端岩渣判断、终孔后测量孔深见图 2.2-22、图 2.2-23。

图 2.2-22　终孔时判断桩端岩性

图 2.2-23　终孔后测量桩孔深度

6. 钢筋笼制安

（1）钢筋笼按终孔后测量的数据制作，一般钢筋笼长度在 30m 以下时按一节制作，安放时一次性由履带吊吊装就位，以减少工序的等待时间。

（2）由于钢筋笼偏长，在起吊时采用专用吊钩多点起吊。

（3）由于起吊高度大，钢筋笼加工时采取临时加固措施，防止钢筋笼起吊时散脱。

（4）钢筋笼底部制作成楔尖形，以方便下入孔内；钢筋笼顶部制作成外扩型，以方便笼体定位，确保钢筋混凝土保护层厚度。

钢筋笼安放情况见图 2.2-24、图 2.2-25。

图 2.2-24　钢筋笼底部尖口

图 2.2-25　钢筋笼顶外扩定位

7. 水下灌注导管安放

（1）混凝土灌注采用水下导管回顶灌注法，导管管径 ϕ200mm，壁厚 4mm。

（2）导管首次使用前经水密性检验，连接时对螺纹进行清理、并安装密封圈。

（3）灌注导管底部保持距桩端 30cm 左右。

（4）导管安装好后，在其上安装接料斗，在漏斗底口安放灌注塞。

导管安放情况见图 2.2-26～图 2.2-29。

图 2.2-26　灌注导管起吊

图 2.2-27　灌注导管孔口连接

图 2.2-28　灌注斗孔口对接

图 2.2-29　灌注斗孔口固定

8. 水下混凝土灌注

（1）混凝土的配合比按常规水下混凝土要求配制，坍落度为 180～220mm，并进行现场测试。

（2）灌注可采用混凝土罐车出料口直接下料，或采用灌注斗吊灌。

（3）在灌注过程中，及时拆卸灌注导管，保持导管埋置深度一般控制在 2～4m，最大不大于 6m。

（4）在灌注混凝土过程中，不时上下提动料斗和导管，以便管内混凝土能顺利下入孔内。

（5）灌注混凝土至孔口并超灌 1.0m 左右，及时拔出灌注导管。

桩身混凝土灌注情况见图 2.2-30、图 2.2-31。

图 2.2-30　混凝土罐车直接下料灌注

图 2.2-31　拆卸灌注导管

9. 振动锤起拔护筒、护筒切割

（1）护筒起拔用中型或大型的振动器，配套相应的夹持器。由于激振力和负荷较大，根据护筒埋深选择 50～80t 的履带吊将振动锤吊起，对护筒进行起拔作业。

（2）振动锤型号根据护筒长度，选择激振力 20～50t 范围的振动锤作业。

（3）振动锤起拔护筒焊接接口至孔口 1.0m 左右时，停止振拔，随即进行护筒切割割管。

（4）护筒割管位置一般在原接长焊接部位，用氧炔焰切割。

（5）护筒切割完成后，观察护筒内混凝土面位置，由于随着护筒的拔出及振动，会使桩身混凝土密实；同时，底部护筒上拔后，混凝土会向填石四周扩渗，造成护筒内混凝土面下降；此时，需及时向护筒内补充相应量的混凝土。

（6）重复以上操作，直到拔出最后一节护筒。

护筒起拔、护筒切割、补灌混凝土等工序操作见图 2.2-32～图 2.2-36。

图 2.2-32　起拔护筒所用的单夹具、双夹具振动锤

图 2.2-33 护筒孔口切割

图 2.2-34 起拔护筒后混凝土面下降

图 2.2-35 护筒内桩身混凝土补灌

图 2.2-36 护筒全部拔出

2.2.8 机具设备

1. 机械设备选择

(1) 钻机选型

钻机要求稳定性好，便于行走和让出孔口，减少护筒接长次数。

在本工艺中，对河北新河 CDFG26 型长螺旋钻机进行了改造，利用其机架和动力，调整了输出转速。钻机包括主机架、旋转电机、液压行走装置等，全套钻机功率 110kW。改造后的该机底盘高，液压机械行走，可就地旋转让出孔口，整机重量大，机架高（26m）且稳定性好，负重大，过载能力提高。

桩机具体见图 2.2-37。

图 2.2-37 潜孔锤桩机

(2) 潜孔锤钻头、钻杆选择

选择大直径潜孔锤，一径到底，钻头直径与桩径匹配；本工程桩径为 ϕ550mm，潜孔锤钻头外径 ϕ500mm。

潜孔锤钻头底部均匀布设 4 块可活动的滑块，在超大风压作用下，当破岩钻进时，钻具的重量作用于钻块底部时，滑块沿限位的斜面同时将力转化为一定的水平向作用力，在高频、反复的向下破岩的同时实现了水平向的扩径作业，提供了护筒跟进所需的间隙，从而保证了钻孔在破碎地层的护筒跟进；当提钻时，4个滑块在重力的作用下收拢，使其可在护筒内上下活动。

钻杆直径 ϕ420mm，钻杆接头采用六方接头连接，当上下二节钻杆套接到位后，再插入定位销固定；钻杆上设置 6 道风道，以便超大风压将吹起的岩渣沿着风道集中吹至地面。

潜孔锤钻杆及风道设置等见图 2.2-38、图 2.2-39。

图 2.2-38　潜孔锤钻杆连接

图 2.2-39　钻杆风道设置

（3）空压机选择

1）潜孔锤钻进时所需的压力一般为 0.8～1.5MPa，当孔深或钻具总重加大时，取大值；由于随孔深的压力损失，地面提供的压力一般为 1.0～2.5MPa，当孔较深、地层含水量高、孔径较大和破岩时，选用较大的压力，反之选用较小压力。

2）操作中视护筒顶的返渣情况，对空压机的压力进行调节。

3）风量随钻孔的深度和钻孔径的不同，差别较大，为使潜孔锤正常工作而又能排除岩粉，要求钻杆和孔壁环状间隙之间的最低上返风速为 15m/s，地面提供的风量不小于 60m^3/min；1 台空压机不能提供足够的风量，可采用 3 台空压机并行送风。

4）本桩基工程施工中，选用了英格索兰 XHP900 和瑞典阿特拉斯 XRS 451 型空压机，1 台潜孔锤引孔桩机配备 3 台空压机并行送风，可保持压力的稳定和所需的送风量，可顺利地将岩屑、钻渣吹至地面。空压机技术参数见表 2.2-1，空压机并行见图 2.2-40。

英格索兰 XHP 系列空压机参数表　　表 2.2-1

参　数	机　型	
	XHP900	XRS451
排气量(m^3/min)	25.5	20.0
压力范围(MPa)	1.03～2.58	1.03～2.30

续表

参　数	机　型	
	XHP900	XRS451
气体压缩形式	旋转螺杆/两级	旋转螺杆/两级
排气口尺寸(mm)	76.2	76.2
动力	柴油	柴油
行走方式	带行走轮	带行走轮
自重(kg)	6181	6356

图 2.2-40　3 台空压机并联产生超大风压

（4）护筒的选择

1）采用相应规格的无缝钢管，也可用 8～12mm 的普通钢板卷制，卷制时对内壁的焊缝进行打磨，确保内壁光滑。

2）本工艺选用的是 ϕ550、壁厚 δ14mm 的无缝钢管，见图 2.2-41。

3）护筒单节长度 9m，最底部护筒设置加固筒靴，管靴设置见图 2.2-42。

图 2.2-41　现场用作护筒的无缝钢管

图 2.2-42　护筒底部管靴结构

4）护筒需要在孔口进行焊接，护筒的同心度对护筒的切割面和坡口方面的要求高；护筒在切割起吊后，需对切割口进行坡口处理；实际施工过程中采用专用的管道切割机，自动对护筒接口进行切割处理，确保护筒口平顺圆正；切割形成的坡口，可保证孔口焊接时的焊缝填埋饱满，有利于保证焊接质量。

（5）起重机械选择

1）本工程起重机械选用条件：为节省钢筋笼孔口焊接时间，施工时采取钢筋笼一次性吊装到位；钻具需要从已安装好的护筒顶下入护筒内，吊车的臂长要求较长，所吊的器具重量较大；振拔护筒的激振力较大。

2）为满足现场施工需求，实际施工配备一台 150t 履带吊，负责钢筋笼安放、灌注混凝土、起拔护筒等，吊车能力强、力臂长，固定在一个位置就可以满足现场施工需求；另外，配备一台普通 25t 汽车吊，负责潜孔锤、钻杆、护筒的吊装，以及机械的转场、材料搬运及其他的辅助性工作。

现场配备吊车情况见图 2.2-43。

图 2.2-43　现场配备吊车

2. 机械设备配套

大直径潜孔锤机械设备按单机配备，其主要施工机械设备配置见表 2.2-2。

主要机械设备配置表 表 2.2-2

序号	设备名称	型号	备 注
1	桩架	专用设备	由 CFG 桩、搅拌桩机、长螺旋机改造而成,机架高 26m
2	潜孔锤钻头	直径 500mm	平底、可扩径钻头
3	钻杆	直径 420mm	配置专用钻杆和接头,外壁加焊钢筋设置风道
4	吊车	150t 履带吊、25t 汽车吊	下笼、钻具吊装、起拔护筒、混凝土灌注、辅助作业等
5	空压机	XHP90、XHP1170、XRS 451	单机 25.5～30.3m^3/min,多台并联
6	储气罐		储压送风,用于连接空压机
7	护筒	内径 530mm	全孔护壁
8	振动锤	永安\STORKE360P	配单或双夹持器
9	灌注导管	直径 200mm	灌注水下混凝土
10	灌注斗	2m^3	孔口灌注混凝土,或送料
11	管道切割机	可附着式 CG2-11C	自动切割护筒
12	电焊机	BX1	焊接护筒 2 台、制作钢筋笼 6 台
13	空压机	AW3608	凿桩头
14	挖掘机	CAT20	开挖桩头
15	氧炔焰枪	HR35	切割护筒

2.2.9 质量控制

1. 测量定位

(1) 施工前，根据所提供的场地现状及建筑场地岩土工程勘察报告，有针对性地编制施工组织设计（方案），报监理、业主审批后用于指导现场施工。

(2) 基准轴线的控制点和水准点设在不受施工影响的位置，经复核后妥善保护；桩位测量由专业测量工程师操作，并做好复核，桩位定位后报监理工程师验收。

2. 潜孔锤钻进

(1) 潜孔锤桩机设备底座尺寸较大，桩机就位后，必须始终保持平稳，确保在施工过程中不发生倾斜和偏移，以保证桩孔垂直度满足设计要求。

(2) 成孔过程中，如出现实际地层与所描述地层不一致时，及时与设计部门沟通，共同提出相应的解决方案；入持力层和终孔时，准确判断岩性，并报监理工程师复核和验收。

(3) 护筒下沉对接时，采用两个方向吊垂线控制护筒垂直度。

3. 钢筋笼制安

(1) 钢筋笼制作及其接头焊接，严格遵守国家现行标准《钢筋机械连接技术规程》JGJ 107—2016、《钢筋焊接及验收规程》JGJ 18—2012、《混凝土结构工程施工质量验收规范》GB 50204—2015。

(2) 钢筋笼隐蔽验收前，报监理工程师验收，合格后方可用于现场施工。

（3）吊装钢筋笼时，防止变形，安放时对准孔位，避免碰撞孔壁和自由落下，就位后立即固定。

4. 灌注混凝土成桩

（1）商品混凝土的水泥、砂、石和钢筋等原材料及其制品的质检报告齐全，钢筋进行可焊性试验。

（2）检查成孔质量合格后，尽快灌注混凝土；灌注导管在使用前，进行水密性检验，合格后方可使用；灌注过程中，严禁将导管提离混凝土面，埋管深度控制在 2～6m；起拔导管时，不得将钢筋笼提动。

（3）起拔护筒切割护筒过程中，注意观测孔内混凝土面的位置，及时补充灌注混凝土，确保桩身混凝土量。

（4）灌注混凝土过程中，派专人做好灌注记录，并按规定留取一组三块混凝土试件，按规定进行养护。

（5）灌注混凝土至桩顶设计标高时，超灌 100cm，以确保桩顶混凝土强度满足设计要求。

（6）灌注混凝土全过程，监理工程师旁站监督，保证混凝土灌注质量。

（7）桩施工、检测及验收严格执行《建筑桩基技术规范》JGJ 94—2008、《建筑基桩检测技术规范》JGJ 106—2014 要求，设计有规定时执行相应要求。

2.2.10　安全措施

1. 潜孔锤钻进

（1）机械设备操作人员必须经过专业培训，熟练机械操作性能，经专业管理部门考核取得操作证后上机操作。

（2）潜孔锤使用专业机械设备多，机械设备操作人员和指挥人员严格遵守安全操作技术规程，工作时集中精力，谨慎工作，不擅离职守，严禁酒后操作。

（3）作业前，检查机具的紧固性，不得在螺栓松动或缺失状态下启动；作业中，保持钻机液压系统处于良好的润滑。

（4）当钻机移位时，施工作业面保持基本平整，设专人现场统一指挥，无关人员撤离作业现场，避免发生桩机倾倒伤人事故。

（5）空压机管路中的接头，采用专门的连接装置，并将所要连接的气管（或设备）用细钢丝或粗铁丝相连，以防冲脱摆动伤人。

（6）机械设备发生故障后及时检修，严禁带故障运行和违规操作，杜绝机械事故。

（7）钻杆接长、护筒焊接时，需要操作人员登高作业，要求现场操作人员做好个人安全防护，系好安全带；电焊、氧焊特种人员佩戴专门的防护用具（如防护罩）。

（8）潜孔锤作业时，孔口岩屑、岩渣扩散范围大，孔口清理人员佩戴防护镜和防护罩，防止孔内吹出岩屑伤害眼睛和皮肤。

2. 成桩

（1）钢筋笼吊装设专人指挥，吊点设置合理，钢筋笼移动时起重机旋转范围内不得站人。

（2）按操作要求及时起拔导管，堆放整齐并及时冲洗。

（3）起拔钢护筒时采用适应的振动锤作业，防止起拔能力不足而造成机械故障，或护筒无法拔出。

3. 安全防护

（1）氧气、乙炔罐的摆放要分开放置，切割作业由持证专业人员进行。

（2）现场用电由专业电工操作，持证上岗；电器必须严格接地、接零和使用漏电保护器。现场用电电缆架空 2.0m 以上，严禁拖地和埋压土中，电缆、电线必须有防磨损、防潮、防断等保护措施；电工有权制止违反用电安全的行为，严禁违章指挥和违章作业。

（3）施工现场所有设备、设施、安全装置、工具配件以及个人劳动保护用品必须经常检查，确保完好和使用安全。

（4）对已施工完成的钻孔采用孔口覆盖、回填泥土等方式进行防护，防止人员落入孔洞受伤。

（5）暴雨时停止现场施工，台风来临时做好现场安全防护措施，将桩架固定或放下，确保现场安全。

2.3 灌注桩潜孔锤钻头耐磨器跟管钻进技术

2.3.1 引言

本章 2.1 节所述，采用潜孔锤全护筒跟管钻进时，使用了一种新型的管靴跟管技术，跟管结构为两部分组成，一是在钢护筒下端设置了一种特殊的桩靴结构，二是潜孔锤钻头上部的凸出部分。当该桩靴结构与潜孔锤钻头上部凸出部分相接触，形成潜孔锤钻进过程中的跟管结构，在潜孔锤钻头向下钻进成孔的同时带动钢护筒同步跟管钻进，该工艺措施大大提高了跟管成孔效率。

大直径潜孔锤全护筒跟管钻进、大直径潜孔锤钻头、潜孔锤与钢护筒跟管结构工作状态等见图 2.3-1～图 2.3-4。

图 2.3-1 大直径潜孔锤全套管跟进施工现场情况

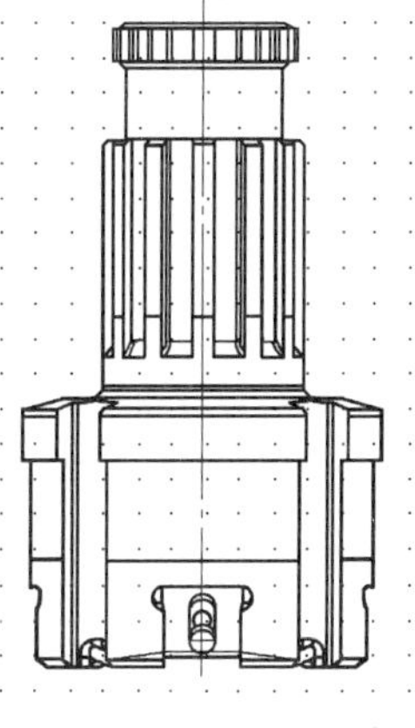

图 2.3-2 大直径潜孔锤结构图与潜孔锤实物

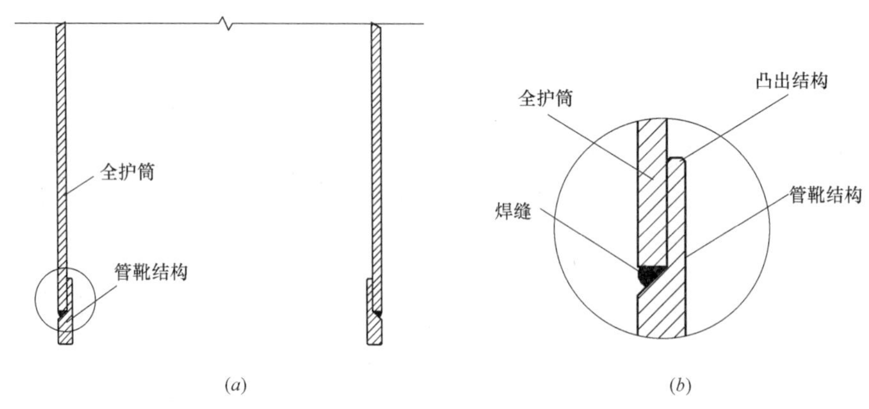

图 2.3-3　全护筒跟管结构之一：护筒底部管靴结构

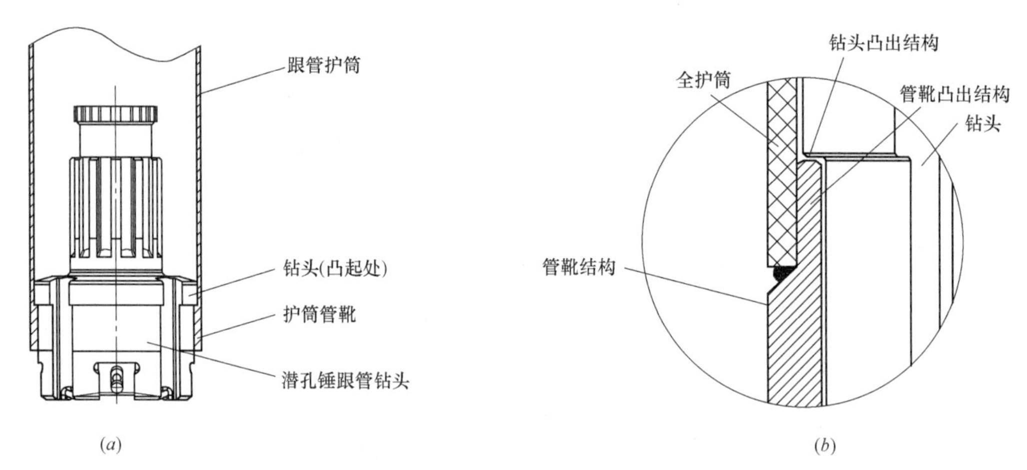

图 2.3-4　潜孔锤全护筒跟管钻进跟管结构工作状态（护筒管靴与潜孔锤同步下沉）

本工艺综合考虑了管靴和潜孔锤钻头的结构特点，较好地实现了潜孔锤钻进过程的全护筒跟管。但在实际施工过程中，潜孔锤钻头与护筒管靴接触部位存在较大的冲压力及摩擦力，极易造成潜孔锤钻头顶部凸出部位的磨损。

2.3.2　潜孔锤跟管钻进施工问题

深厚填石层潜孔锤跟管钻进在实际现场施工中发挥了显著的功效，但由于项目填石厚度大、岩石硬度高，在跟管施工过程中潜孔锤钻头与护筒管靴接触部位存在较大的冲压力及摩擦力，在工作一定时间后则造成潜孔锤钻头顶部凸出部位的磨损，导致跟管结构功效失灵，造成护筒无法全孔顺利跟管。

为确保跟管效果，按照现场施工经验，一般采用对潜孔锤磨损部位进行补焊，以使潜孔锤钻头凸出部位与护筒底部管靴的有效接触。实践表明，这种做法效果并不理想，一是大面积补焊费时费力，二是经过多次补焊后钻头耐磨性能更差，三是大面积的堆焊容易造成钻头本体的开裂，从而导致钻头报废。潜孔锤跟管结构损坏及焊接修复情况见图 2.3-5、图 2.3-6，研发小组现场探讨处理工艺见图 2.3-7。

图 2.3-5 潜孔锤跟管结构磨损严重

图 2.3-6 经焊修复后的潜孔锤跟管结构

图 2.3-7 研发小组现场探讨处理工工艺

2.3.3 潜孔锤锤钻头耐磨器跟管钻进工艺原理

本技术关键工艺在于潜孔锤破岩钻进技术，以及潜孔锤钻头耐磨器与钢护筒之间钻进和同步沉入技术，本次研究重点在于实现潜孔锤钻进过程中，如何使潜孔锤钻头保持钢护筒的同步下沉，以达到对孔壁的稳定和保护。

1. 潜孔锤破岩原理

选用与桩孔直径相匹配的潜孔锤，一径到底，一次性完成成孔。潜孔锤是以压缩空气作为动力，压缩空气由空气压缩机提供，经钻机、钻杆进入潜孔冲击器，推动潜孔锤工作，利用潜孔锤对钻头的往复冲击作用，来达到破岩的目的，被破碎的岩屑随潜孔锤工作后排出的空气携带到地表，其冲击特点是冲击频率高，低冲程，破碎的岩屑颗粒小，便于压缩空气携带，孔底干净，岩屑在钻杆与套管间的间隙中上升过程中不容易形成堵塞，整体工作效率高。

大直径潜孔锤破岩情况见图 2.3-8。

图 2.3-8 大直径潜孔锤破岩

2. 全护筒跟管钻进工作原理

其工作原理是通过建立跟管结构，即通过潜孔锤锤头设置、全护筒跟管钻进管靴结构设计，使潜孔锤钻进过程中保持与钢护筒的有效接触，保持钢护筒不会脱离潜孔锤，始终与潜孔锤保持同步下沉，从而对潜孔锤的钻孔实现有效护壁，避免出现塌孔现象，且便于潜孔锤钻孔。

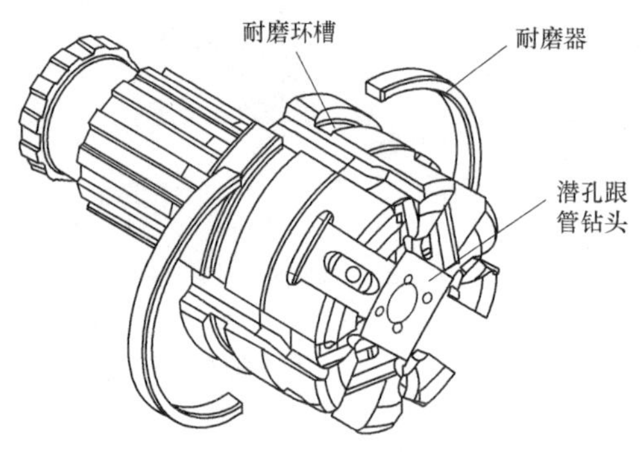

图 2.3-9 增加耐磨环槽及耐磨器后的潜孔钻头

3. 钻头耐磨环槽和耐磨器

为了解决潜孔锤全护筒跟管钻进过程中，钻头凸起处易磨损且修复效果差的缺点，采用在潜孔钻头凸起处设计一个耐磨槽，并加配易更换耐磨器（环），耐磨器取代潜孔锤钻头顶部本体凸起设计，以保护钻头的使用寿命，同时可以保证潜孔钻施工中同步下护筒的效果。具体见图 2.3-9、图 2.3-10。

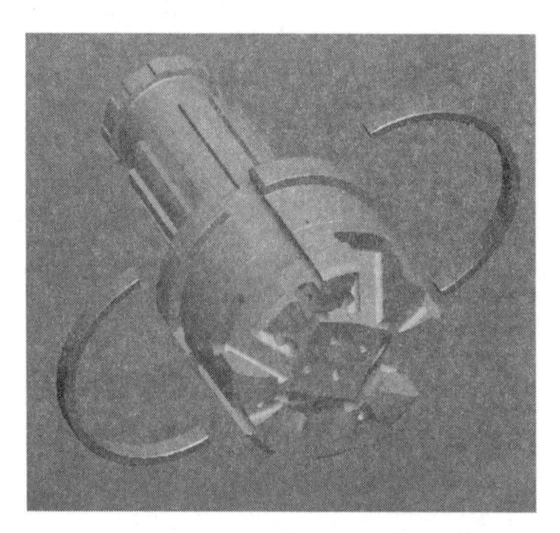

图 2.3-10 增加耐磨环槽及耐磨器后的潜孔钻头效果图

（1）耐磨环槽

耐磨环槽直接设计在钻头凸起处下方，对原有结构影响小，且能增强后期耐磨坏的使用寿命，以530mm 钻头为例，在凸起处刻划宽约 49mm，深约25mm 环形槽，如图 2.3-11 所示。

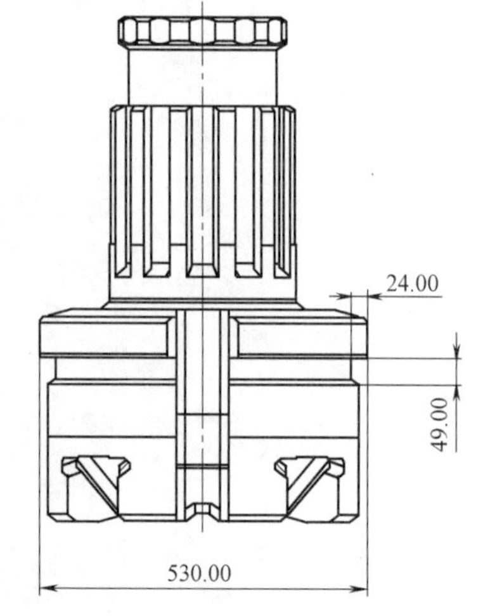

图 2.3-11 530mm 钻头耐磨环槽尺寸

（2）耐磨器

耐磨器用来替代潜孔锤钻进过程中护筒管靴对钻头凸起处的磨损，因此，耐磨器设置在之前刻划的耐磨环槽中，为了耐磨器安装方便和易于更换，将整体耐磨器分为两个半圆圈制作，安装时只要把耐磨器装入跟管钻头的环槽内烧焊加固即可；耐磨环采用优质的合金钢材，并经过特殊的热处理从而达到耐磨耐冲击的效果；工作时由于钻头本体不与套管管靴接触，从而不会对钻头本体造成直接磨损。使用过程中，如发现耐磨器出现较大的磨损，将磨损后的耐磨器切断，再更换新的耐磨器并按前述方法在环槽内烧焊加固即可。具体见图 2.3-12～图 2.3-14。

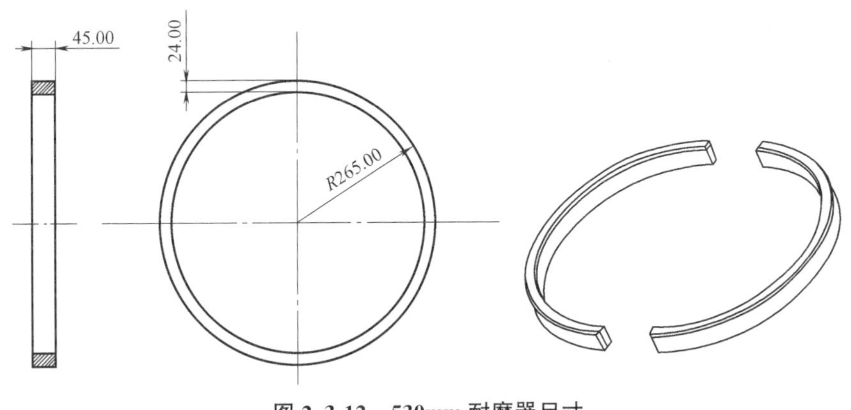

图 2.3-12 530mm 耐磨器尺寸

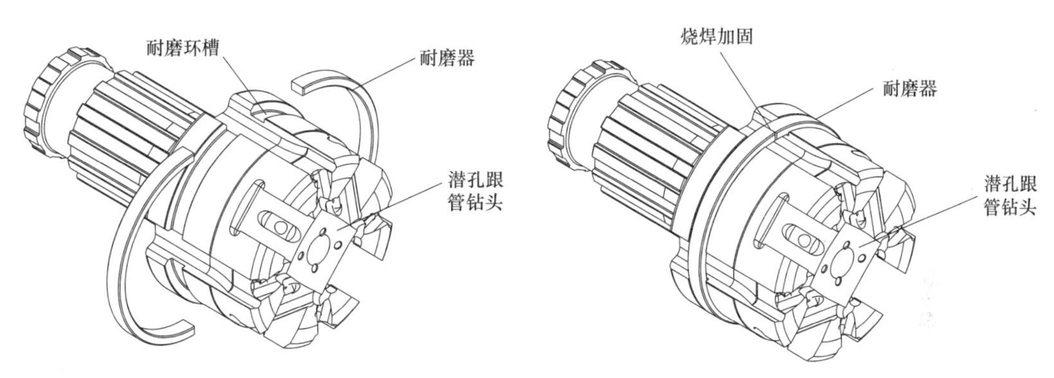

图 2.3-13 耐磨器与耐磨环槽加固示意图

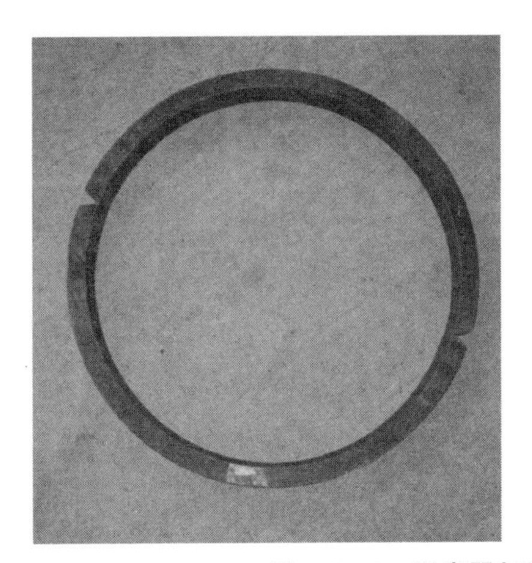

图 2.3-14 耐磨器与耐磨环槽安装实物图

2.3.4　工艺特点

1. 有效延长钻头使用寿命

改进的钻头耐磨环槽及耐磨器可避免护筒管靴与钻头直接接触，在施工过程中，耐磨器和管靴均为损耗品，可更换使用，有效延长了钻头的使用寿命。

2. 更换简便、成本低

使用过程中，如发现耐磨器出现较大的磨损，可将磨损后的耐磨器切断，再更换新的耐磨器并按前述方法在环槽内烧焊加固，简便易行，大大降低成本。

2.3.5　适用范围

1. 适用地层

适用于地层中存在大量的破碎岩石、卵砾石、软硬互层、硬质岩层的灌注桩工程。

2. 桩径、桩深

钻孔直径 ϕ300mm～1200mm，护筒跟管深度≤50m。

2.3.6　施工工艺流程

潜孔锤全护筒跟管钻进施工工艺流程见图 2.3-15。

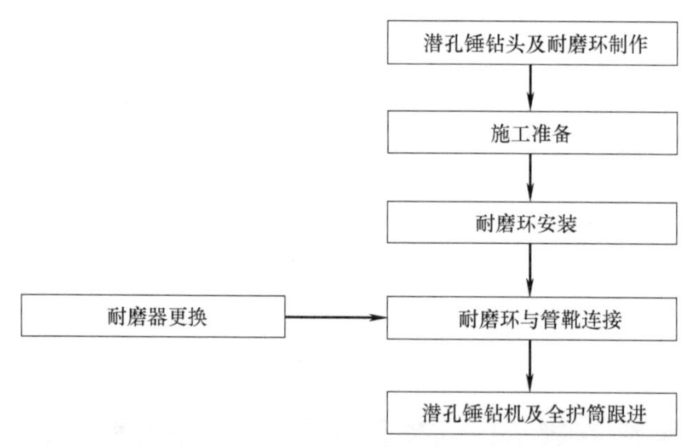

图 2.3-15　潜孔锤全护筒跟管钻进施工工艺流程图

2.3.7　工序操作要点

1. 潜孔锤钻头及耐磨环制作

（1）根据潜孔锤钻头的直径设计耐磨环槽。

（2）耐磨环根据环槽和护筒的大小设计并在加工厂制作，耐磨环为两个半圆，接头处制成斜面，便于安装和焊接。具体见图 2.3-16。

2. 施工准备

（1）根据工程的要求及材料质量的具体情况检查耐磨环槽和耐磨环，对耐磨环进行复验。

图 2.3-16 潜孔锤耐磨器安装

（2）使用前对耐磨环进行检查和清理，保证正常使用。具体见图 2.3-17。

图 2.3-17 耐磨环

3. 潜孔锤钻头与耐磨环焊接

（1）焊接前，清理耐磨环槽和耐磨环，放置耐磨环时，将耐磨环接头置于锤头凹进去的部位，焊接时避免与锤头本体接触。

（2）耐磨环的焊接与切割均在接头处进行，接头处进行满焊，使之成为一个牢固的整体。

（3）耐磨环损耗后无需拆卸锤头，仅需将锤头拔出地面即可进行置换。

4. 护筒及潜孔锤安装就位

（1）用吊车分别将护筒和钻具吊至孔位，调整桩架位置，确保钻机电机中轴线、护筒中心点、潜孔锤中心点“三点一线”。

（2）护筒安放过程中，其垂直度可采用测量仪器控制，也可利用相互垂直的两个方向吊垂直线的方式校正。

（3）潜孔锤吊放前，进行表面清理，防止风口被堵塞。

5. 潜孔锤跟管钻机钻进

（1）护筒下放前安装好管靴装置，使之成为一个整体。

（2）潜孔锤下放至护筒内，耐磨器与管靴相接触。

（3）潜孔锤启动后，随着钻头不断破岩钻进，同时通过耐磨器与管靴相互作用，护筒通过管靴传递的下压力和自身的重力随着潜孔锤一起钻进，实现有效护壁。

2.4 灌注桩旋挖集束式潜孔锤硬岩钻进成桩施工技术

2.4.1 引言

旋挖钻机是目前灌注桩施工中最常用的设备之一，适用于各类土层和岩层，其主要特点是钻进能力强、效率高、环保、自动化程度高。对于硬质岩层一般采用截齿或牙轮钻筒钻进，或直接取芯，或改换旋挖钻斗入孔捞取岩渣。旋挖钻机成孔孔径一般为0.8～2.0m，最大成孔直径可达4m。

但随着现代大型超高、超重建筑的兴建，嵌岩桩及入硬质岩层的灌注桩需求增多，旋挖钻机的应用受到一定的限制，特别是桩端入中风化或微风化花岗岩层且强度超过80MPa以上时，旋挖钻机表现出切削齿或牙轮损耗巨大、钻机振动大、进尺效率低、耗时长、钻进成本高等问题。

另一方面，在小口径钻探如凿岩爆破孔、水井基岩孔、矿山通风孔、地质钻探、锚固钻凿中，小直径单体平底潜孔锤是较为常用的对硬岩地层快速钻进的有效施工方法之一，单体的潜孔锤直径一般为200～600mm，多用于锚索、抗浮锚杆凿岩和预应力管桩、灌注桩硬质岩的引孔。而对于直径800mm及以上的大直径灌注桩，单体潜孔锤的直径难以满足施工要求；同时，由于桩孔断面增大，潜孔锤启动所需的风压要求高，配置的空压机数量多，综合耗费成本极高。

近些年来，一种新型集束式潜孔锤在实际施工中得到应用和发展，集束潜孔锤是在单体潜孔锤的机理之上，将若干个小直径单体潜孔锤捆绑组合在一起来进行回转破岩，钻孔直径可达800～3000mm，有效地解决了灌注桩钻进硬岩一直以来成孔直径的限制问题。

为解决灌注桩硬岩钻进面临的问题，结合旋挖钻机和集束式潜孔锤各自特有的钻进特点和优势，配套形成了“旋挖机＋集束式潜孔锤”的大直径破岩成孔施工方法，拓宽了旋挖钻机和潜孔锤的应用范围。

2.4.2 工程应用实例

1. 工程概况

2019年11月，苏州木渎公交枢纽桩基础工程开工。该工程位于苏州吴中区，覆盖层为淤泥为主，且下有暗河；覆盖层最深20m，含大量填石；灌注桩设计直径800mm，桩端持力层为基岩为中风化、微风化花岗岩，岩面倾斜分布。

2. 前期旋挖钻机成孔施工情况

桩基础施工前期，施工单位根据场地条件，按通常做法选择旋挖钻机施工，因岩层较硬，故选择中联460钻机为主要施工旋挖钻。由于场地内岩层较硬（最硬的岩层单轴饱和抗压强度为134.67MPa），且岩层变化大，施工速度极其缓慢，主要表现在：

（1）泥浆漏失严重，成孔时间长。受地下暗河影响，造成泥浆漏失，泥浆比重偏小，钻进效率极其低下。

（2）工况条件差，斜岩比例高等，伴随着孔内事故增多，掉钻、卡钻、斜孔等经常发生，事故处理费用大。

（3）综合成本高。由于进度缓慢，现场只得增加旋挖钻机数量；同时，辅助作业机械如吊车、挖掘机等其他机械费用大幅度增加，人员数量也扩充，现场施工面临成本剧增的难以维持的被动局面。

3. 旋挖钻与集束潜孔锤方案选择

在现场施工出现不利的状况下，针对该场地的工程地质特征和桩基设计要求，现场采用常规旋挖钻机（徐工 150）匹配集束式潜孔锤作业方式，工艺上先采用振动锤下入护筒至岩面，然后采用常规钻头钻取出上部覆盖层等，再切换潜孔锤进行入岩作业，综合入岩效率比徐工 450 旋挖钻机提高 5 倍以上。正式施工前，现场进行了 2 根试桩，具体试桩情况见表 2.4-1。

图 2.4-1 旋挖钻机施工现场

大直径集束式潜孔锤钻进试桩情况表 **表 2.4-1**

试桩号	试桩位置	桩长(m)	地层分布情况	成孔时间(h)
1	121	14	淤泥含填石厚 4m、微风化岩 10m	5
2	122	14	淤泥含填石厚 6m、微风化岩 8m	4

试桩完成后对桩孔进行了各项测试，结果均满足设计和规范要求，新的技术和工艺得到监理、业主的一致好评。

4. 大直径潜孔锤全套管跟管钻孔灌注桩施工

施工期间，共开动 2 台套潜孔锤桩机，采用大直径潜孔锤钻进，平均以 2 根/(天·台）的速度效率成孔，共完成入岩作业 253m，大大缩短了工程进度，同时降低了施工成本。

2.4.3 工艺特点

集束式潜孔锤区别于单体式潜孔锤的主要工艺特点主要包括：

1. 适用范围广

（1）区别于单体式潜孔锤，集束式潜孔锤对桩架的要求低，只要满足以下两个条件就可以应用，一是可以提动集束式潜孔锤，二是可以使其旋转作业。

（2）集束式潜孔锤相比单体锤不需加压作业，仅集束式潜孔锤的本身自重就可以压住锤体反弹。此外，潜孔锤需要克服其作业过程中的旋转阻力；因此，常规旋挖钻机均可以匹配集束式潜孔锤，适用范围比整体式潜孔锤广。

（3）集束潜孔锤可与各个型号和厂家的旋挖钻机、摩阻钻杆、双销轴方头、潜孔锤钻头与普通钻头更替交互使用；集束式潜孔锤的各个单体实现气动往复钻进，配置多个单体小直径潜孔锤，可整体实现大面积桩孔钻进，最大孔径达到 3000mm。

2. 对钻机无损伤

潜孔锤钻机主要损伤来源于潜孔锤作业时的振动，相比较单体式潜孔锤，集束式潜孔锤活塞重量轻，且因数个小单体锤（子锤）的分散布局，其内部小活塞的冲击作业过程并不同步，振动被分散的子锤大幅消除，对钻机动力头及钻杆基本无损伤。因此，集束式潜孔锤匹配旋挖钻机无需再配备钻杆减振器，集束式潜孔锤可与钻机直接连接。

3. 拆装维护方便

单体式潜孔锤单个部件重量大，拆装需要专业工具，一般工地都不具备相应拆装条件，一旦出现锤体故障，耗费时间较长，时间成本较高。而集束式潜孔锤机构紧凑，各类配件模块化设计，且子锤、锤头各规格均可通用，便于拆装、维护及更换易损件，设计合理的集束式潜孔锤，无需专用工具即可现场拆装维护，可大大减少维护时间。

4. 冲击频率高

相比单体式潜孔锤活塞重量小，一般 24 寸单体锤活塞重量 600kg 以上，而集束式潜孔锤的子锤活塞在 25～50kg。因此，相同风压下，单体锤的冲击频率在 5Hz 左右，而集束式潜孔锤的子锤频率能达到 20Hz 以上，更高的频率可以获得更高的钻进功率。

5. 使用成本低

比较单体式潜孔锤，同等规格的单体式潜孔锤锤头是集束式潜孔锤锤头价格的 4 倍以上；本工艺根据岩层匹配不同类型的锤头，采购成本和使用成本均大幅降低。

6. 施工效率高

本工艺综合采用“土层旋挖钻进＋硬岩集束式潜孔锤钻进”组合工艺，一方面充分发挥出旋挖钻机在土层钻进优势，另一方面发挥出集束式潜孔锤在入岩钻进方面的特长，确保了现场旋挖钻机和集束式潜孔锤机不间断作业，入岩作业效率相比旋挖钻机钻进速度快 10 倍以上，显著提高了综合施工效率。

7. 成桩质量有保证

本工艺上部土层段采用旋挖钻进，并同时利用振动锤下入深长钢护筒护壁，有效避免了硬岩潜孔锤破岩时超大风压对上部土层的扰动破坏，确保孔壁稳定；同时，潜孔锤钻进时高风压将孔内沉渣携带出孔，可确保孔底沉渣厚度满足要求，保证桩身混凝土灌注质量。

8. 钻进操作显繁琐

本工艺无需改造旋挖钻机，投资小，而且可深孔作业，但超过 20m 的孔深排渣时较耗费时间，需用吊车辅助吊挂风管；同时，受供气管路影响，钻进时只能正负 360°旋转推进，作业较繁琐，钻机操作人员易疲劳，一旦操作失误，易造成管路缠绕钻杆，可能造成风管破损报废。

2.4.4 适用范围

1. 适用地层

适用于地层中存在深厚填石、卵砾石、硬质夹层、硬岩层钻进。

2. 适用桩径

适用于桩孔设计直径 ϕ800～3500mm，小于 800mm 的集束式潜孔锤对比单体式潜孔锤不占优势。

3. 适用深度

采用储渣桶式作业成孔深度 50m 内效率最佳。

2.4.5 工艺原理

单体潜孔锤是以若干台空气压缩机提供的高风压作为动力，高风压进入潜孔锤冲击器来推动潜孔锤钻头高速往复冲击作业，以达到破岩目的；被潜孔锤破碎的渣土、岩屑随潜孔锤钻杆与孔壁间的间隙，由超大风压携带排出至地表。

本工艺将旋挖钻机和集束潜孔锤配套结合形成一种全新破岩钻进技术，其关键工艺包括集束潜孔锤破岩、旋挖钻机与集束式潜孔锤配套，以及集束潜孔锤排渣等。

1. 集束潜孔锤破岩原理

本工艺所采用的集束潜孔锤是通过机械构造，由若干相同直径的小孔径潜孔锤全断面刚性集束组成的钻具，其通过旋转、冲击达到破岩效果。其旋转切削岩土由旋挖钻机提供的动力，旋挖钻机的钻杆直接连接集束潜孔锤体。集束式潜孔锤的活塞冲击的动力是由空气压缩机送出的压缩空气，经通气胶管到达集束式潜孔锤的通气接头，随后进入配气室，再由配气接头把压缩空气分配进入各个小孔径潜孔锤，每一个小孔径潜孔锤由相应的配气机构实现自身的进、排气，压缩空气驱动各个小孔径潜孔锤做冲击功；当全断面破碎集束式潜孔锤回转一周时，分布在圆面上的小孔径潜孔锤能将整个孔径截面的岩石冲击破碎，不留冲击破碎空白区域，整体实现大面积桩孔钻进；空压机风量越大，产生的驱动流量越强，施工效率越高，能实现较快的硬岩钻进速度，作业效率相比旋挖钻头提高约 10 倍。

图 2.4-2 集束式潜孔锤结构

集束式潜孔锤见图 2.4-2、图 2.4-3。

图 2.4-3 全断面集束潜孔锤加工及全断面集束潜孔锤实物

2. 旋挖钻机、空压机与集束式潜孔锤连接系统

（1）集束潜孔锤构造

集束式潜孔锤外部筒体是由下部的集束式潜孔锤筒体与上部的盛渣筒组合而成，下部的集束式潜孔锤通过刚性筒体将几个小孔径的潜孔锤组合为一体，在小孔径潜孔锤上部安装配气室，配气室将高压空气平均分配给各个配气接头，通过配气接头给小孔径潜孔锤输送高压空气；配气室上部安装一个通气接头，通气接头的上接头用于与旋挖钻机钻杆相连，通气接头侧面安装输送管与高压空气接头相连，高压空气接头用以与外部通气胶管连接，供高压空气进入，刚性筒体顶部存在圆形柱体，用来与上部盛渣筒进行插入连接，集束式潜孔锤详细构造见图 2.4-4。

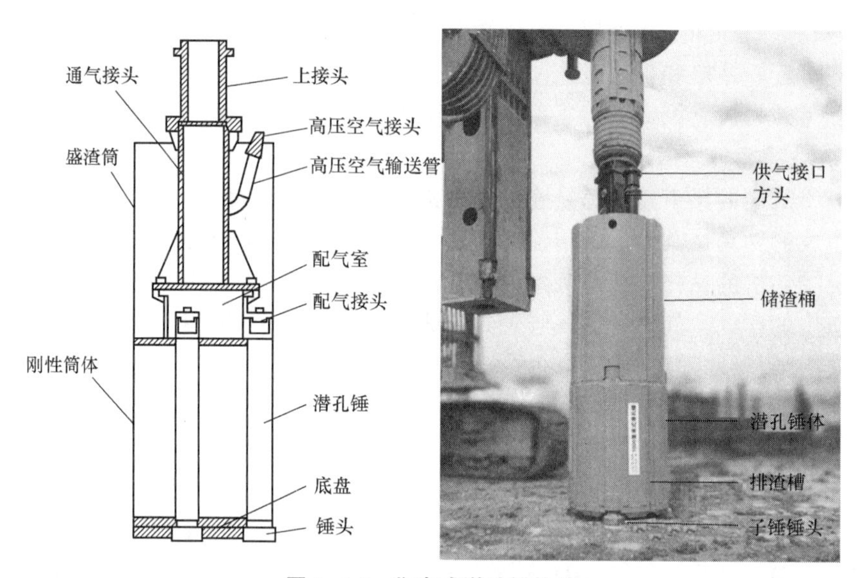

图 2.4-4 集束式潜孔锤构造

（2）旋挖钻机与集束潜孔锤连接

集束式潜孔锤的上接头直接与旋挖钻机的钻杆连接，上接头的上部采用四方体柱形结构传递旋挖钻机的回转扭矩，四方体柱与旋挖钻机钻杆通过销轴来实现集束式潜孔锤与钻杆的固定。集束式潜孔锤上接头构造见图 2.4-5，旋挖钻机与集束式潜孔锤体连接见图 2.4-6。

（3）集束潜孔锤与空压机通气连接系统

驱动集束潜孔锤的高压空气经通气胶管，与集束潜孔锤上部设置的高压空气接头连接，将高压空气送至集束式潜孔锤的通气接头，再由通气接头进入配气室，由配气接头把压缩空气分配进入各个小孔径潜孔锤，压缩空气驱动各个小孔径潜孔锤做冲击功，达到破碎岩层的作用。高压空气通气胶管连接见图 2.4-7～图 2.4-9，旋挖集束式潜孔锤钻进作业见图 2.4-10。

3. 集束式潜孔锤排渣系统

（1）盛渣桶构造

盛渣筒装嵌于集束式潜孔锤的上部，其构造为一个下方设有四个凹槽的筒体，凹槽与集束式潜孔锤筒体上部的圆形柱体相互插入连接，盛渣筒侧壁上端设置至少两个钢丝绳吊孔，钢丝绳通过吊孔提拉盛渣筒将盛渣筒与下方的集束式潜孔锤筒体分离完成排渣过程。

图 2.4-5 集束式潜孔锤上接头构造

图 2.4-6 旋挖钻机与集束式潜孔锤体连接

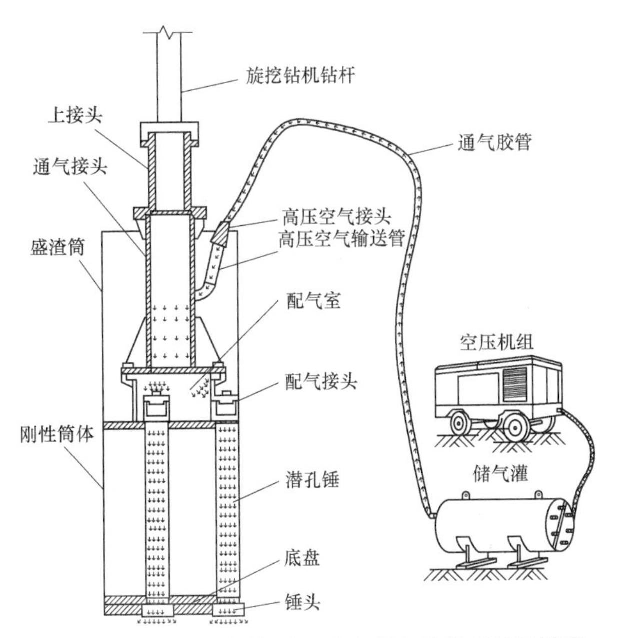

图 2.4-7 集束式潜孔锤高压空气通气连接系统示意图

图 2.4-8 高压通气接头与高压空气接头连接

盛渣桶构造见图 2.4-11。

（2）盛渣桶装渣

集束式潜孔锤冲击器频率高（可达 20～30Hz）、低冲程，破岩效率高，破碎的岩屑颗粒小，便于压缩空气携带；破碎岩层时，压缩空气从各个小孔径潜孔锤的排气孔甩出，携带岩渣通过潜孔锤与孔壁间的空隙上返至旋挖钻机的钻杆处，由于钻杆与孔壁环间隙增大，空气流速降低岩渣下落，堆积在潜孔锤上部的盛渣筒内。

集束式潜孔锤盛渣桶见图 2.4-12，高压空气携带岩渣上返至盛渣筒见图 2.4-13。

图 2.4-9　集束式潜孔锤高压空气通气连接

图 2.4-10　旋挖集束式潜孔锤钻进

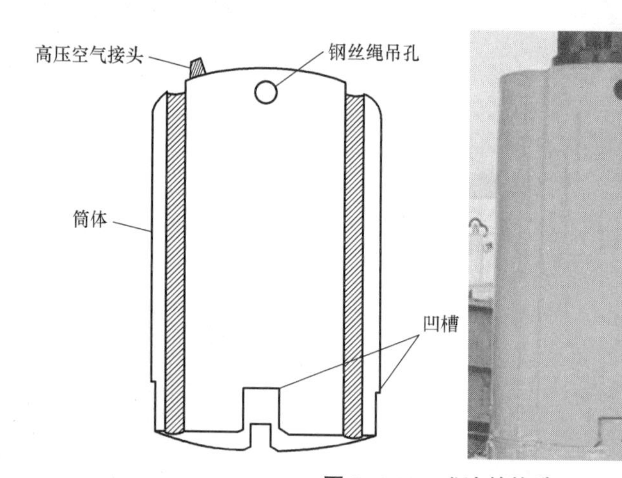

图 2.4-11　盛渣筒构造

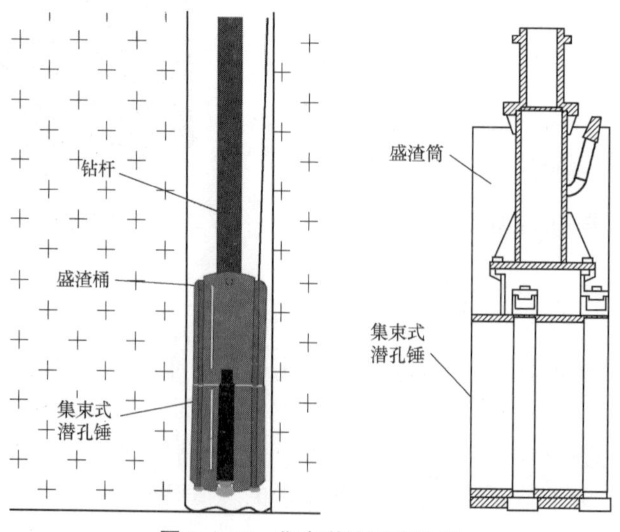

图 2.4-12　集束潜孔锤盛渣筒

（3）盛渣桶排渣

盛渣筒装满岩渣后提钻，在旋挖钻机动力头连接钢丝绳，钢丝绳连接盛渣筒上部的吊孔后开始提拉，提拉过程中动力头向上移动，盛渣筒与集束式潜孔锤缓慢脱开；脱开过程中，堆积在桶内的岩渣散落在地面；如果堆积较密实，则操作旋挖钻机转动，旋转摆动盛渣筒将筒中岩渣甩出；残留在盛渣桶内的岩渣，由人工清理干净。

旋挖钻机动力头提拉盛渣筒见图 2.4-14，盛渣筒与集束式潜孔锤脱开、排出岩渣过程见图 2.4-15、图 2.4-16。

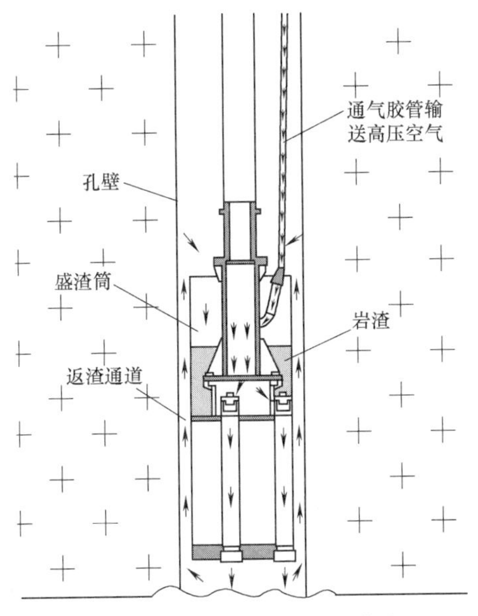

图 2.4-13 高压空气携带岩渣通过返渣通道上返至盛渣筒

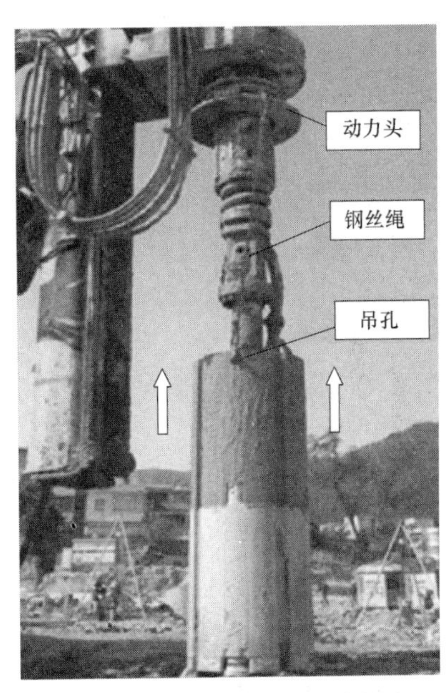

图 2.4-14 旋挖钻机从孔内提出潜孔锤、挂上提渣钩

图 2.4-15 慢慢提起储渣桶、使盛渣筒与锤体分离

图 2.4-16　旋挖钻机旋转摆动盛渣筒甩出钻渣

2.4.6　施工工艺流程

1. 旋挖集束潜孔锤硬岩钻进施工方案

本工程针对硬质花岗岩钻进困难的情况，拟采用旋挖集束潜孔锤硬岩钻进工艺，考虑到集束式潜孔锤大风压对孔壁造成的影响，以及潜孔锤作业后孔底的沉渣要求高，综合制订了本项目成桩方案，具体如下：

（1）为防止成孔过程中集束式潜孔锤超大风压对孔壁产生影响，造成上部土层段发生塌孔、缩径，在集束潜孔锤作业前，采用振动锤埋入深长钢护筒，护筒底面至岩面，以确保孔壁在集束式潜孔锤钻进时的稳定。

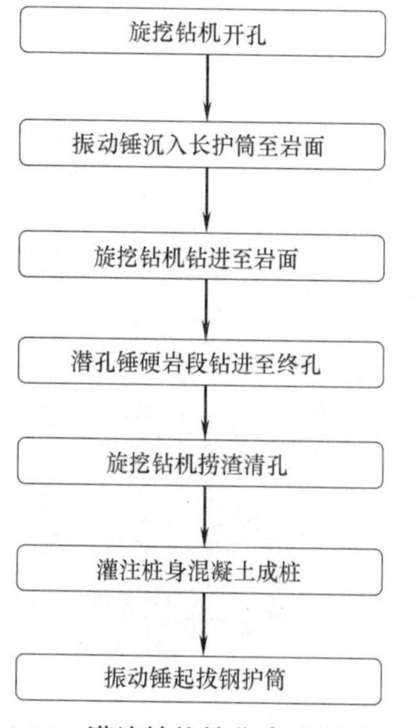

图 2.4-17　灌注桩旋挖集束式潜孔锤硬岩钻进成桩施工工艺流程图

（2）在集束式潜孔锤产生高风压携带孔底的碎石渣土沿返渣通道进入捞渣筒完成孔底排渣的过程中，仍然会有岩渣残留在孔底，为进一步确保孔底沉渣厚度满足要求，成孔后拟在桩孔内注入泥浆，采用旋挖钻机配置的平底捞渣钻筒进行清孔，或在下入灌注导管后进行二次清孔，以确保孔底沉渣厚度满足设计要求。

旋挖集束式潜孔锤硬岩钻进施工工艺流程见图 2.4-17。

2. 旋挖集束潜孔锤硬岩钻进成桩施工工艺操作流程

旋挖集束潜孔锤硬岩钻进成桩施工工艺操作流程示意见图 2.4-18。

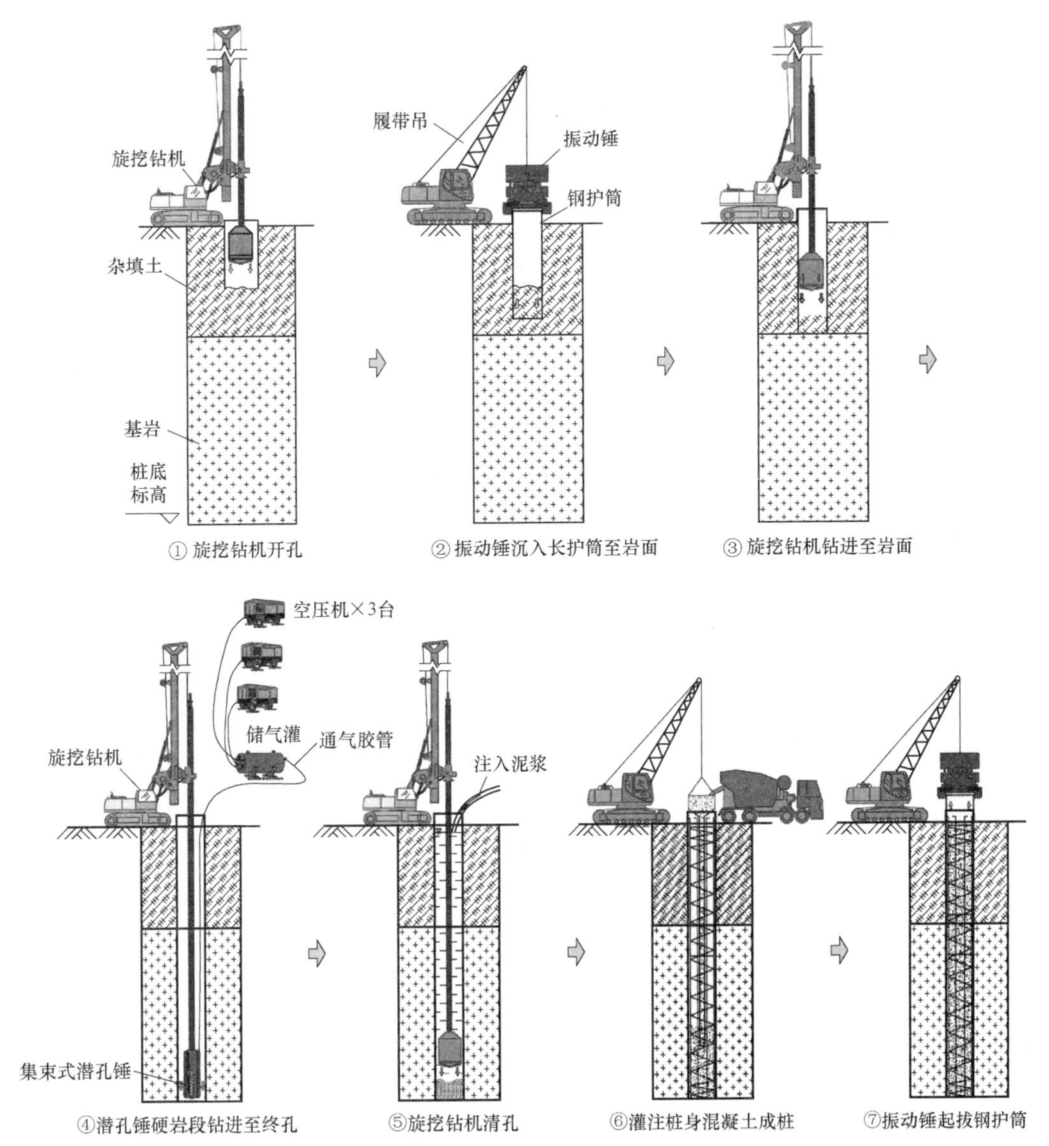

图 2.4-18 旋挖集束潜孔锤硬岩钻进成桩施工工艺操作流程示意图

2.4.7 工序操作要点

1. 旋挖钻机开孔

(1) 成孔作业前，按设计要求将钻孔孔位测量定位，打入短钢筋设立明显标志，并保护好。

(2) 旋挖钻机移位前，预先将场地进行平整、压实，防止钻机下沉。

(3) 旋挖钻机按指定位置就位后，在技术人员指导下，按孔位十字交叉线对中，调整旋挖钻筒中心位置。

(4) 旋挖钻机利用旋挖钻斗在上部土层中钻进，为防止填土塌孔，成孔深度控制在2～4m。

（5）旋挖钻机钻取的渣土及时转运至现场临时堆土场，以方便统一外运。

2. 振动锤沉入护筒至岩面

（1）集束式潜孔锤破岩需采用超大风压，为避免超大风压对孔壁稳定的扰动影响，在潜孔锤作业前埋入深长钢护筒至基岩面，以确保孔壁在集束式潜孔锤钻进时的稳定。

（2）采用振动锤吊放，并沉入钢护筒至岩面。

（3）振动锤采用单夹持振动下沉。

（4）振动锤沉入护筒时，利用十字交叉线控制其平面位置。

（5）护筒沉入过程中，设置专门人员指挥，保证沉入时安全、准确。

（6）为确保长钢护筒垂直度满足设计要求，设置两个垂直方向的吊锤线，安排专门人员控制护筒垂直度。

（7）下入护筒确保穿过上部土层至岩面，护筒沉入到位后复核桩孔位置。

3. 旋挖钻机钻进至岩面

（1）护筒沉入到位后，采用旋挖钻机继续钻进。

（2）旋挖钻进至岩面时停止钻进，对孔径、孔深进行检查。

4. 集束式潜孔锤硬岩段钻进至终孔

（1）旋挖钻机卸去旋挖钻头，换接集束式潜孔锤，同时接上高压通气胶管。

（2）旋挖钻机机身与空压机摆放距离控制在 50m 范围内，以避免压力及气量下降。

（3）采用集束潜孔锤机室操作平台控制面板进行垂直度自动调节，确保钻进时钻孔的垂直度。

（4）集束式潜孔锤钻进时，先将钻具提离孔底 20～30cm，开动空压机及钻具上方的回转电机，待护筒口出风时，将钻具轻轻放至孔底，开始潜孔锤钻进作业。

（5）因为旋挖钻机没有进行改造，集束式潜孔锤的供气采用单独一根供气管，配备一个 U 形管，由副卷扬吊挂，高压气体从空压机出来后，经管汇系统通过 U 形管之后进入孔内的风管，利用旋挖钻杆与孔壁之间的间隙，供气管随钻杆进入孔内，因为旋挖钻杆并不能一直延一个方向旋转，钻进时只能采用正转一圈、反转一圈的方式进行旋转推进，此过程需要控制钻杆与孔壁之间的间隙，过小容易挤管造成风管损伤。

（6）为确保集束式潜孔锤钻机的正常运转，现场配备 3 台空压机提供足够的风压，以维持潜孔锤冲击器作业。具体见图 2.4-19。

图 2.4-19　3 台空压机形成高风压

（7）钻进过程中，集束式潜孔锤钻进过程形成正循环排渣，潜孔锤产生的高风压携带岩渣通过返渣通道上返至钻杆处，由于钻杆与孔壁环空间隙增大，空气流速降低岩渣下落，堆积在潜孔锤上部的盛渣筒内。盛渣筒出渣过程见图 2.4-20。

(*a*) (*b*) (*c*) (*d*)

图 2.4-20 集束潜孔锤盛渣筒出渣过程

（*a*）提出潜孔锤并挂钩；（*b*）提起储渣桶；（*c*）桶内剩余岩渣甩出；（*d*）桶归位后继续施工

5. 旋挖钻机捞渣清孔

（1）终孔后，从孔内提出集束式潜孔锤，因孔内仍会残留部分岩屑、渣土，为满足桩身孔底沉渣厚度要求，需要进行清孔。

（2）清孔前，向孔内注入优质泥浆，泥浆液面至孔口下 1.0m 处；泥浆采用现场设置泥浆池调制，采用水、钠基膨润土、CMC、NaOH，按一定比例配制；在注入桩孔内前，对泥浆的各项性能进行测定，满足要求后采用泥浆泵注入孔内；泥浆性能指标控制为：泥浆比重 1.15～1.20、黏度 20～22s、含砂率 4%～6%、pH 值 8～10。

（3）清孔采用旋挖平底捞渣钻头进行捞渣清底。

6. 灌注桩身混凝土成桩

（1）钢筋笼按终孔后测量的长度制作，本项目钢筋笼按一节制作，安放时一次性由履带吊吊装就位；为保证主筋保护层厚度，钢筋笼按一定间距设置混凝土保护块。

（2）钢筋笼采用吊车吊放，吊装时对准孔位，吊直扶稳，缓慢下放；笼体下放到设计位置后，在孔口采用笼体限位装置固定，防止钢筋笼在灌注混凝土时出现上浮下窜。

（3）灌注导管选择直径 250mm 导管，安放导管前，对每节导管进行检查，第一次使用时需做密封水压试验；导管连接部位加密封圈及涂抹黄油，确保密封可靠，导管底部离孔底 300～500mm；导管下入时，调接搭配好导管长度。

（4）灌注混凝土前，孔底沉渣厚度如超过设计要求，则进行二次清孔；二次清孔采用泥浆正循环进行，清孔过程中置换孔内泥浆，直至孔底沉渣厚度满足要求。在等待混凝土过程中保持循环清孔，直至混凝土到场后装料斗灌注。

（5）桩身混凝土采用 C30 水下商品混凝土，坍落度 180～220mm，采用混凝土运输车运至孔口直接灌注；灌注混凝土时，控制导管埋深，及时拆卸灌注导管，保持导管埋置深在 2～4m，最大不大于 6m；灌注混凝土过程中，不时上下提动料斗和导管，以便管内混凝土能顺利下入孔内，直至灌注混凝土至设计桩底标高位置超灌 1m 左右。

7. 振动锤起拔钢护筒

（1）桩身混凝土灌注完成后，随即采用振动锤起拔钢护筒。

（2）钢护筒起拔采用双夹持振动锤，选择履带吊对护筒进行起拔作业。

（3）振动锤起拔时，先在原地将钢护筒振松，然后再缓缓起拔。

第3章 大直径潜孔锤基坑支护施工新技术

3.1 基坑支护潜孔锤硬岩成桩综合施工技术

3.1.1 引言

深圳宝安西乡商业中心旧城旧村改造项目（一期）04 地块西侧基坑开挖深度 18m，场地内基岩埋深 6～9m，微风化花岗岩饱和单轴抗压强度高达 125MPa，基坑支护设计采用“支护桩＋预应力锚索”形式。基坑支护桩设计 ϕ1200mm 钻孔灌注桩，支护桩成孔时一般钻进土层 6～9m，桩孔入中（微）风化岩深度 5.8～13.0m。支护桩施工时，采用旋挖钻进成孔、冲击成孔工艺，受成孔入岩深、岩层硬、岩面起伏大等因素的影响，造成桩孔易偏斜、孔内事故多、成桩质量差、进度缓慢、综合成本高等，施工极其困难，施工现场出现停滞状态。

为了寻求深厚硬岩钻孔灌注桩成桩工艺方法，加快施工进度，保证桩基施工质量，针对本项目灌注桩桩径大、深厚坚硬岩层灌注桩成桩施工的特点，结合现场条件及桩基设计要求，课题组开展了“深厚硬岩钻孔灌注桩大直径潜孔锤成桩综合技术研究”，经过一系列现场试验、工艺完善、机具配套，通过现场专家评审、总结、工艺优化，最终形成了“深厚硬岩钻孔灌注桩大直径潜孔锤成桩综合施工技术”，即：上部土层采用旋挖钻进、振动锤下入深长护筒护壁，深厚硬岩创造性直接采用直径 ϕ1200mm 超大直径潜孔锤破岩成孔，旋挖钻斗泥浆正循环清孔，水下灌注桩身混凝土成桩。采用该项新技术，顺利解决了现场施工难题，取得了显著成效，实现了质量可靠、施工安全、文明环保、高效经济的目标，达到了预期效果。

3.1.2 工程应用实例

1. 工程概况

（1）项目简介

西乡商业中心旧城旧村改造项目（一期）04 地块土石方及基坑支护工程，场地位于深圳市宝安区西乡街道麻布村，场地西侧为海城路，东侧为码头路，南侧为新湖路，靠近深圳地铁一号线坪洲站，北侧为在建的 03 地块基坑。大厦设置二～四层地下室，基坑开挖深度 10.8～18.0m，基坑底开挖周长 685m，面积约 24600m^2。

（2）基坑支护设计

基坑支护结构设计根据场地地质条件、场地周边环境、基坑开挖深度，靠近海城路方向基坑北侧采用“排桩＋锚索”支护形式，靠近地铁方向新湖路基坑西侧采用“咬合桩＋二道内支撑”支护形式，靠近码头路基坑南侧采用“排桩＋上部二道内支撑＋下部锚索”

支护形式。支护排桩166根，直径1.2m，平均桩长22m。本次大直径潜孔锤成桩综合施工技术针对海城路、码头路方向160根支护钻孔灌注排桩施工。

基坑支护硬岩分布段典型支护剖面图见图3.1-1。

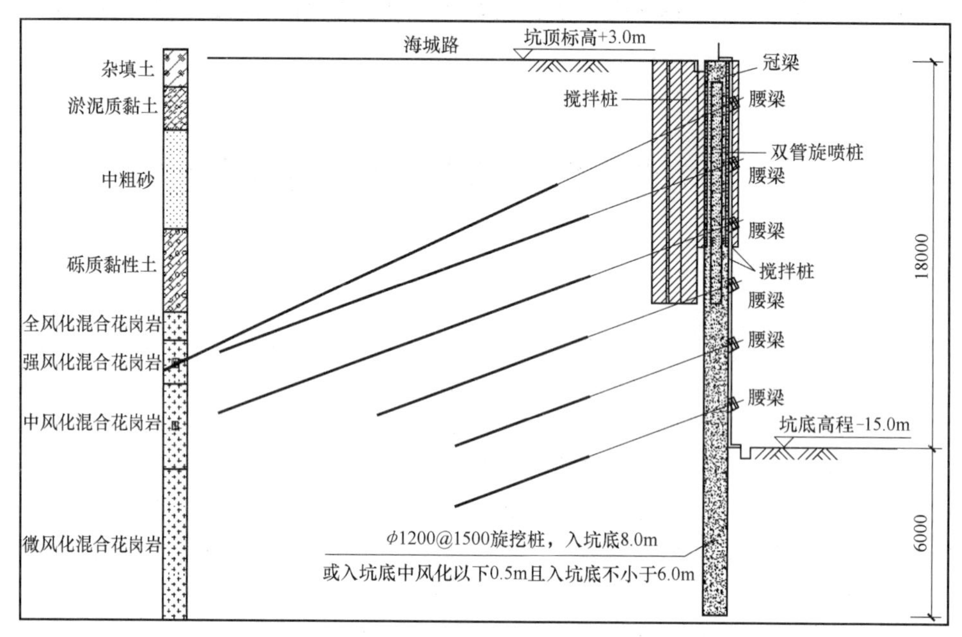

图3.1-1　基坑支护硬岩分布段典型支护剖面图

（3）场地地质情况

根据勘察钻孔揭露，04地块场地内各地层岩性特征自上而下依次：

1）第四系人工填土层：杂填土，主要由混凝土块、砖块、石块、砂等组成，平均厚度约2.05m。

2）第四系海陆交互沉积层（Q_4^{mc}）：淤泥质黏土，软塑，局部混砂，平均厚度1.2m；中粗砂，饱和，稍密—中密，主要成分为石英质，平均厚度约3.01m。

3）第四系残积层（Q^{el}）：砾质黏性土：可塑—硬塑，平均厚度约2.03m。

4）加里东期混合花岗岩（M^{γ}）：基坑底大部分坐落在中风化混合花岗岩，微风化混合花岗岩岩体基本质量等级为Ⅲ级，岩石抗压强度最大达125MPa。

主要工程地质问题是上部土层段松散，下部基岩埋藏浅，岩面倾斜，岩石强度坚硬。

地层场地地层分布及基岩出露情况见图3.1-2，现场硬岩取芯芯样见图3.1-3。

2. 施工情况

04地块于2014年6月25日开始支护桩施工，根据钻孔灌注桩设计要求以及场地地层条件，本工程支护桩成桩施工一般钻进土层6～9m，入岩深度约5.8～13m。前期施工首先采用中联ZR280A旋挖钻机进行施工，由于钻孔灌注桩遇深厚硬质基岩，入岩深且岩强度高，旋挖钻机施工缓慢，钻头磨损严重，效率低下，造成进度缓慢。为加快施工进度，随后进场10台冲孔桩机一字排开进行施工，由于场地基坑埋深浅、岩质坚硬、岩面倾斜，造成施工困难极大，尽管现场有10台冲孔桩机同时施工，其进度远远不能满足要求，平均1台冲孔桩机15～30d才能完成1根桩，甚至数月不能终孔，严重拖后整体项目

图 3.1-2　04 地块现场基岩出露分布

开发进度。冲孔桩机现场施工情况见图 3.1-4。

图 3.1-3　作者与硬岩取芯芯样

图 3.1-4　冲孔桩机现场施工情况

为解决支护桩入岩深度大、成孔难的问题，经过试验，制定了大直径潜孔锤破岩成孔施工方案，若采用大直径潜孔锤从地面开始引孔，则其上部土层钻进综合费用较高；为降低成孔费用，同时保证旋挖钻孔的垂直度，防止上部土层塌孔，经从经济和技术二方面综合考量，决定采用“旋挖钻机＋潜孔锤成孔”优化综合施工方案，即：旋挖机土层钻进、振动锤下入长护筒护壁、旋挖桩土层钻进至护筒底、潜孔锤破岩钻进至设计桩底标高、旋挖机清渣、安放钢筋笼和灌注导管、灌注混凝土成桩、振动锤起拔护筒。现场经过试桩，钻进 22m 支护桩耗时约 9h，效果令人满意。采用“旋挖钻机＋潜孔锤成孔”综合施工方案后，正常情况下每日可完成 2～3 根桩。

现场旋挖钻机钻进、潜孔锤基岩钻进见图 3.1-5、图 3.1-6。

3. 桩检测情况

经现场桩低应变动力检测和抽芯检测，结果显示桩身结构完整性、桩底沉渣、桩身混

图 3.1-5　旋挖钻机护筒内完成土层钻进

图 3.1-6　大直径潜孔锤硬岩段钻进

凝土强度等全部满足设计要求。

3.1.3　工艺特点

1. 施工效率高

（1）土层段采用旋挖钻进成孔，充分发挥了旋挖钻机在土层中的钻进优势。

（2）硬岩采用 ϕ1200mm 大直径潜孔锤直接一径成孔。通过对现有的潜孔锤钻机进行改造升级，成功将其成孔直径扩大至 ϕ1200mm，大大突破了以往潜孔锤用于钻孔灌注桩施工中对直径的界限，ϕ1200mm 大直径潜孔锤全断面一径到底，一次性快速钻穿硬岩，节省了通常采用小直径分级扩孔的时间，成孔效率达到 2.5～3.0m/h，破岩效率高、成孔速度快，成桩速度是冲孔桩机或其他常规手段的 30 倍以上。

2. 综合施工效率高

（1）本项新技术综合采用"土层旋挖钻进＋硬岩潜孔锤钻进"组合工艺，一方面充分发挥出旋挖钻出在土层钻进、孔底清渣方面的优势，由其完成开孔、埋设长护筒、护筒内土层段成孔；另一方面充分发挥出潜孔锤在入岩钻进方面的优势，由其完成近十米的深厚硬岩钻进。

（2）本技术采用土层旋挖钻机成孔、长护筒护壁和硬岩潜孔锤桩机破岩，土层和硬岩钻进既为上下关联工序、施工时又不相互干扰，旋挖钻进在其完成土层钻进后即撤出孔口，进入下一根桩的土层成孔。为确保现场施工连续作业，在现场配置 8 套、9m 长护筒轮换作业，发挥旋挖钻机土层钻进的高效，同时为潜孔锤破岩提供充足的工作面，确保了现场旋挖钻机和潜孔锤桩机不间断作业，显著提高了综合施工效率。

3. 成桩质量有保证

（1）本技术上部土层段采用旋挖钻进，并同时利用振动锤下入深长钢护筒护壁，有效避免了硬岩潜孔锤破岩时超大风压对上部土层的扰动破坏，确保孔壁稳定，在灌注桩身混凝土时避免塌孔，保证桩身混凝土灌注质量。

（2）ϕ1200mm 大直径潜孔锤桩机整机履带式行走便捷，钻孔时液压支撑桩机稳定性好，操作平台设垂直度自动调节电子控制，自动纠偏能力强，能有效控制桩孔垂直度，有效保证桩身垂直度满足设计要求。

（3）施工时，土层段下入超长钢护筒至基岩面，下部硬岩采用潜孔锤一径到底，整体孔段光滑完整，在钢筋笼安放时可顺利下入至孔底，避免出现钢筋笼难下入，钢筋笼保护层容易得到保证，桩身耐久性好。

4. 综合施工成本低

(1) 采用潜孔锤成桩速度快，单机综合效率高，大大减小了劳动强度，加快施工进度，施工成本大幅度压缩。

(2) 潜孔锤钻进时凭借超大风压直接吹出岩渣，岩渣在上升过程中部分挤入土层段，部分岩渣在孔口护筒附近堆积，排出的岩渣均呈颗粒状，可直接装车外运，大大减少泥浆排放量。

5. 有利于文明施工

(1) 采用本技术施工，旋挖钻机土层段钻进及潜孔锤岩层段钻进时，均为干法成孔，不需使用泥浆循环，现场与冲孔桩泥浆循环作业相比不再泥泞，场地清洁，现场施工环境得到较大改善。

(2) 现场只需设置一个泥浆池，对抽浆返浆进行处理、回收、利用，避免频繁泥浆外运，大大减少了泥浆外运处理等日常的管理工作。

3.1.4 适用范围

适用于各类土层、填石层、硬质岩层（岩石强度≥120MPa）成孔钻进或引孔；适用于桩身直径≤ϕ1200mm、桩长≤32m的基坑支护桩、基础灌注桩施工；通过大直径潜孔锤钻头变换，施工最大桩径可达ϕ1400mm。

3.1.5 工艺原理

硬岩钻孔灌注桩大直径潜孔锤成桩综合关键技术原理主要分为四部分，即：上部土层旋挖钻机开孔钻进及振动锤预埋钢护筒护壁、下部硬岩大直径潜孔锤一次性直接钻进、旋挖钻机泥浆清孔、水下灌注桩身混凝土成桩及振动锤起拔钢护筒。

1. 上部土层旋挖钻机钻进及振动锤预沉入长护筒护壁

(1) 潜孔锤破岩需采用超大风压，为避免超大风压对孔壁稳定的影响，在潜孔锤作业前埋入深长钢护筒，以确保孔壁在基岩潜孔锤钻进时的稳定，这是本新技术的关键。

(2) 在下入长钢护筒前，先采用旋挖钻机从地面开孔钻进，钻至3～4m深后，为防止土层段塌孔，即采用振动锤吊放沉入钢护筒，并沉入到位；钢护筒长9m，护筒底部至岩层顶面。

(3) 护筒沉放到位后，采用旋挖机完成钢护筒段土层钻进。

2. 下部硬岩大直径潜孔锤一次性直接破岩钻进

(1) 潜孔锤是以高风压作为动力，风压由空气压缩机提供，经钻机、钻杆进入潜孔锤冲击器来推动潜孔锤钻头高速往复冲击作业，以达到破岩目的；被潜孔锤破碎的渣土、岩屑随潜孔锤钻杆与孔壁间的间隙，由超大风压排出携带到地表。潜孔锤冲击器频率高（可达到50～100Hz），低冲程，破碎的岩屑颗粒小，便于压缩空气携带，孔底清洁，钻进效率高。

(2) 本技术选用与桩孔设计直径相匹配的ϕ1200mm大直径潜孔锤，一径到底，一次性直接完成硬岩钻进成孔，属于国内首创的先进技术，也是本项工艺的创新点和关键施工技术。潜孔锤钻进时，6台空压机共同工作，产生的高风压带动潜孔锤对岩石进行直接冲击破碎，以完成硬岩的破碎成孔。

（3）为保证岩屑上返地面的顺利，在潜孔锤钻杆四周侧壁沿通道方向上设置风道条，人为地设置上返风道，形成风束，加快破碎岩屑的上返速度，利于降低地面空压机的动力损耗，实现快速成孔。

3. 旋挖钻机清孔

（1）潜孔锤钻进至设计桩底标高后，随即移开潜孔锤钻机。

（2）因孔内仍会残留部分岩屑、渣土，为满足桩身孔底沉渣厚度要求，采用旋挖钻机孔底捞渣清孔，在桩孔内及时抽入泥浆，利用旋挖钻机配置的平底捞渣钻头进行捞渣清底，以确保孔底沉渣厚度满足设计要求。

（3）清孔泥浆预先配制并存贮在泥浆池内，泥浆的性能指标满足清渣使用要求。

4. 水下灌注桩身混凝土成桩及振动锤起拔钢护筒

（1）清孔满足设计要求后，及时吊放钢筋笼和灌注导管，并采用水下回顶法灌注桩身混凝土

（2）桩身混凝土灌注完成后，随即采用振动锤起拔孔口钢护筒。

深厚硬岩钻孔灌注桩大直径潜孔锤成桩综合施工工艺原理见图3.1-7。

3.1.6 施工工艺流程

深厚硬岩钻孔灌注桩大直径潜孔锤成桩综合施工工艺流程见图3.1-8。

3.1.7 工序操作要点

1. 桩位测量放线、旋挖钻机就位

（1）成孔作业前，按设计要求将钻孔孔位放出，打入短钢筋设立明显标志，并保护好。

（2）旋挖钻机移位前，预先将场地进行平整、压实，防止钻机下沉。

（3）旋挖钻机按指定位置就位后，在技术人员指导下，按孔位十字交叉线对中，调整旋挖钻筒中心位置。

2. 旋挖钻机上部土层段钻进

（1）旋挖桩机在上部土层中预先钻进，为防止填土塌孔，成孔深度控制在3～4m。

（2）旋挖钻机采用钻斗旋转取土。

（3）旋挖钻机钻取的渣土及时转运至现场临时堆土场。旋挖土层钻进见图3.1-9。

3. 振动锤沉入9m长护筒、旋挖钻机钻至岩面

（1）钢护筒采用单节一次性吊入，采用徐工QUY75型起重机起吊，ICEV360振动锤沉入。

（2）为确保振动锤激振力，振动锤采用双夹持器，利用吊车起吊。

（3）振动锤沉入护筒时，利用十字交叉线控制其平面位置。

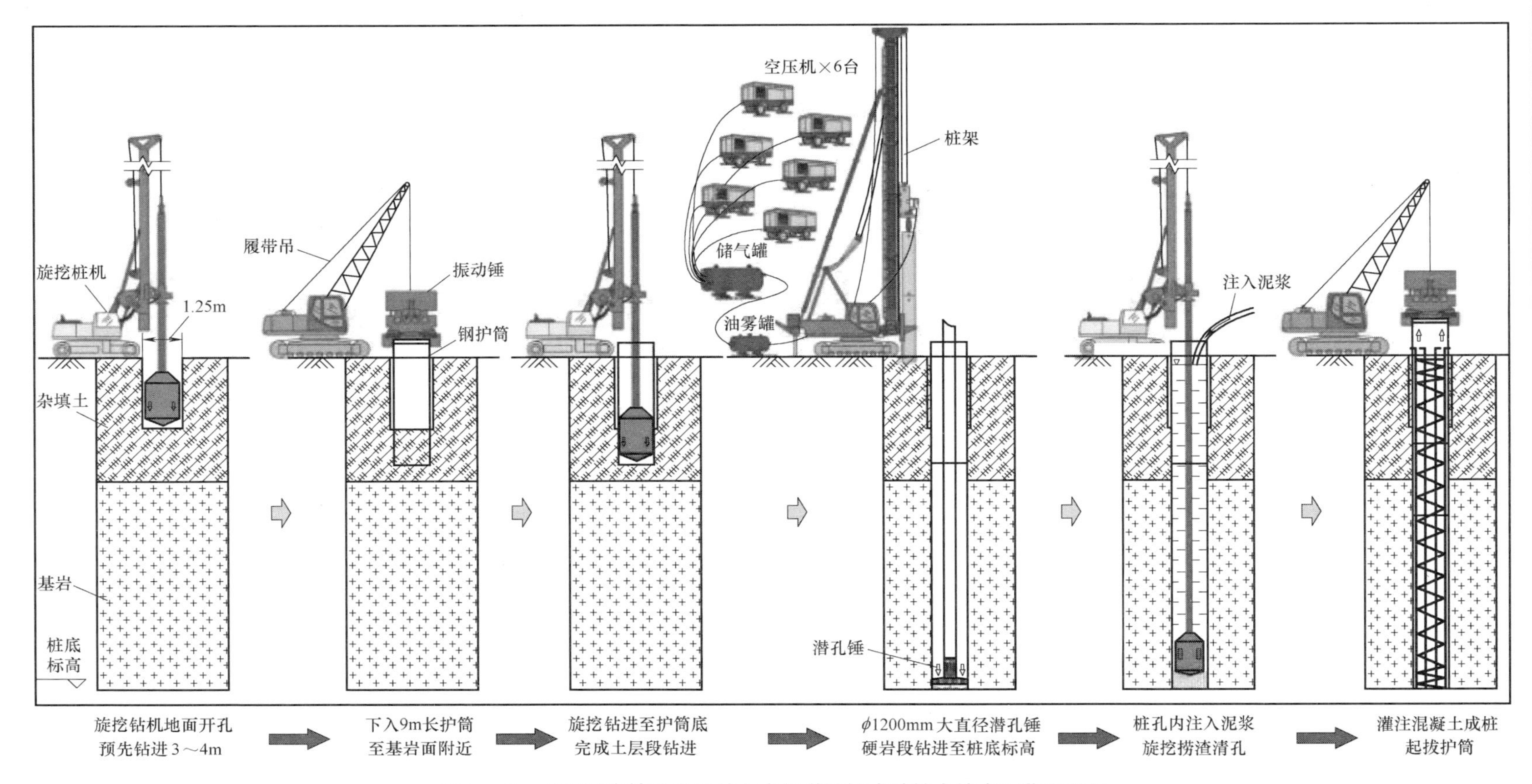

图 3.1-7 深厚硬岩钻孔灌注桩大直径潜孔锤成桩综合技术工艺原理图

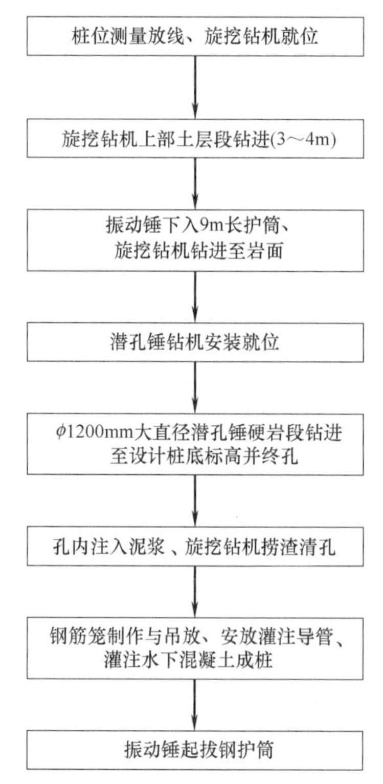

图 3.1-8　深厚硬岩钻孔灌注桩大直径潜孔锤成桩综合施工工艺流程图

(4) 为确保长钢护筒垂直度满足设计要求，设置两个垂直方向的吊锤线，安排专门人员控制护筒垂直度。

(5) 护筒沉入过程中，设置专门人员指挥，保证沉入时安全、准确。

(6) 配合下入护筒，下入深度 9.0m，确保穿过上部土层中的松散填土和淤泥层，至基岩面附近；为加快施工速度，现场共配置 8 套钢护筒用于孔口护壁埋设。

(7) 护筒沉入到位后，复核桩孔位置；护筒埋设位置确认满足要求后，采用旋挖钻机继续钻进，直至基岩面。具体见图 3.1-10。

图 3.1-9　旋挖钻机土层段开孔钻进

图 3.1-10　起重机配合 ICEV360 振动锤沉入长钢护筒护壁

4. 潜孔锤桩机安装就位

（1）潜孔锤桩机履带式行走至钻孔位置，校核准确后对钻机定位。

（2）桩机移位派专人指挥，定位时前后共四个液压柱顶起锁定机架，固定好钻机。

（3）潜孔锤机身与空压机摆放距离控制在100m范围内，以避免压力及气量下降。

（4）采用潜孔锤机室操作平台控制面板进行垂直度自动调节，以控制钻杆直立，确保钻进时钻孔的垂直度。

潜孔锤桩机现场安装具体见图3.1-11、图3.1-12。

图3.1-11　潜孔锤桩机就位

图3.1-12　1200mm大直径潜孔锤

5. ϕ1200mm大直径潜孔锤硬岩段钻进至设计桩底标高终孔

（1）硬岩钻进采用直径ϕ1200mm大直径潜孔锤一次性直接钻进，钻进先将钻具（潜孔锤钻头、钻杆）提离孔底20～30cm，开动空压机及钻具上方的回转电机，待护筒口出风时，将钻具轻轻放至孔底，开始潜孔锤钻进作业。

（2）为确保大直径潜孔锤钻机的正常运转，现场配备6台空压机提供足够的风压，以维持潜孔锤冲击器作业。空压机现场并行工作状态见图3.1-13。

图3.1-13　6台空压机并行输送超大风压

（3）潜孔锤钻进作业基本参数：钻具自重10t，风量控制为146m^3/min左右，风压1.0～2.5MPa。

（4）钻进过程中，从护筒与钻具之间间隙返出大量钻渣，并堆积在孔口附近；当堆积一定高度时，及时进行清理，直至钻进至桩底标高位置。潜孔锤入岩钻进情况见图3.1-14。

（5）为防止塌孔、窜孔，潜孔锤施工时采用“隔三钻一”施工。

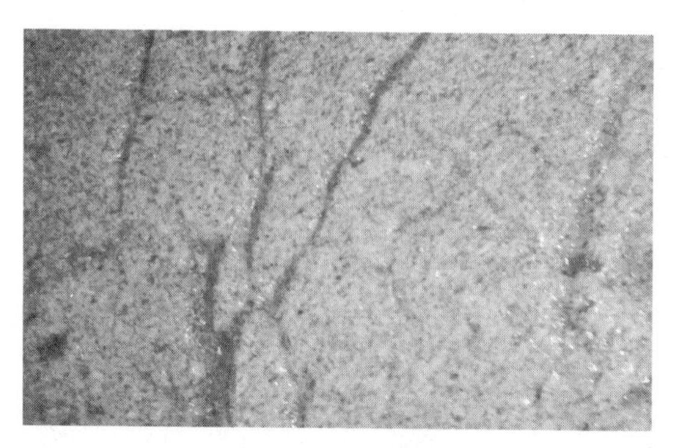

图 3.1-14　潜孔锤钻进入硬岩孔内拍摄情况

6. 孔内注入泥浆，旋挖钻机捞渣清孔

（1）终孔后，拔出潜孔锤钻头，孔底部分会残留一定厚度的岩屑和渣土，为确保满足孔底沉渣厚度设计要求，采取旋挖钻机捞渣清孔。

（2）清孔前，向孔内注入优质泥浆，以悬浮钻渣，保证清孔效果；泥浆采用现场设置泥浆池调制，采用水、钠基膨润土、CMC、NaOH 按一定比例配制；在注入桩孔内前，对泥浆的各项性能进行测定，满足要求后采用泥浆泵注入桩孔；泥浆性能指标控制为：泥浆比重 1.15～1.20、黏度 20～22s、含砂率 4%～6%、pH 值 8～10。

（3）利用旋挖钻机配置的平底捞渣钻筒进行捞渣清底，以确保孔底沉渣厚度满足设计要求。

潜孔锤钻进终孔后桩孔内注入泥浆见图 3.1-15，清孔见图 3.1-16。

图 3.1-15　潜孔锤钻进终孔后桩孔内注入泥浆

图 3.1-16　旋挖钻机护筒内捞渣清孔

7. 钢筋笼制作与吊放、安放灌注导管灌注混凝土成桩

（1）钢筋笼按终孔后测量的桩长制作，本项目钢筋笼按一节制作，安放时一次性由履带吊吊装就位，以减少工序等待时间；钢筋笼主筋采用直螺纹套筒连接，保护层 70mm；

为保证主筋保护层厚度，钢筋笼每一周边间距设置混凝土保护块。

（2）由于钢筋笼偏长，在起吊时采用专用吊钩多点起吊，并采取临时保护措施，以保护钢筋笼体整体稳固；钢筋笼吊装时对准孔位，吊直扶稳，缓慢下放。笼体下放到设计位置后在孔口固定，防止钢筋笼在灌注混凝土时出现上浮下窜。

（3）灌注导管选择直径 300mm 导管，安放导管前，对每节导管进行检查，第一次使用时需做密封水压试验；导管连接部位加密封圈及涂抹黄油，确保密封可靠，导管底部离孔底 300～500mm；导管下入时，调节搭配好导管长度。

（4）桩身混凝土采用 C30 水下商品混凝土，坍落度 180～220mm，采用混凝土运输车直接运至孔口直接灌注；灌注混凝土时，控制导管埋深，及时拆卸灌注导管，保持导管埋深 2～4m，最大不大于 6m；灌注混凝土过程中，不时上下提动料斗和导管，以便管内混凝土能顺利下入孔内。

现场钢筋笼安放见图 3.1-17，灌注桩身混凝土见图 3.1-18。

图 3.1-17　现场吊放钢筋笼

图 3.1-18　灌注桩身混凝土

8. 振动锤起拔钢护筒

（1）桩身混凝土灌注完成后，随即采用 ICEV360 振动锤起拔钢护筒。

（2）钢护筒起拔采用双夹持振动锤，选择徐工 QUY75T 履带吊对护筒进行起拔作业。

（3）振动锤起拔时，先在原地将钢护筒振松，然后再缓缓起拔，具体见图 3.1-19。

图 3.1-19 混凝土浇筑完毕后振动锤起拔钢护筒

3.1.8 材料与机具设备

1. 材料

本工艺所使用材料分为工艺材料和工程材料。

（1）工艺材料：主要是清孔所需的泥浆配置材料，包括：钠基膨润土、CMC（羧甲基纤维素）、NaOH（火碱）等。

（2）工程材料：主要是商品混凝土（水下）、钢筋、电焊条等。

2. 机械设备

（1）旋挖钻机：由于旋挖钻机主要用于土层段钻进、护筒埋设、清孔捞渣，选用中联重工旋挖机 ZR280A 进场即可满足施工要求。

（2）大直径潜孔锤：潜孔锤作为深厚硬岩段钻进的主力施工机具，选用滦州重工生产的履带式 TUY808 多功能桩架，机架高 36m，自重 110t，采用履带行走，动力头扭转、起拔、支腿调平等均为液压驱动；本机架稳定性好、负重大、过载能力高，桩机最大成孔深度达 28m，各项指标能满足施工要求。潜孔锤桩机机架及基本参数见表 3.1-1、图 3.1-20。

潜孔锤机架基本参数表　　表 3.1-1

型　　号	TUY808
桅杆最大高度	36m
液压系统压力	25MPa
总功率	110kW
整机质量	110t

（3）潜孔锤钻头、钻杆：大直径潜孔锤钻头是引孔的主要钻具，为确保硬岩的引孔效果，潜孔锤直径选择与桩径相匹配，采用深圳市晟辉机械有限公司生产的 ϕ1200mm 潜孔锤钻头。在锤击振动、回转的作用下，可以保证引孔直径不小于桩径设计要求。

图 3.1-20 大直径潜孔锤桩机机架

潜孔锤钻头情况见图 3.1-21。

图 3.1-21 潜孔锤钻头

(4) 潜孔锤钻杆直径为 ϕ1086mm，钻杆接头采用键槽套接连接，当上下二节钻杆套接到位后，再插入定位销固定。为防止岩屑在钻孔环状间隙中积聚，在钻头外表面均布焊接了 6～8 条 10mm 的钢筋，形成相对独立的通风通道。

(5) 空压机：空压机的选用与钻孔直径、钻孔深度、岩层强度、岩层厚度等有关，空压机提供的风力太小，潜孔锤钻进速率低，且岩渣、岩屑无法吹出孔外；空压机提供风力太大，则容易造成动力浪费，且容易磨损机械。空压机选用英格索兰 XHP900、斗山 XHP985 和阿特拉斯·科普柯 XRHS396 型空压机，其中 2 台 XRHS396（23.5m^3/min）、3 台 XHP900（25.5m^3/min）、1 台 XHP985（27.9m^3/min）共 6 台空压机并行送风，空压机生产的风量控制在 146m^3/min 时为最佳。

空压机技术参数见表 3.1-2。

空压机参数表　　　　**表 3.1-2**

参　数	机　型		
	XHP900	XHP985	XRHS 396
生产厂家	英格索兰	斗山	阿特拉斯·科普柯
容积流量(m^3/min)	25.5	27.9	23.5
压力范围(MPa)	2.40	2.41	1.03～2.30
尺寸(mm)	4840×2250×2550	5438×2290×2614	4840×2100×2470
动力	柴油	柴油	柴油
额定功率(kW)	298	328	237
自重(kg)	6170	6700	5400

（6）混气罐及油雾气罐：6 台空压机并行送风至高压混气罐，再经过专门设计的油雾器，通过潜孔锤钻杆输送至潜孔锤冲击器。混气罐一端连接 6 台空压机，混气罐汇集气量并使气压稳定；从混气罐另一侧的一根管道连接进至油雾气器，油雾气罐上部阀门可人工拧开添加机油，从油雾器出来的油、气混合物既提供冲击动力又减少摩阻力。混气罐、油雾气罐情况见图 3.1-22、图 3.1-23，现场空压机与混气罐、油雾气罐连接见图 3.1-24。

图 3.1-22　混气罐

图 3.1-23　油雾气罐

图 3.1-24　现场 6 台空压机与混气罐、油雾气罐连接

3. 主要机械设备配套

深厚硬岩钻孔灌注桩大直径潜孔锤成桩综合施工工艺机械设备按单机配备，其主要施工机械设备配置见表 3.1-3。

施工主要机械设备配置　　表 3.1-3

名　称	型号、尺寸	产地	数量	备　注
旋挖钻机	ZR280	中联重工	1 台	土层段施工、捞渣清孔
多功能桩架	TUY808	滦州重工	1 台	深厚硬岩段施工
潜孔锤	ϕ1200	晟辉机械	2 个	
钢护筒	ϕ1255 δ15mm	广东	8 个	土层段钢护筒护壁，长 9m，护筒壁厚 15mm
空压机	XHP900	英格索兰	3 台	提供潜孔锤冲击器动力，采取 6 台空压机并联方式供风
	XHP985	英格索兰	1 台	
	XRHS39	阿特拉斯·科普柯	2 台	
振动锤	ICE V360	美国 ICE	1 套	沉入和起拔孔口长钢护筒
履带式起重机	QUY75	徐工	1 台	吊放护筒、振动锤、钢筋笼、导管
挖掘机	HD820	日本加藤	1 台	护筒口清理岩屑、渣土；挖泥浆池
混气罐	2.80m×1.02m	国产	1 个	接空压机，用于储压送风
油雾气罐	0.70m×0.37m	国产	1 个	油气雾化，减小活塞摩阻力

3.1.9　质量控制

1. 材料管理

(1) 施工现场所用材料（钢筋、混凝土）提供出厂合格证、质量保证书，材料进场前需按规定向监理工程师申报。

(2) 钢筋进场后，进行有见证性送检，合格后投入现场使用；混凝土进场前，提供混凝土配合比和材料检测资料，现场检验坍落度指标；灌注混凝土时，按规定留取混凝土试块。

（3）所有材料堆场按平面图要求进行硬地化，按规定堆放。

2. 桩位偏差

（1）引孔桩位由测量工程师现场测量放线，报监理工程师审批。

（2）旋挖钻机就位时，认真校核钻斗与桩点对位情况，如发现偏差超标，及时调整。

（3）下入护筒时用十字线校核护筒位置偏差，再次复核桩位，允许值不超过50mm。

（4）潜孔锤钻进过程中，通过钻机自带回转复位系统进行桩位控制。

（5）钻进过程中定期复核钻具与桩中心位置，发现偏差及时纠偏。

3. 孔口长护筒沉放

（1）下入护筒是确保本项技术有效实施的基本保障，必须引起高度重视。

（2）采用振动锤吊放护筒时，在下入过程中采用两个垂直方向吊垂线控制护筒直立，发现偏差及时起吊重新沉放。

（3）护筒安放完成后，立即采用措施固定。

4. 垂直度控制

（1）钻机就位前，进行场地平整、密实，钻机履带下横纵向铺设不小于20mm厚钢板，防止钻机出现不均匀下沉导致引孔偏斜。

（2）潜孔锤钻机用液压系统自动调节支腿高度摆放平稳。

（3）潜孔锤钻进过程中，利用操作室内自动垂直控制面板控制垂直度。

（4）为控制硬岩成孔垂直度，优化的施工方案采用土层深长钢护筒护壁，大直径潜孔锤在钢护筒内作业，能较好地保持潜孔锤成孔垂直度，确保桩身质量。

5. 硬岩成孔

（1）硬岩成孔过程中，根据桩孔岩层坚硬程度、裂隙发育情况，由潜孔锤桩机操作室控制转速，以保持钻机平稳；同时，视钻进情况适当控制混气罐风量闸阀，调整好风压，以提高钻进效率。

（2）硬岩钻进时，派专人吊垂线监控钻杆垂直度，防止钻孔偏斜。

（3）钻进过程中，掌握钻进进尺，观察孔口岩渣，达到设计要求的岩层和深度后终孔。

（4）终孔后，记录钻孔深度和岩性，报监理工程师验收。

6. 泥浆、孔底沉渣控制

（1）泥浆送入桩孔前，对泥浆含砂量、黏度、比重等进行测试，保证泥浆优质性能，不符合规范要求的泥浆不得送入孔内。

（2）孔底沉渣采用旋挖钻机配置专用平底捞渣钻斗进行一次清孔，反复数次清理，直至孔底沉渣清理干净。

（3）灌注混凝土前，再次测量孔底沉渣厚度，如果发现孔底沉渣超标，则采用气举反循环进行二次清孔。

7. 钢筋笼制安及混凝土灌注

（1）钢筋笼按设计要求制作，主筋外加保护垫块，保证保护层厚度满足要求；制作完成后，进行隐蔽验收，合格后使用。

（2）钢筋笼采用吊车安放，由于钢筋笼一次性安放，作业时采用临时加固措施，确保钢筋笼吊放过程中不变形。

(3) 混凝土灌注导管初次安装前进行水压试验，连接时安装橡胶垫圈挤紧，防止导管漏水；灌注混凝土过程中，派专人全过程监控，控制合理导管埋深，及时拆卸导管。

3.1.10 安全措施

1. 安全总则

(1) 施工安全符合《建筑施工安全检查标准》JGJ 59—2011 的有关规定。

(2) 施工机械使用符合《建筑机械使用安全技术规程》JGJ 33—2012 的有关规定。

(3) 施工临时用电符合《施工现场临时用电安全技术规范》JGJ 46—2005 的有关规定。

(4) 机械设备操作人员经过专业培训，熟练掌握机械操作性能，经专业管理部门考核取得操作证后上机操作。

(5) 现场所有施工人员按要求做好个人安全防护，特种人员佩戴专门的防护用具。

2. 安全操作要点

(1) 施工大型、重型机械及设备较多，现场工作面需进行平整压实，防止机械下陷，甚至发生机械倾覆事故。

(2) 机械设备操作人员和指挥人员严格遵守安全操作技术规程。

(3) 作业前，检查机械性能，不得在螺栓松动或缺失状态下启动；作业中，保持钻机液压系统处于良好的润滑；施工现场所有设备、设施、安全装置、工具配件以及个人劳动保护用品必须经常检查，保持良好使用状态，确保完好和使用安全。

(4) 当旋挖钻机、潜孔锤、履带吊等机械行走移位时，施工作业面保持基本平整，设专人现场统一指挥，无关人员撤离作业现场，避免发生桩机倾倒伤人事故。

(5) 潜孔锤机就位前，在桩位附近地面铺设钢板，防止因自重过大，发生机械下陷及孔口地面垮塌；已完成的桩孔和临时坑洞，及时回填、压实，防止桩机陷入发生机械倾覆伤人。

(6) 潜孔锤桩机移位前，采用钢丝绳将钻头固定，防止钻头晃动碰触造成安全隐患。

(7) 潜孔锤硬岩钻进作业前，检查振动桩锤减振器与连接螺栓的紧固性，不得在螺栓松动或缺件的状态下启动；夹持器与振动器连接处的紧固螺栓不得松动，液压缸根部的接头防护罩应齐全。

(8) 悬挂振动桩锤的起重机吊钩上设防松脱的保护装置，振动桩锤悬挂钢架的耳环上加装保险钢丝绳；潜孔锤混气罐、雾气罐属高压容器，使用前进行压力测试，确保使用安全可靠。

(9) 振动锤启动运转后，待振幅达到规定值时方可作业；当振幅正常收仍不能起拔时，及时关闭，采取相应的松动措施后作业，严禁强行起拔。

(10) 空压机管路中的接头采用专门的英制接头连接装置，连接气管采用进口、双层气管，并使用钢绞线绑扎相连，以气管防冲脱摆动伤人，具体见图 3.1-25。

(11) 潜孔锤机身与空压机距离控制在 100m 内，以避免压力及气量下降。实际操作中，视护筒顶的返渣情况和破岩速率，对空压机的气压进行调节。

(12) 潜孔锤作业时，孔口岩屑、岩渣扩散范围大，孔口清理人员佩戴防护镜和防护罩，防止孔内吹出岩屑伤害眼睛和皮肤。

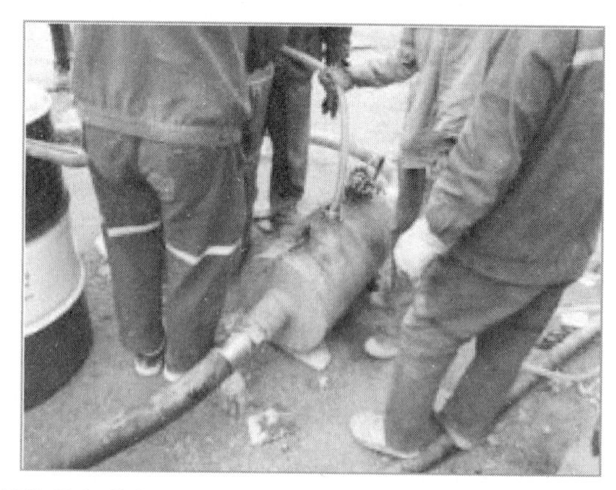

图 3.1-25　钢绞线绑扎气管接头

（13）潜孔锤破岩施工时，为防止塌孔、窜孔，施工时采用跳打，即：“隔三打一”。

（14）当出现潜孔锤钻头在硬岩段卡锤、憋锤时，立即停止作业，严禁强拔；判明卡锤位置后，可采用低风压慢速原位反复钻进，松动后将潜孔锤钻头提出钻孔；如卡锤位置无法松动，则采用直径 ϕ420mm 的小钻具从地面在卡锤位置施打 1～2 个辅助钻孔，钻孔深度超过卡锤位置约 50cm，直至潜孔锤松动后拔出。

（15）现场用电由专业电工操作，电器严格接地、接零和使用漏电保护器；现场用电电缆架空 2.0m 以上，严禁拖地和埋压土中，电缆、电线有防磨损、防潮、防断等保护措施。

（16）钢筋笼吊点设置合理，防止钢筋笼吊装过程中变形损坏；因钢筋笼较长，且现场机械设备繁多，起吊作业时司索工指挥吊装作业；起吊时，施工现场内起吊范围内的无关人员清理出场，起重臂下及影响作业范围内严禁站人。

（17）对已施工完成的钻孔，采用孔口覆盖、回填等方式进行防护，防止人员落入孔洞受伤。

（18）暴雨时，停止现场施工；台风来临时，做好现场安全防护措施，将桩架放下，确保现场安全。

3.2　支护桩硬岩大直径锥形潜孔锤钻进施工技术

3.2.1　引言

在灌注桩硬岩钻进施工中，大直径潜孔锤由于其破岩效率高、钻进速度快，越来越多应用于灌注桩硬岩钻进项目。潜孔锤钻进成孔使用的钻头一般为单体平底潜孔锤钻头（见图 3.2-1）和集束潜孔锤（见图 3.2-2），潜孔锤钻进依靠高风压驱动，潜孔锤钻头高速冲击凿岩，多用于直径 600～1000mm 灌注桩施工。

而对于硬岩强度超过 80MPa 及以上，或岩石软硬不均，或硬岩厚度较大的灌注桩成孔，常用的单体平底潜孔锤钻头和集束潜孔锤钻进时会出现较大的磨损，有的发生锤齿折

图 3.2-1 单体平底大直径潜孔锤钻头

图 3.2-2 单体大直径集束潜孔锤钻头

断、锤头断裂，甚至出现坏锤而无法使用（见图 3.2-3），导致钻进效率低、施工成本高。

图 3.2-3 破损的单体大直径平底潜孔锤和集束潜孔锤

2019 年 3 月，“珠三角城际广佛环线 GFHD-2 标 4 工区 21 号工作井围护工程”施工过程中，针对施工场地施工入岩强度高、工程量较大等灌注桩成孔等难题，结合场地地质条件、设计要求，通过实际工程项目摸索实践，利用多功能钻机，采用土层全护筒跟管、硬岩锥形潜孔锤破岩组合钻进施工工艺，经过一系列现场试验、工艺完善、现场总结、工艺优化，有效提升了潜孔锤破岩效率，提高了钻进效率，取得了显著效果，并形成了灌注桩硬岩大直径锥形潜孔锤钻进成孔施工技术。

3.2.2　工程应用实例

1. 项目概况

2019 年 3 月，锥形潜孔锤应用于广州珠三角城际轨道交通某区间工作井支护工程施工，基坑为隧道盾构接收井，位置处于山坡坡角，场地上部地层为人工杂填土、残积或坡积粉质黏土层，下部岩层为花岗岩，中、微风化花岗岩层顶平均埋深 6.92m，单轴饱和抗压强度平均值为 86.87MPa。

工作井长 20m、宽 39m，基坑开挖深度 64.8m，采用明挖逆作法施工，基坑设计上部非基岩段采用 ϕ1000@1200 钻孔灌注桩围护＋ϕ800@600 旋喷止水帷幕，钻孔灌注桩伸入中风化花岗岩不少于 5.0m，施工桩长最大 15m；基岩段采用喷锚支护。

工作井基坑支护平面布置及剖面分布情况见图 3.2-4、图 3.2-5。

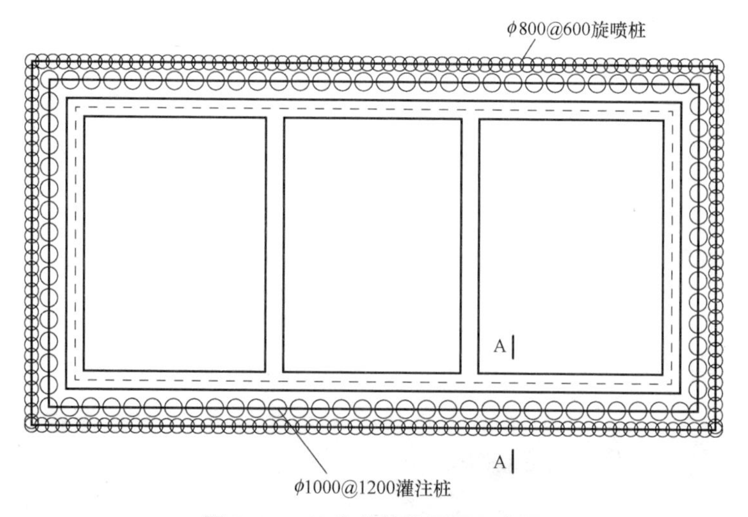

图 3.2-4　工作井基坑平面示意图

2. 工作井基坑支护施工方案选择

（1）前期施工工艺

根据本工作井基坑支护设计和场地地层条件分析，本基坑支护施工关键技术难点在于支护灌注桩的入硬岩施工，前期采用常规的旋挖截齿硬岩钻进，由于现场坡地斜岩垂直度控制难，加之岩层硬度大，旋挖入岩钻进速度缓慢。后改用集束潜孔锤钻进，出现集束潜孔锤故障率高等情况。

（2）施工方案优化

本基坑支护灌注桩施工重点解决硬岩钻进、斜岩面垂直度控制、上部土层防塌孔等技术问题，根据总结前期施工情况，最终确定本工作井采用锥形潜孔锤的硬岩钻进工艺，具

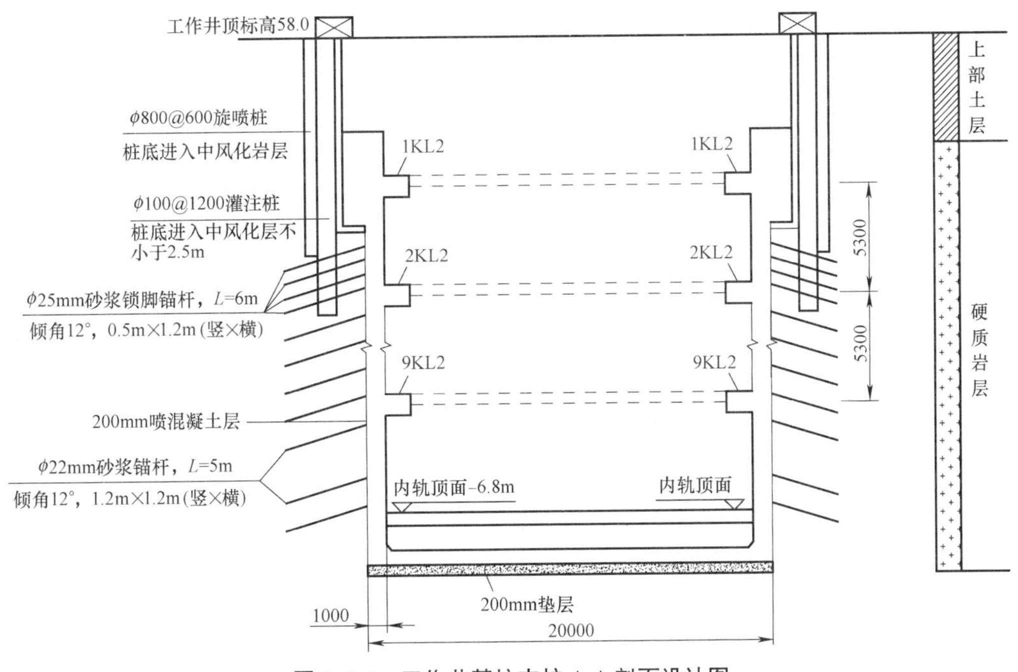

图 3.2-5 工作井基坑支护 A-A 剖面设计图

体方案为：

1）入岩钻进工艺：支护灌注桩入硬岩采用锥形潜孔锤凿岩钻进，以达到提高硬岩钻进效率。

2）土层塌孔措施：为防止钻进成孔过程中，锥形潜孔锤超大风压对土层段孔壁的冲击容易造成塌孔，采用土层段全护筒护壁，护筒下入至基岩面，确保孔壁稳定。

3）钻机选择：采用山河智能 SWSD2512 多功能旋挖钻机施工，见图 3.2-6，钻机的主要特点包括：

① 钻机为双发动机、双泵组配置，在钻进过程中可同时完成全护筒跟管钻进；

② 扭矩 250kN·m 动力头可在钻进过程中全程跟管下入钢护筒，螺旋钻杆钻头与外侧套管双重组合钻孔，外侧套管护壁，螺旋钻杆连续排土，整体刚性强、钻削力大、成孔精度高，施工速度快；

③ 钻机的长螺旋钻杆与锥形潜孔锤连接，配置相应的空压机供气系统，扭矩 120kN·m 动力头可带动锥形潜孔锤实现回转和冲击凿岩钻进，可完成各种复杂硬质地

图 3.2-6 山河智能 SWSD2512 多功能旋挖钻机

层，实现高效率打孔；

④ 钻机采用高稳定性履带底盘设计，整机工作时履带展宽可达5000mm，保证了桩架具有高稳定性和安全可靠性；

⑤ 钻机具有立柱垂直度自动找垂和竖架过程图形导引的手动控制，钻进深度（动力头转速选配）实时监测显示记录。

3.2.3　工艺特点

1. 硬岩钻进效率高

本工艺采用锥形潜孔锤钻进，其独特的锤头锥形结构设计，使其破岩机理相比普通集束或平底潜孔锤更为有效，破岩效率显著提升，提高了钻进效率。

2. 成孔质量好

本工艺上部土层孔段采用护筒跟管钻进，有效地避免了成孔过程中孔壁的坍塌；同时，潜孔锤高风压能有效将孔底岩渣携带至地面，确保孔底沉渣满足要求，成孔质量更有保证。

3. 施工安全性高

本工艺选用SWSD2512型多功能钻机施工，该钻机配备了大直径高强度的桩架、铰接的三角支撑和长螺旋钻杆，可保证在大功率施工时钻机整体的稳定性；在钻进过程中，采用双动力头驱动，内侧钻杆与外侧钻套同轴逆向旋转方式钻削，钻杆与外钻套产生的钻削转矩方向相反、相互抵消、自行平衡，使钻孔过程稳定、无噪声振动。

4. 施工成本较低

本工艺采用“护筒跟管＋长螺旋钻＋锥形潜孔锤”组合钻进工艺，相比回转钻进、旋挖钻进、单一的潜孔锤钻进等，长螺旋土层钻进速度快，潜孔锤破岩效率高，长螺旋形成的出渣通道更为快捷，使得钻进组合更为优化、更为有效，钻进速度快、成桩质量好，总体综合施工成本低。

3.2.4　适用范围

本工艺适用于直径600～1200m灌注桩嵌岩成孔施工，尤其适用于强度超过80MPa的硬岩钻进、成孔。

3.2.5　工艺原理

本工艺主要目的在于为灌注桩硬岩钻进提供一种新的锥形潜孔锤破岩钻进成孔施工技术，其关键技术在于锥形潜孔锤的独特锥形结构使其的破岩更具有优势。

1. 锥形潜孔锤结构

（1）锤头

本工艺所采用的锥形潜孔锤为一种改进型的潜孔锤钻头，其底部为圆锥形，相应结构特征及参数：

1）锤头底部锥形面与水平夹角 α 为20°～25°；

2）锥形面上按一定间距镶嵌合金颗粒，沿锤面全覆盖布设；

3）锥形潜孔锤底部设置六个主排渣槽，其宽度为10cm，直径 $d=4$cm 的高压气体通气孔设置在主排渣槽中，另在锤头侧壁四周均布六个副排渣槽辅助排渣；

4）锥形锤头中心（最底部）为圆锥形结构。

具体结构见图 3.2-7，锥形潜孔锤实物见图 3.2-8、图 3.2-9。

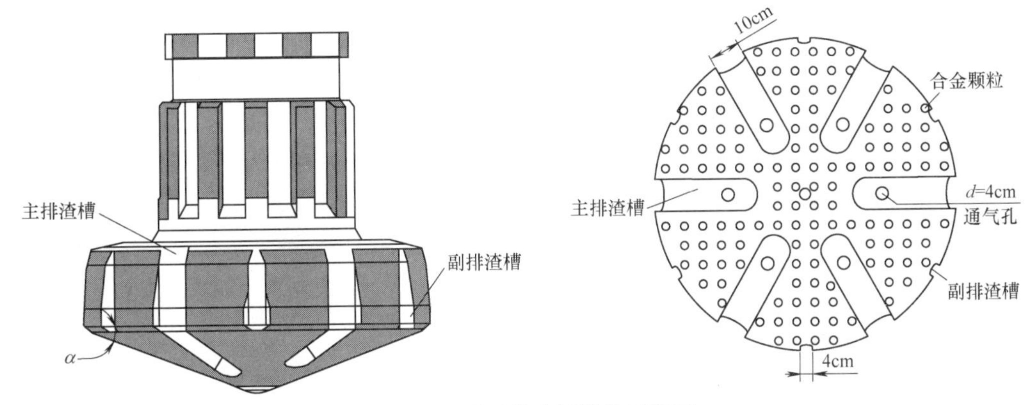

图 3.2-7 锥形潜孔锤结构示意图

图 3.2-8 锥形潜孔锤实物图

图 3.2-9 锥形潜孔锤实物图

（2）潜孔锤锤身

所采用的潜孔锤锤身主要结构特征：

1）潜孔锤锤身即冲击器为圆形的刚性结构，其直径较锥形锤头略小，一般情况下两者的差值（$D_{锤头}-D_{锤身}$）为 50～100mm，可根据岩层的施工垂直度控制难度进行选择。具体见图 3.2-10、图 3.2-11。

2）锤头与钻杆采用六方接头连接，通过两根插销固定。

3）高压空气进气管设置在钻机钻杆接头内，在钻杆与潜孔锤连接时，同时也完成了高压空气输送通道的对接。

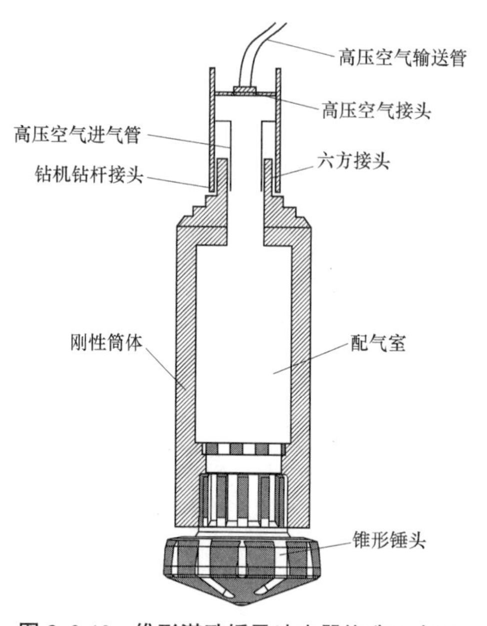

图 3.2-10　锥形潜孔锤及冲击器构造示意图

图 3.2-11　锥形潜孔锤实物图

2. 锥形潜孔锤破岩机理

锥形潜孔锤钻头在高风压、超高频率振动下凿岩钻进，锥形锤头潜孔锤相比传统平底潜孔锤，在相同高钻压的作用下能与岩层形成较大的冲击压力，处在其中心下方的岩石在冲击作用下首先形成“V”形楔，使岩体上出现应力中心，随着后续的不断冲击，楔形区岩石逐渐破碎，在冲击楔区旁的岩石首先产生层状脱落，破碎区逐渐由应力中心向冲击边缘扩散，最终形成全断面破碎，进而实现了锥形潜孔锤在岩体上的挤压贯入式刺入破碎，使得被冲击岩体产生体积破碎，施工效率极高。在锥形潜孔锤的底面设置排渣通气孔和主、副排渣槽，高压气体经过排渣通气孔对孔底岩渣进行冲刷清理，破碎的岩渣随高风压气体经主、副排渣槽携带出孔，孔底残渣及时排出能避免重复破碎，使得岩石的破碎钻进效率更高。其破岩机理见图 3.2-12，破碎过程见图 3.2-13。

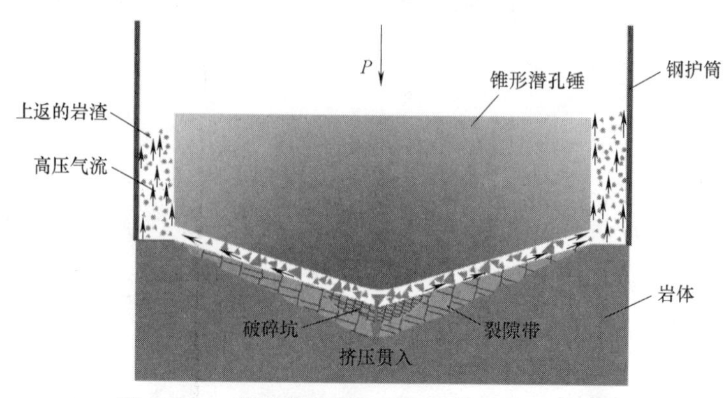

图 3.2-12　锥形潜孔锤挤压贯入破岩机理示意图

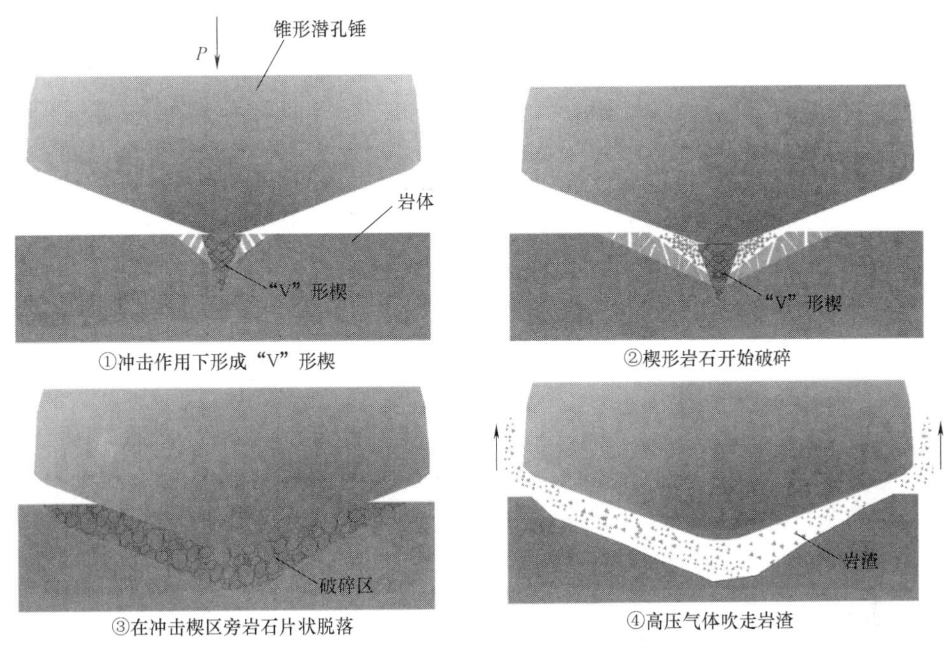

图 3.2-13 锥形潜孔锤挤压贯入破岩过程示意图

3.2.6 施工工艺流程

1. 施工工艺流程图

为提高本工艺的综合施工效率，采用组合式施工工艺，即：土层段全护筒跟管、长螺旋钻进，硬岩采用锥形潜孔锤破岩，既提高了钻进施工效率，又确保了潜孔锤高风压下的孔壁稳定，保证了成桩工程质量。本工艺总体施工工艺流程见图 3.2-14。

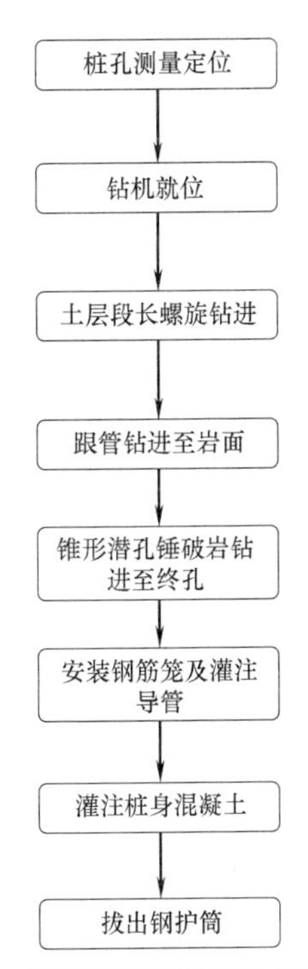

图 3.2-14 锥形潜孔锤钻进施工工艺流程图

2. 施工工艺操作图

施工工艺操作流程示意见图 3.2-15。

3.2.7 工序操作要点

1. 桩孔测量定位

（1）采用全站仪对施工桩位中心点进行放样，从桩位中心点引出四个方向上的十字交叉点，便于后续工序对桩位的复核。

（2）施工过程中对控制点进行保护。

2. 钻机就位

（1）本工艺采用 SWSD2512 多功能钻机，桩架立柱直径 920mm，高度为 21～36m，履带式行走，配备双动力头驱动。

（2）桩机移动前，对施工场地和行走道路

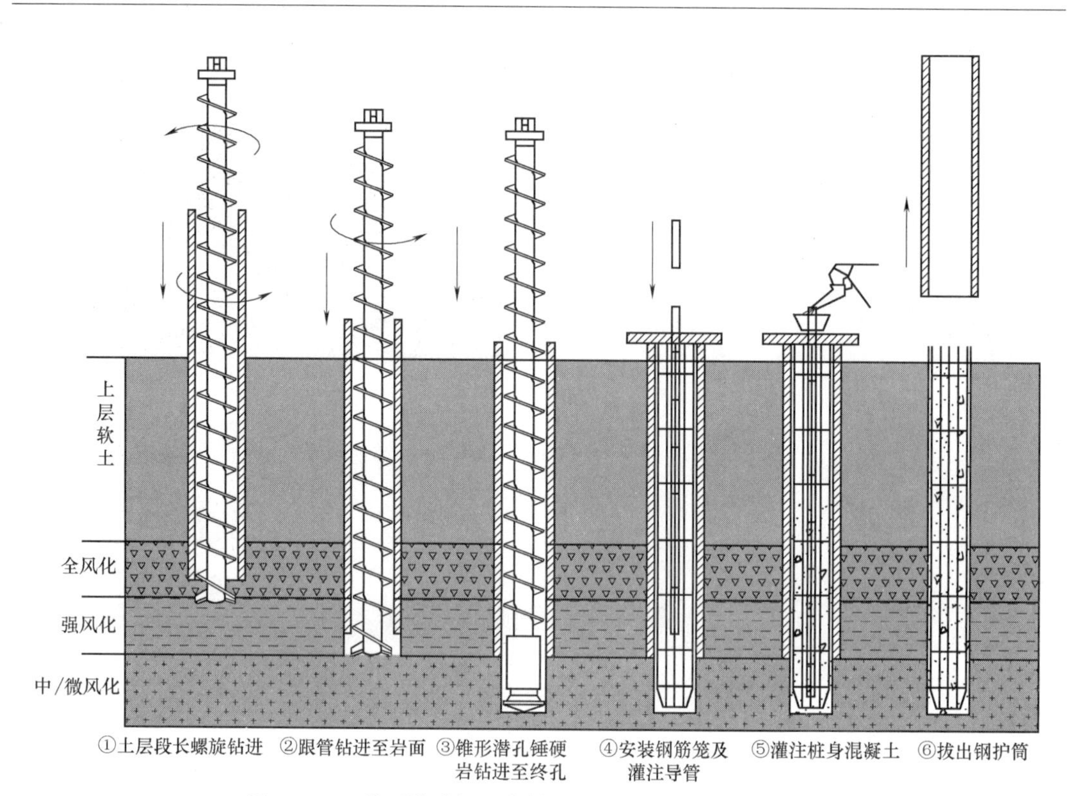

图 3.2-15　锥形潜孔锤硬岩钻进施工工艺操作流程示意图

进行平整，防止桩机履带下陷而发生高桩架倾覆，见图 3.2-16。

（3）桩机移动时指派有专人指挥，慢速行走。

（4）桩机就位后，将桩机前后四个支撑柱液压控制支顶，确保桩机施工过程中的稳固和安全，具体见图 3.2-17。

图 3.2-16　桩机移位

3. 土层段长螺旋钻进

（1）本工艺所采用的 SWSD2512 多功能钻机，配置内外双动力头，其中内动力头驱动长螺旋钻杆钻进。

（2）本工艺采用的螺旋钻杆直径 900mm，杆体直径 500mm，螺距为 600mm，叶片厚度为 25mm，钻杆整体刚性强、钻削力大、成孔精度高、施工速度快。

（3）长螺旋钻杆底部配置硬质合金刀头，可钻进至强风化岩面。

长螺旋钻进具体见图 3.2-18。

4. 护筒跟管钻进至岩面

（1）在桩机外侧动力头处安装接驳器，在钢护筒顶部设置与接驳器相对应的连接螺丝孔位，以便实现扭矩的传递；在钢护筒底部设置管靴，

图 3.2-17 桩机就位后四个支撑立柱支顶钻机

钢护筒可根据钻深需要进行连接，具体见图 3.2-19、图 3.2-20、图 3.2-21。

图 3.2-18 长螺旋钻进

图 3.2-19 外侧跟进护筒端部的连接

图 3.2-20 护筒底部配置管靴

图 3.2-21 在外侧动力头安装护筒接驳器

（2）为确保锥形潜孔锤在进行凿岩钻进时垂直度控制，其护筒内径选择较成孔直径略小，例如灌注桩设计直径1000mm，钢护筒尺寸选用外径ϕ1020mm、内径988mm、壁厚16mm。

（3）桩机配置的内侧动力头驱动内侧螺旋钻杆，螺旋钻杆回转取土，在土层段钻进时能快速将渣土排出，在钻进过程中长螺旋钻杆和孔壁构成了一个螺旋输送通道，为外侧护筒完成超前钻进。

（4）桩机配置的外侧动力头则提供外侧跟进护筒的动力输出，并使护筒保持持续跟进；通过内侧钻杆持续排土和外侧护筒跟进回转护壁，直至钻进至岩面。

（5）在上部土层跟管钻进时，内侧螺旋钻杆需超前钻进一定距离，外护筒再进行跟管，视土层情况，超前钻进距离100～150cm。

（6）采用内侧长螺旋钻杆与外侧护筒同轴逆向旋转方式钻削，长螺旋钻杆与外侧护筒产生的钻削转矩方向相反、相互抵消、自行平衡，使钻孔过程稳定。

具体见图3.2-22、图3.2-23。

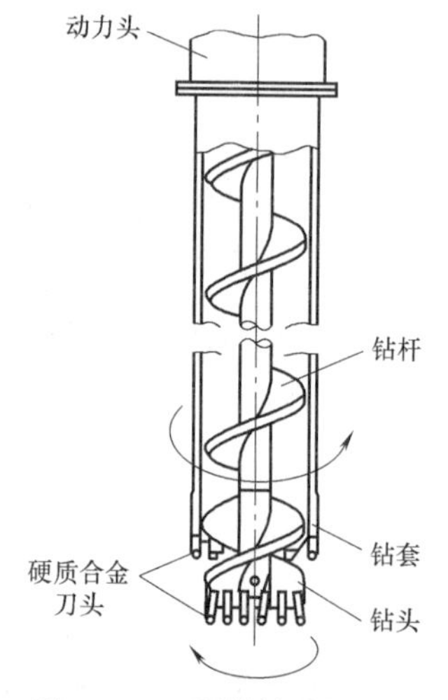

图3.2-22　跟管钻进原理图

图3.2-23　全护筒跟管钻进

图3.2-24　螺旋钻杆通过插销与冲击器连接

5. 锥形潜孔锤破岩钻进至终孔

（1）长螺旋钻进至岩面后，从孔内提出长螺旋钻杆，并拆除螺旋钻头，便于后续安装锥形潜孔锤。

（2）采用吊车将锥形潜孔锤移至钻机旁便于安装处，提升螺旋钻杆，使其下方的六方接头与潜孔锤上方的六方接头对准，再下放螺旋钻杆，插入两根固定插销以实现钻杆扭矩的传递，具体见图3.2-24～图3.2-26。

（3）锥形潜孔锤腰带处直径设计为975mm，其与钢护筒的间距6.5mm，较小的间距有利于潜孔锤钻进过程中受到钢护筒的约束，以保证钻进时钻孔的垂直度满足设计要求。

图 3.2-25 锥形潜孔锤安装中

图 3.2-26 锥形潜孔锤安装完成

（4）潜孔锤钻进的供气装置由空压机组、储气罐及相应高压气体输送管道组成，空压机组配备五台 LUY300-22 GⅢ空压机，空压机组连接一台 F160559 型储气罐组成高压气体输出装置，具体见图 3.2-27。

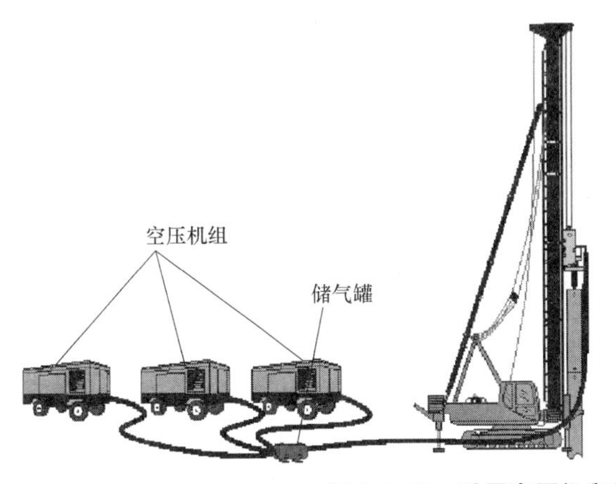

图 3.2-27 采用空压机和储气罐组成气体输出装置

（5）由于潜孔锤锤头较大，仅比护筒内径小 13mm，在下放安装锥形潜孔锤时，需安排施工人员在孔口指挥，避免对已安装完成的钢护筒磕碰造成错位，具体见图 3.2-28。

（6）锥形潜孔锤开始钻进时，先将钻具提离孔底 20～30cm，开动空压机及钻具上方的回转电机，待护筒口出风时，再将钻具轻轻放至孔底，开始锥形潜孔锤破岩钻进。

（7）锥形潜孔锤钻进过程中，高风压携带钻渣通过螺旋钻杆与钢护筒间的空隙上返，直至排出孔外，见图 3.2-29、图 3.2-30。

图 3.2-28　专人指挥下放潜孔锤

图 3.2-29　破岩钻进施工中

图 3.2-30　硬岩钻进施工

6. 安放钢筋笼、灌注导管、灌注混凝土

（1）潜孔锤硬岩钻进至设计标高后，采用高风压对孔底进行清孔，从孔内提出锥形潜孔锤钻头后，进行测量孔深、孔底沉渣厚度等。

（2）钢筋笼按终孔后测量的桩长制作，安放时一次性由履带吊吊装就位；钢筋笼吊装时对准孔位，吊直扶稳，缓慢下放到位。

（3）混凝土灌注导管选择直径300mm导管，安放导管前对每节导管进行检查，第一次使用时进行密封水压试验；导管连接部位加密封圈及涂抹黄油，确保密封可靠，导管底部离孔底300～500mm；导管下入时，调接搭配好导管长度。

7. 灌注桩身混凝土

（1）钢筋笼、灌注导管安放完成后，进行孔底沉渣测量，如满足要求则进行水下混凝土灌注；如孔底沉渣厚度超标，则采用气举反循环二次清孔。

（2）桩身混凝土采用C30水下商品混凝土，坍落度180～220mm，采用混凝土运输车运至孔口直接灌注；灌注混凝土时，控制导管埋深，及时拆卸灌注导管，保持导管埋置深在2～4m，最大不大于6m；灌注混凝土过程中，不时上下提动料斗和导管，以便管内混凝土能顺利下入孔内，直至灌注混凝土至设计桩顶标高位置超灌0.8～1.0m。

8. 拔出钢护筒

（1）混凝土灌注完成后，拔出钢护筒。

（2）钢护筒拔出后需对混凝土灌注顶标高进行复测，确保满足设计要求。

3.2.8 材料和机具设备

1. 材料

本工艺所使用的材料主要有：液压软管、钢护筒、焊条、螺母、螺栓。

2. 设备

本工艺所涉及设备主要有多功能桩机、空压机、锥形潜孔锤等，详见表3.2-1。

主要机械设备配置表　　表3.2-1

设备名称	型　号	数　量	备　注
多功能桩机	SWSR2512	1台	成孔动力输出
锥形潜孔锤	*D*=975mm	2套	破岩施工
长螺旋钻杆	*D*=900mm,螺距600mm	1套	上部土层钻进
空压机	LUY300-22GⅢ	1组、5台	高压气体输出
储气罐	Y180M-4	1台	高压气体临时存储
全站仪	ES-600G	1台	桩位放样、垂直度观测
电焊机	NBC-250	1台	焊接、加工
气割机	CG1-30	1台	钢管和混合接头加工
吊车	SR-50	1台	吊装钢筋笼、灌注混凝土

3.2.9 质量控制

1. 护筒

（1）上部护筒跟管钻进完成后，需采取措施对护筒中心和护筒埋设垂直度进行复核。

（2）采用全站仪对桩位中心进行放样，对护筒进行中心误差校核。

（3）采用吊锤法对护筒安装垂直度进行复核，通过在不同位置吊线对护筒安装垂直度进行监测。

（4）护筒在土层定位时的垂直度偏差不超过0.5%。

2. 潜孔锤破岩成孔

（1）供气装置与施工钻机的距离控制在100m范围内，以避免压力及气量下降。

（2）破岩成孔过程中，对护筒进行监测，观测护筒是否存在移位、松动等现象，可及时进行调整。

（3）破岩成孔过程中，定期对锥形潜孔锤锤身外壁进行检查，检查是否存在某个局部位置有严重磨损现象。

3. 钢筋笼安装质量

（1）在吊放钢筋笼前，完成检查后可开始吊装，对钢筋笼进行检查，检查内容包括长度、直径，焊接情况等；吊装采用双勾多点起吊，严防钢筋笼变形。

（2）成孔检查合格后，进行安放钢筋笼工作；安装钢筋笼时，采取措施保证钢筋笼标高位置准确。钢筋笼缓慢下放，避免碰撞钢护筒壁。

4. 混凝土灌注

（1）灌注导管混凝土埋管深度保持在2～4m，连续灌注，中断时间不得超过45min，注意导管提升时不得碰撞钢筋笼。

（2）混凝土灌注时，提前预计上部护筒拔出后混凝土面下降的高度，混凝土实际标高比设计超灌高度高出10～30cm。

3.2.10 安全措施

1. 潜孔锤钻进

（1）空压机组和潜孔锤施工班组操作人员提前30min交接班，认真做好开机前的准备工作，检查机器各部位性能是否良好及各种零部件是否完好，机油是否到位，检查电压、电流是否正常。

（2）空压机开机准备工作：首先关闭空压机的进气阀和压风管道的闸阀，然后起动机器；此时注意机器运转的声音是否正常，若发现异常则立即停机检查；若无异常，此时慢慢打开空压机的进气阀开始正常工作。

（3）高压气管安装过程中，胶管受到轻微扭转可能使其强度降低和松脱接头，装配时将接头拧紧在胶管上。

（4）在正式开始施工前，检查各段气体输送管道完整性以及接头处的气密性和连接稳固性。

2. 防护措施

（1）吊车操作手听从司索工指挥，在确认区域内无关人员全部退场后，由司索工发出信号，开始吊装作业。

（2）机械设备发生故障后及时检修，严禁带故障运行和违规操作，杜绝机械事故。

（3）在加工钢筋笼时由专业电焊工操作，正确佩戴安全防护罩。

（4）氧气、乙炔罐分开摆放，切割作业由持证专业人员进行。

（5）暴雨时，停止现场施工；台风来临时，做好现场安全防护措施，将桩架固定或放下，确保现场安全。

（6）使用过程中采取良好的防护措施，防止高压软管受到挤压和砸碰。

（7）硬岩钻进过程中，潜孔锤高频高风压冲击，在孔口会产生较大的粉尘，在桩机上架设有水管，及时向孔口喷撒清水，降低施工对空气的污染。

3.3 地下管廊硬质基岩潜孔锤、绳锯切割综合开挖技术

3.3.1 引言

当前，为适应城市建设发展的需要，各大城市都在大规模进行地下管廊开发，通常情况下市政管廊基础一般埋深4～8m，平面上呈狭长条形分布。在地下管廊施工过程中，经常遇到硬质岩层的开挖。对于硬质岩层开挖方法，通常采用炸药爆破或静态爆破方式。对于地下管廊建设处在人口密集的城市中心区，禁止使用炸药爆破施工；而采用静态爆破虽然产生振动小，但其钻凿静爆孔数量多、噪声大、粉尘污染环境，同时静爆药剂反应时间长且在雨天无法施工，造成综合费用高、开挖工期长。为此，需要探索一种绿色、高效、安全、经济的地下管廊硬质基岩开挖工艺。

2017年在广东惠州博林腾瑞项目地下排水管廊开挖项目施工中，工程场地内存在大量硬质岩体需要进行破除，但爆破过程产生的大量粉尘扩散严重污染了周边环境，危害到现场施工和管理人员的身心健康，且场地邻近居民区，对环保要求较高，项目无法正常施工。面对此类工程的施工难点，如何制订高效、环保、经济的施工方案，成为工程项目部急需解决的技术难题。

针对上述工程项目的设计要求、现场地质条件和周边环境限制，项目课题组开展了"地下管廊硬质基岩绳锯切割开挖技术研究"，首次将方形潜孔锤和绳锯切割开挖技术应用于地下管廊硬质基岩的开挖中，形成一套独创的方形潜孔锤平面钻凿、绳锯纵向切割形成全空间自由面，再结合凿岩机械破碎的硬岩开挖施工方法。经过一系列现场试验、机具调整和工艺完善，课题组不断优化和总结本施工技术，最终形成了完整的施工工艺流程、技术标准和操作规程，顺利解决了地下管廊硬质基岩开挖难题，取得显著成效，实现了质量可靠、施工安全、文明环保、便捷经济的目标，达到预期效果。

3.3.2 工程应用实例

1. 工程概况

博林腾瑞临时排水工程，场地位于位大亚湾新荷大道和龙海三路之间，左右为龙山六路和社区道路，与深圳坪山距离6km。本项目是博林腾瑞地产项目的附属的雨污排水工程，主要位于整个地产项目南侧，整个开挖长度242m，开挖深度3～8m。

2. 排水工程设计

本工程是博林腾瑞地产项目附属雨污管道工程，其主要目的使小区雨污管道与整个市政管网相连接。具体设计图纸见图3.3-1。项目东西两侧为高层住宅，距离较近，要求施工时产噪声小，粉尘污染少。

3. 施工设计要求

根据设计要求，本工程需在现状坡面的基础上向下开挖3～8m，形成平整的管道基础平面。勘察开挖后的管道基槽主要为中、微风化砂岩，需进行大量的爆破清除工作。

4. 施工情况

本项目硬岩开挖采用了方形潜孔锤平面上分段连续搭接钻凿，形成竖向临空面；再采

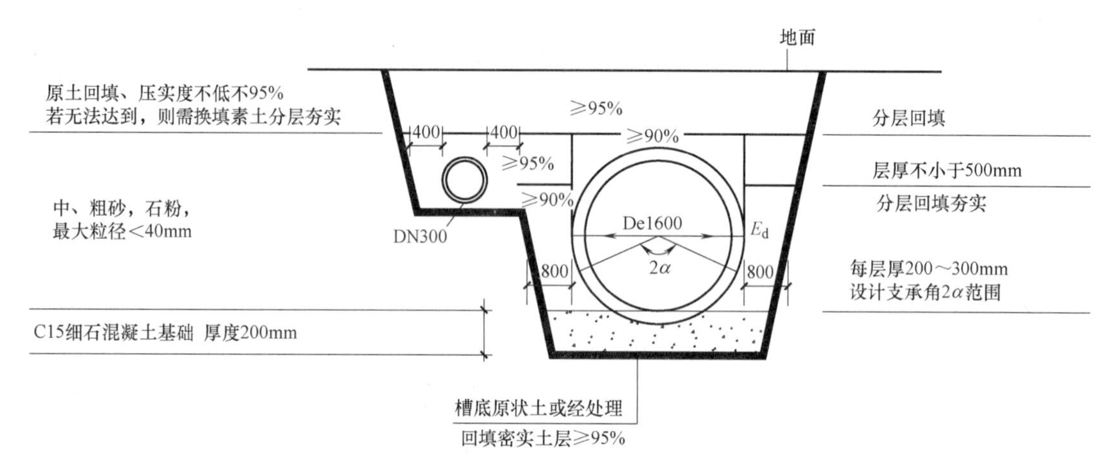

图 3.3-1　管道基槽开挖、管道基础及其铺设剖面图

图 3.3-2　绳锯切割开挖后现场施工情况

用绳锯纵向切割，最后再对岩块进行机械破碎后装车外运。机械破碎清理后基础底面，不需二次清理就可进行管廊的现场施工，给后续施工提供良好的工作面，加快了整个工程的施工速度，具有良好的经济和时间效益。现场的施工情况见图 3.3-2。

3.3.3　工艺特点

1. 环保、绿色施工

施工过程中，采用金刚石绳锯切割，产生的粉尘极少，且整个过程中无噪声污染，对周边的环境影响极小，适宜在人口居住密集、噪声敏感区施工。

2. 操作简便、劳动强度低

本工艺所用方形潜孔锤破岩能力强，操作简便；所使用的金刚石串珠绳锯机只要把金钢绳穿入水平和竖直钻孔，接通电源开机即可，无需花费更多的时间和精力管理设备，对施工作业无添加任何额外负担，在稳定架设好切割机后让其自行切割，工人只需实行旁站，劳动强度大大降低。

3. 安全文明施工效果好

金刚石串珠绳锯机切割产生的噪声较小，对周围的噪声污染轻；金刚石串珠绳锯机重量轻、体积小、占地面积少，操作轻便，安全性能高，便于场地内灵活移动安排，可大面积、多工作面布置，施工机动性强，便于现场施工管理。

4. 综合成本低

相比于静爆、明爆施工工艺，绳锯切割方法不需要任何审批流程，节省了大量的时间；同时也不需要特殊技术工人，普通工人经培训即可上岗，整体费用与其他施工技术比综合成本更低。

3.3.4　适用范围

适用于城市管廊硬岩开挖，各类深基坑岩石开挖，以及基础硬岩承台的开挖施工。

3.3.5　工艺原理

本技术提供了一种新的管廊基础硬质岩层开挖的施工方法，其主要包括两方面的内容：

1. 采用方形潜孔锤钻凿竖向临空面

本工艺所述的方形潜孔锤钻凿工作原理，是以压缩空气为循环动力的一种风动冲击钻头，它所产生的冲击功和冲击频率可以直接传给潜孔锤钻头，然后再通过钻杆旋转驱动，形成对孔底地层的脉动破碎能力，同时利用冲击器排出的压缩空气将破碎后的钻屑排出环空返出地面，从而实现孔底冲击旋转钻进的目的。方形潜孔锤在平面搭接连续钻进，形成平面上的临空面。

2018 年 11 月，我公司获《方形潜孔锤》外观设计专利证书，专利号：ZL 2018 3 0644484.2，方形潜孔锤专门用于硬岩横向临空面的钻凿，其设计图见图 3.3-3；方形潜孔锤平面钻进布置，具体见图 3.3-4。

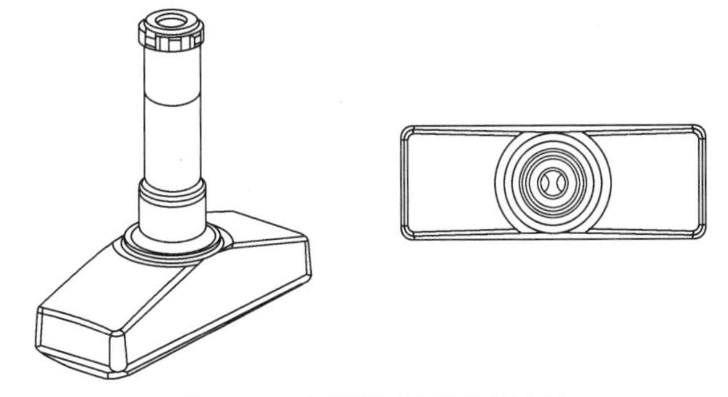

图 3.3-3　方形潜孔及搭接钻机图

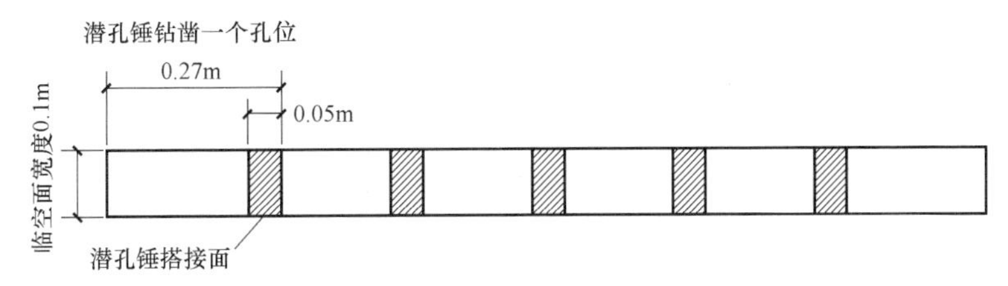

图 3.3-4　方形潜孔及搭接钻机图

2. 采用绳锯切割机进行接触面切割

绳锯切割的工作原理是金刚石绳索在液压马达驱动下绕切割面高速运动研磨切割体，完成切割工作。由于使用金刚石单晶作为研磨材料，故此可以对石材、钢筋混凝土等坚硬物体进行切割。切割是在液压马达驱动下进行的，液压泵运转平稳，并且可以通过高压油管远距离控制操作。因此，切割过程中操作安全方便，振动和噪声小，被切割体能在几乎无扰动的情况下被分离。切割过程中，高速运转的金刚石绳索靠水冷却，并将研磨碎屑带走。

绳锯切割机纵向切割见图 3.3-5，水平向切割见图 3.3-6。

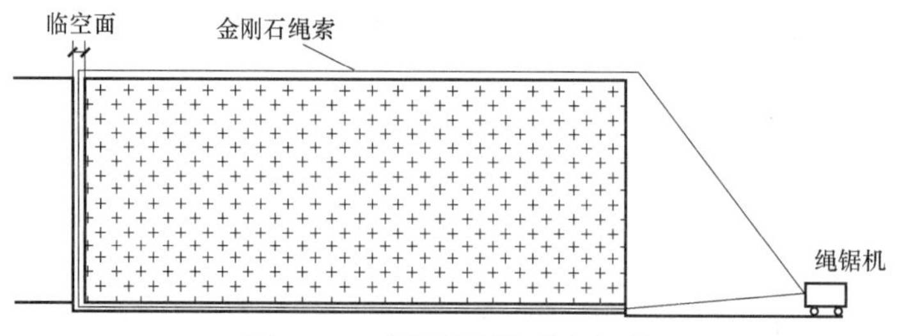

图 3.3-5 绳锯切割机纵向切割

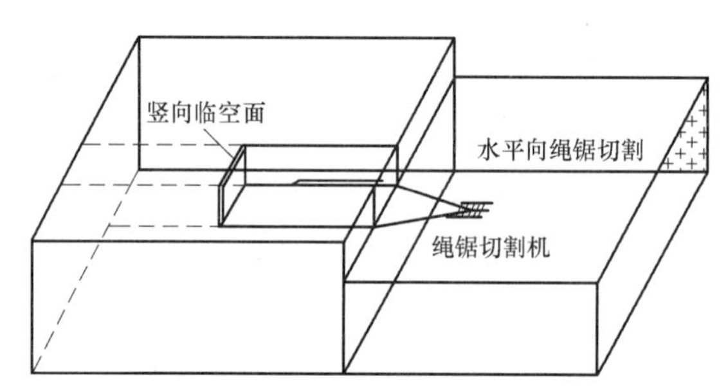

图 3.3-6 管廊底部岩体水平向绳锯切割

3.3.6 施工工艺流程

1. 施工工艺流程

地下管廊硬质基岩绳锯切割开挖施工工艺流程见图 3.3-7。

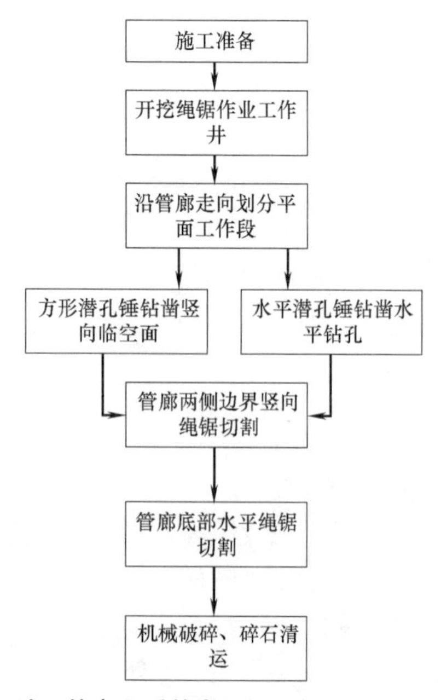

图 3.3-7 地下管廊硬质基岩绳锯切割开挖施工工艺流程图

2. 工序形象流程图

根据方形潜孔锤的钻凿和绳锯切割原理，以及相关工程的实践，形成一套完整的地下硬质基岩绳锯切割开挖工序，工序操作流程见图 3.3-8。

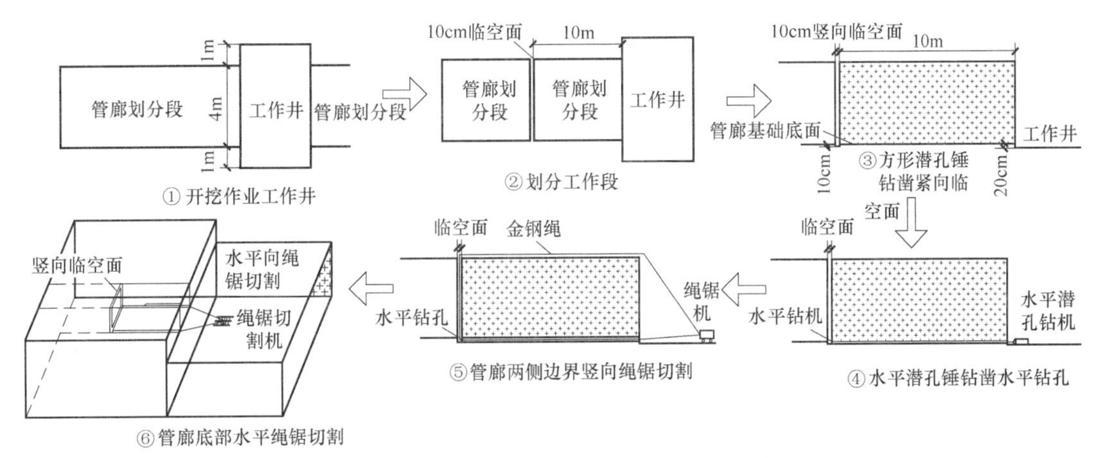

图 3.3-8 地下管廊硬质基岩绳锯切割开挖施工工序操作流程图

3.3.7 工序操作要点

1. 施工准备

（1）对作业面周边建筑物、地下管线、岩石破碎情况进行调查。

（2）检查现场施工用电是否畅通，施工用电线路布设是否合理、安全可靠。

（3）检查施工人员持证上岗情况，对钻凿工、电工等人员进行现场安全技术交底。

2. 开挖绳锯作业工作井

（1）工作井主要为管廊基础硬岩开挖提供工作面，工作井的深度比管廊基础底标高位置深约 20cm，工作井宽度比管廊断面一侧外延各 1m。

（2）为便于工作井的顺利形成，现场开挖起序点可由岩层埋深较大位置开始，可沿管廊基础土层段先开挖，以减少开挖工作井时岩层的开挖量。绳锯作业工作井见图 3.3-9。

图 3.3-9 绳锯作业工作井

3. 沿管廊走向划分平面工作段

为提高开挖效率，将狭长管廊划分开挖工作段，平面分段切割长度约 10m。管廊基础工作段划分平面见图 3.3-10。

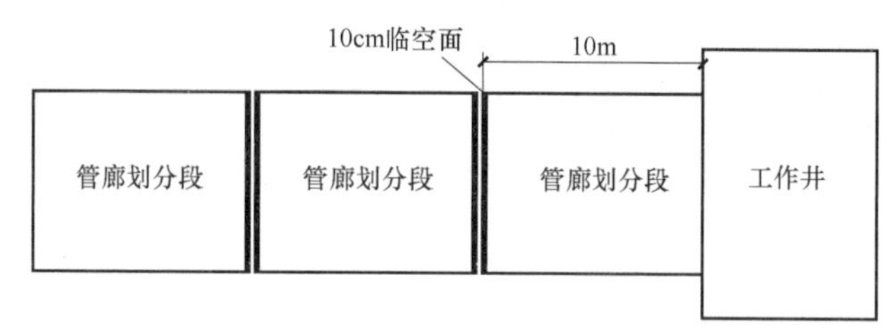

图 3.3-10 沿管廊走向划分平面工作段

4. 方形潜孔锤钻凿竖向临空面

分段处采用 100mm×270mm 方形潜孔锤钻具，咬合钻凿形成竖向临空面，潜孔锤钻凿深度与管廊基础底标高位置深约 10cm。方形潜孔锤方形潜竖向临空面钻进现场情况见图 3.3-11、图 3.3-12。

图 3.3-11 潜孔锤钻机及方形潜孔锤钻头

5. 水平潜孔锤钻凿水平钻孔

管廊底水平方向绳锯孔采用 XQ100B 型潜孔锤钻机，钻孔直径 90mm，水平绳锯孔的深度与竖向临空面相通。管廊底水平潜孔锤钻孔施工见图 3.3-13。

6. 管廊两侧边界和底面水平向绳锯切割

（1）将绳锯贯穿预先打设的水平孔和分段竖向临空面，用绳锯切割岩体，使预开挖段岩体与岩石分离。

（2）利用管廊基础底两侧的潜孔锤水平钻孔以及分段潜孔锤方形钻头钻凿的空槽，将其完全贯通，形成一个完整水平绳锯切割工作面，并实施分段开挖岩石底部绳锯切割，将开挖段的岩体底面与本体分离。

管廊两侧边侧竖向绳锯切割和底边界水平向绳锯切割现场情况见图 3.3-14、图 3.3-15。

7. 机械破碎、碎石清运

在完成需挖除的岩石与母岩脱离后，采用挖掘机进行机械破碎，碎石清运，在完成上述工作后，形成光滑平整的工作面，方便后期管道施工。

图 3.3-12 竖向临空面现场形成过程

图 3.3-13 管廊开挖基础底水平绳锯孔潜孔锤钻机钻凿

图 3.3-14 管廊边界竖向绳锯切割施工现场作业

图 3.3-15 水平向绳锯切割现场情况

机械破碎、碎石清运现场情况见图 3.3-16，管廊开挖完成现场见图 3.3-17。

图 3.3-16 机械破碎、碎石清运现场

图 3.3-17 管廊开挖完成

8. 管廊施工

管廊按设计要求开挖形成后，即进行管廊施工，现场管廊施工见图 3.3-18。

图 3.3-18 管廊分段铺设施工

3.3.8 机具设备

本工艺现场施工主要机械设备按单机配备，主要施工机械、设备配置见表 3.3-1。

主要施工机械设备配置表 表 3.3-1

机械、设备名称	型号尺寸	规格容量	备注
潜孔锤水平钻机	XQ100B	ϕ90mm	钻水平孔
金刚石串珠绳锯机	MTB55B	55kW	绳锯切割
潜孔锤钻机	KY100	194kW	竖向临空面钻凿
履带式反铲挖掘机	PC200	0.8m^3	挖石、装石外运
履带式反铲挖掘机	EC240	1.5m^3	
泥头车	福田欧曼	10m^3/台	石方外运

3.3.9 安全、环保措施

1. 安全措施

（1）机械设备操作人员和指挥人员严格遵守安全操作技术规程，杜绝“违章指挥、违规作业、违反劳动纪律”的“三违”作业，工作时集中精力，小心谨慎，不擅离职守，不得疲劳作业。

（2）对进场的挖掘机、凿岩钻机、泥头车进行安全检查，合格证及年检报告齐全，保证机械设备完好；现场机械操作人员接受安全技术交底，并持证作业，定机定人操作。

（3）潜孔锤作业时空压机连接的风管密封、紧固，防止脱开甩出伤人。

（4）绳锯作业时，顺着绳锯切割方向进行隔离，严禁站人，防止绳锯断裂后绳锯弹出伤人。

（5）凿岩钻机操作工人佩带相关防护用具，无关人员禁止进入作业区。

2. 环保措施

（1）潜孔锤作业时控制噪声，每天规定作业时间，防止扰民。

（2）潜孔锤钻进时，高风压携带出大量的粉尘，现场做好降尘措施。

（3）现场及时进行覆盖和洒水作业。

（4）凿岩钻机使用前加注润滑油进行试运转，作业中保持钻机液压系统处于良好的润滑状态。

3.4 填石层自密实混凝土潜孔锤跟管止水帷幕施工技术

3.4.1 引言

咬合桩是现有支护工程中常见的止水帷幕形式，随着工程建设的日益发展，临海及海上工程的大规模开发，常常会遇到开山填海造地而形成的建设用地，该场地含有大量的深厚填石，对咬合桩止水帷幕成桩施工影响极大。当采用全回转钻机成孔工艺，因填石坚硬和不均匀分布，下压套管受力不平衡，易造成套管偏位、钻进困难；同时，较大的填石也容易卡在套管内冲抓困难，需要重复破碎。而当采用旋挖钻机硬咬合成孔，会出现泥浆大量漏失，造成护壁困难，引发塌孔，灌注时充盈系数大；同时，填石钻进钻头磨损大，钻头容易偏孔，桩底咬合出现开叉漏水等现象；另外，灌注的普通水下混凝土受其和易性、黏性、流动性的影响，容易出现桩身混凝土不密实、蜂窝、麻面，甚至断桩等现象，严重影响止水帷幕的效果。

2019 年 4 月，深圳至中山跨江通道主体工程 S09 标工程止水帷幕施工，止水帷幕设计钻孔灌注咬合桩，桩径 800mm，桩间相互咬合 200mm，桩长 15～21m，桩端持力层为微风化花岗岩，入持力层岩度不少于 1m。由于浮运航道坞门处为开山填海填筑，其分布 15～20m 的碎石填石层，且与海水连通，造成钻孔泥浆严重漏失难以成孔。为解决现场上部填石层的泥浆渗漏，现场先后进场全套管全回转钻机和旋挖钻机两种设备，全套管全回转钻采用冲抓斗钻进，捞渣斗清渣；旋挖钻机为解决垮孔和泥浆问题，采用接驳器驱动下放全护筒护壁钻进工艺。但总体两种施工工艺表现为钻进速度缓慢，单根桩通常超过 7 天，无法满足工期要求；同时，受填石层深厚、松散分布的影响，其咬合垂直度难以满足要求；另外，受海水及潮汐的影响，桩身混凝土灌注时直接影响混凝土质量，造成止水效果差。现场具体实施情况如图 3.4-1～图 3.4-4 所示。

综上所述，针对深厚填石层止水帷幕施工，现有的灌注桩成孔工艺存在诸多弊端，难以保证止水帷幕的效果，亟需一种新的施工方法解决深厚填石层成桩难、时间长、质量难以保证的问题。为此，通过专题开展技术研发，摸索出填石层自密实混凝土灌注桩止水帷幕潜孔锤跟管咬合施工工工艺，即采用大直径潜孔锤跟管分序钻进成孔，采用自密实低强度等级混凝土灌注成桩；经开挖、抽芯检测，结果完全满足设计要求，达到钻进效率高、成桩质量好、止水效果好的目的，取得了显著成效。现场潜孔锤钻机施工现场见图 3.4-5。

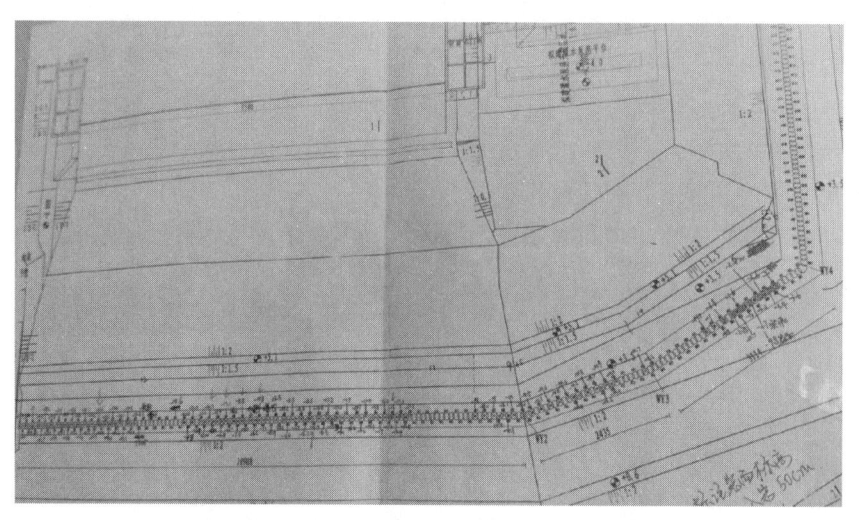

图 3.4-1　浮运航道坞门止水帷幕设计平面图

图 3.4-2　浮运航道坞门止水帷幕现场分布图

图 3.4-3　全套管全回转钻机施工

图 3.4-4　旋挖接驳器护筒护壁钻进

图 3.4-5 现场潜孔锤钻机施工现场

3.4.2 工艺特点

1. 成孔效率高

本工艺采用大直径潜孔锤填石层钻进破岩，大直径潜孔锤全断面能一次钻进到位，超大风压使得破碎的岩渣，一次性直接吹出孔外，减少了孔内岩渣的重复破碎，其成孔速度是旋挖钻进的5倍以上，大大加快了成孔速度。

2. 成桩质量好

本工艺采用全护筒跟管钻进，成孔孔型规则；全护筒护壁，桩身垂直度有保证，咬合效果好；同时，桩身混凝土采用自密实混凝土，其自流性强使得在护筒起拔后混凝土能更好地相互咬合紧密，其黏性大的特性使得其受海水的冲刷影响小，不易发生离析，桩身完整性好，质量有保证，帷幕止水效果好。

3. 综合成本低

本工艺采用潜孔锤跟管钻进和自密实混凝土，使得成桩灌注混凝土超灌量少节省大量材料费用；同时，采用低强度等级混凝土，节省了水泥用量，总体施工成本大大降低。

3.4.3 适用范围

适用于地层中存在大量的填石、孤石、硬质岩石的灌注桩施工；适用于桩径≤ϕ1000mm、桩长≤30m的灌注桩咬合桩施工；适用于桩径≤ϕ1200mm、桩长≤50m的灌注桩施工。

3.4.4 工艺原理

本工艺采用潜孔锤钻进工艺，通过发挥潜孔锤穿越填石、硬岩效率高的优势，解决深厚填石层传统灌注桩成孔工艺钻进难的问题；采用全护筒跟管钻进工艺，保证孔壁稳定，避免填石地层泥浆渗漏的问题；针对临海建设项目桩身混凝土灌注容易受到海水和潮汐侵蚀影响，造成桩身混凝土质量差的问题，改用自密实混凝土替代传统灌注桩水下混凝土，该混凝土黏度高，灌注后不易发生离析，能有效保障成桩质量。在实际施工过程中，每5条A序桩和5条B序桩划分为一个施工段，先连续完成5条A序桩的成孔和灌注施工，再进行相应的B序桩咬合成孔和灌注施工，实现有节奏的连续作业，进一步提高施工工效。

1. 深厚填石层潜孔锤钻进工艺原理

潜孔锤是以压缩空气作为动力，压缩空气由空气压缩机提供，经钻机、钻杆进入潜孔冲击器，推动潜孔锤工作，利用潜孔锤对钻头的往复冲击作用，来达到破碎岩石的目的，被破碎的岩屑随潜孔锤工作后排出的空气携带到地表，其特点是冲击频率高，低冲程，破碎的岩屑颗粒小，便于压缩空气携带，孔底清洁，岩屑在钻杆与套管间的间隙中上升过程中不容易形成堵塞，整体工作效率高。

填石层潜孔锤钻进见图 3.4-6，施工采用我司的两项专利技术，一是《引孔设备》实用新型专利，专利号：ZL 2013 2 0622206.9)；二是《潜孔锤全护筒灌注桩孔施工设备》实用新型专利，专利号：ZL 2013 2 0365744.4。

2. 潜孔锤跟管钻进工艺原理

（1）专用潜孔锤跟管钻头钻进

以直径 800mm 的咬合桩成孔为例，制作带有活动滑块的潜孔锤钻头，其底端直径为 760mm，在钻进成孔过程中，在高风压作用下锤底 4 个活动滑块侧向伸出，有效成孔直径可达 830mm，为全护筒跟管沉入提供足够的空间，活动滑块潜孔锤跟管钻头见图 3.4-7；《潜孔锤跟管钻头》为我司自有专利技术，发明专利号：ZL 2014 1 0849858.5。

图 3.4-6　填石层潜孔锤钻进实例

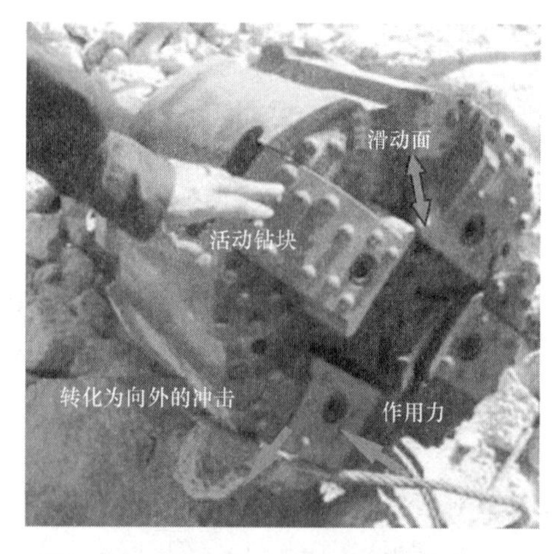

图 3.4-7　带活动滑块的潜孔锤跟管钻头

（2）潜孔锤管靴结构

定制一种环体的管靴结构，将其置于最底节全护筒的底部，管靴环体在护筒底部内环形成凸出结构，此凸出结构与潜孔锤体接触，形成跟管结构的一部分；管靴环体与钢护筒接触的外环面，管靴环体与护筒形成的坡口采用焊接工艺，将管靴环体与护筒结合成一体。《潜孔锤全护筒跟管钻进的管靴结构》为我司自有知识产权的专利产品，实用新型专利号：ZL 2014 2 0436322.6。

当全护筒套设在潜孔锤的外周后，管靴环体置于钻头外周，并且形成的凸出结构与钻头的凹陷结构配合，当潜孔锤全护筒跟管钻进的过程中，在凸出结构与凹陷结构的配合下，使全护筒与潜孔锤体接触，其不会脱离潜孔锤，而是始终保持与潜孔锤保持同步下沉，具体见图 3.4-8。

图 3.4-8 潜孔锤带动护筒同步沉入示意图

3. 自密实混凝土工艺原理

（1）自密实混凝土特性

该混凝土具备良好的填充性、高流动性，能够有效形成桩与桩之间的相互咬合，并渗透填石层内确保止水帷幕的效果。

该混凝土具有较高的黏度，良好的抗离析性和保塑性能力，其初凝时间为普通混凝土的一半，使其在灌注混凝土后不易离析，在重力作用下可自行密实，可避免遭受海水和潮汐侵蚀，成桩效果良好。

（2）自密实混凝土配比

本项目桩身混凝土自密实混凝土按质量计，配合比为：水泥 200～300kg，粉煤灰 80～150kg，矿粉 50～120kg，胶凝材料 380～480kg，水 80～120kg，其中，水灰比为 0.4～0.43。自密实混凝土具备适宜的黏度，黏度用混凝土的扩展度表示，控制在 500～700mm 范围内。自密实混凝土中粉体含量要有足够的数量，粗骨料采用 5～15mm 或 5～25mm 的粒径。

4. 灌注桩咬合工艺原理

（1）施工段划分

通过分析各施工机械的特点、成孔效率、混凝土凝结时间等主要因素，将连续的 5 条 A 序桩和 5 条 B 序桩划分为一个施工段，可实现施工生产效率最大化。具体见图 3.4-9。

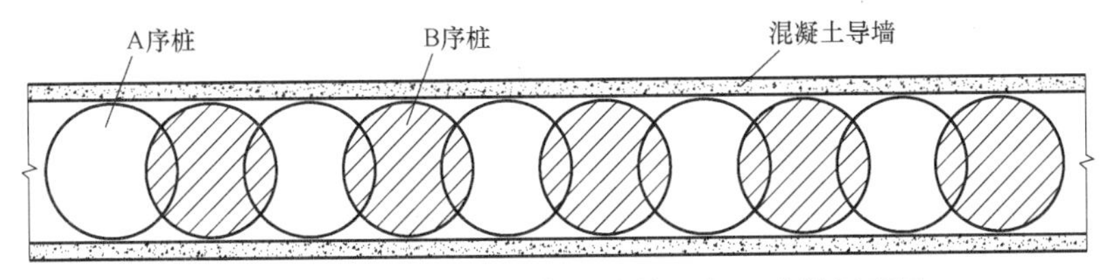

图 3.4-9 单个施工段 5 条 A 序桩 5 条 B 序桩示意图

（2）分二序咬合钻进

先完成单独一个施工段内5条A序桩成孔并统一灌注成桩，再将A序桩护筒全部拔出，等待A序桩混凝土终凝后组织依次进行该施工段内5条B序桩成孔作业，成孔完毕后统一灌注B序桩混凝土。具体见图3.4-10～图3.4-12。

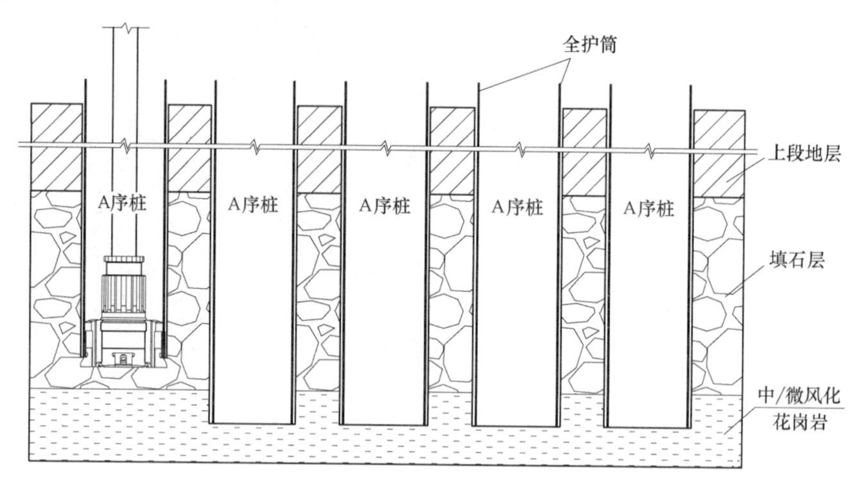

图3.4-10 单个施工段5条A序桩成孔施工示意图

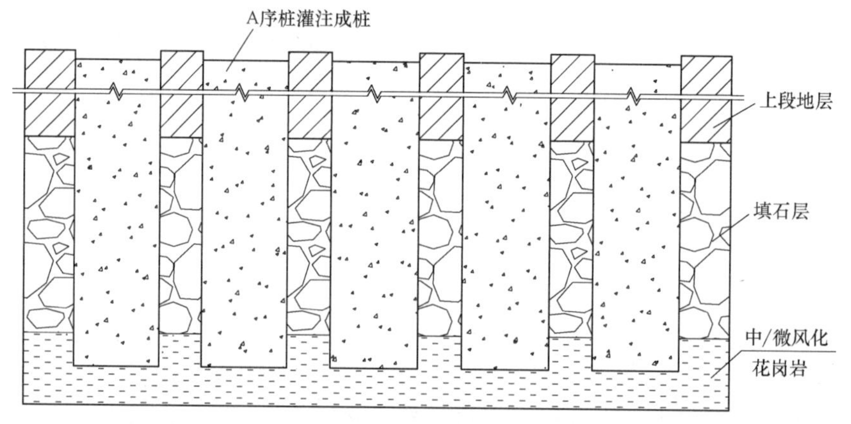

图3.4-11 单个施工段5条A序桩灌注成桩示意图

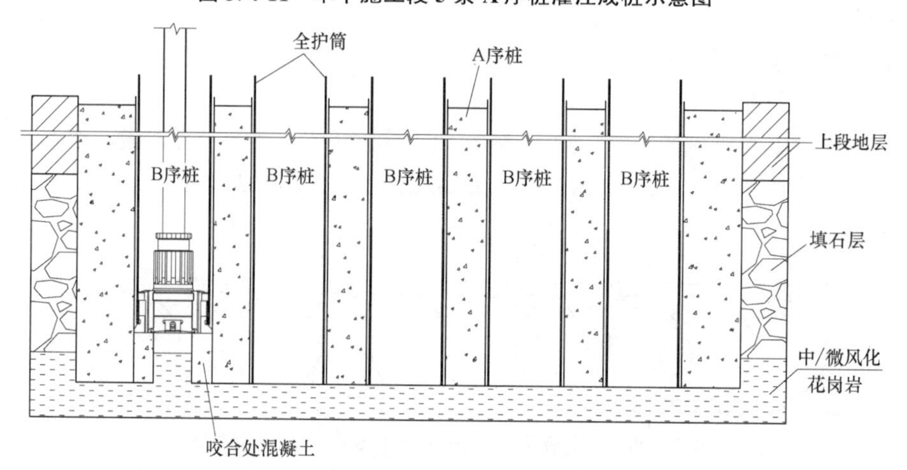

图3.4-12 单个施工段5条B序桩成孔施工示意图

图 3.4-13 咬合桩分序成孔施工

3.4.5 施工工艺流程

填石层自密实混凝土灌注桩止水帷幕潜孔锤跟管咬合施工工艺流程见图 3.4-14。

3.4.6 工序操作要点

1. 施工准备

(1) 场地平整，定位放线。桩孔现场定位见图 3.4-15。

(2) 施工设备及机具进场，包括潜孔钻机、起重机、挖掘机、振动锤、空压机、导墙模板、灌注导管等。

2. 导墙施工

(1) 导墙沟槽开挖：采用机械结合人工开挖施工。

(2) 钢筋绑扎：导槽钢筋按设计图纸加工、布置，经“三检”合格后，填写隐蔽工程验收单，报甲方、监理验收合格后进行下道工序施工。

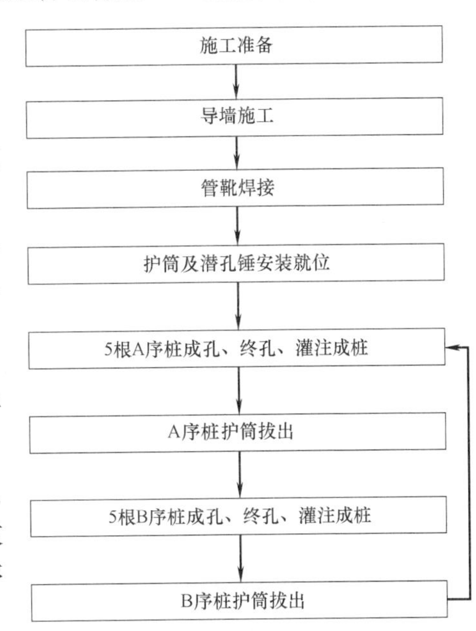

图 3.4-14 潜孔锤跟管咬合施工工艺流程图

(3) 模板施工：按照设计尺寸支模，模板加固采用钢管支撑，支撑间距不大于 1m，确保加固牢固，严防跑模，安装完毕进行隐蔽验收。

(4) 混凝土浇筑：导槽混凝土浇筑时两边对称交替进行，严防走模。

施工现场导墙见图 3.4-16。

3. 管靴焊接

(1) 管靴结构尺寸根据护筒及钻头尺寸进行选择，本工程使用内径 800mm、壁厚 10mm 护筒施工，选择管靴尺寸为：环体高度总高度 140mm、上环高度 70mm 且厚度 7mm；下环高度 70mm 且厚度 17mm，坡口宽度 10mm 且不小于 45°，管靴内径 786mm (小于护筒内径)、管靴外径 820mm (等于护筒外径)。

图 3.4-15　桩孔现场测量定位

图 3.4-16　施工现场导墙

（2）与管靴连接的护筒在进行焊接连接前，护筒的同心度对护筒的切割面和坡口方面的要求高。护筒在切割起吊后，需对切割口进行坡口处理。实际施工过程中采用专用的管道切割机，自动对护筒接口进行切割处理，确保护筒口平顺圆正，以保证管靴与护筒处于同一个同心圆；切割形成的坡口，可保证孔口焊接时的焊缝填埋饱满，有利于保证焊接质量。

（3）清除焊接坡口、周边的防锈漆和杂物，焊接口预热。

（4）管靴插入护筒内，焊接在护筒的两侧对称同时焊接，以减少焊接变形和残余应力；同时，对焊接位置进行清理，保证干净、平整。现场焊接管靴见图 3.4-17。

4. 护筒及潜孔锤安装就位

（1）用吊车分别将护筒和钻具吊至孔位，调整桩架位置，确保钻杆轴线、护筒中心点、潜孔锤中心点“三点一线”；护筒安放就位时，垂直度可采用测量仪器控制，也可利用相互垂直的两个方向吊垂直线的方式监控。

（2）正式施工前，检查潜孔锤空压机、储气罐、油雾器、钻杆、钻头等管路连接，具体见图 3.4-18。

图 3.4-17　现场焊接管靴

图 3.4-18　潜孔锤高风压现场施工管路布置

5. 潜孔锤跟管咬合钻进成孔、终孔

（1）根据潜孔锤成孔速度快的特性，为了便于各工序有序衔接，可将连续的 5 条 A 序桩和 5 条 B 序桩划分为一个施工段，先连续完成槽段内 5 条 A 序桩施工，再进行同槽段 B 序桩施工。

（2）开钻前，对桩位、护筒垂直度进行检验，合格后即可开始钻进作业。

（3）先将钻具（潜孔锤钻头、钻杆）提离孔底 20～30cm，开动空压机、钻具上方的回转电机，待护筒口出风时，将钻头轻轻放至孔底，开始潜孔锤钻进作业。钻进作业参数见表 3.4-1。

钻进作业参数表 **表 3.4-1**

钻　压	钻具自重
风　量	20～60m^3/min
风　压	1.0～2.5MPa
钻　数	5～13rpm

（4）潜孔锤由三台空压机启动，潜孔锤眼管钻头其底部的四个均布的活动钻块外扩并超出护筒直径，随着破碎的渣土或岩屑吹出孔外，护筒紧随潜孔锤跟管下沉，进行有效护壁。潜孔锤跟管钻头见图 3.4-19，钻进高风压钻进管路布设见图 3.4-20。

图 3.4-19　潜孔锤跟管钻头

图 3.4-20　现场潜孔锤空压机

（5）钻进过程中，从护筒与钻具之间间隙返出大量钻渣，并堆积在孔口附近；当堆积一定高度时，及时进行清理。潜孔锤跟管钻进成孔、终孔见图 3.4-21、图 3.4-22。

（6）施工 B 序桩前，确保其两侧相邻 A 序桩终凝，按施工经验，一般在成桩后 24 小时左右进行。全护筒护壁桩孔见图 3.4-23。

6. 安放灌注导管

（1）选用直径 200mm 的灌注导管，下导管前对每节导管进行密封性检查，第一次使用时需做密封水压试验。

（2）根据孔深确定配管长度，导管底部距离孔底 30～50mm。

（3）导管连接时，安放密封圈，上紧拧牢，保证导管的密封性，防止渗漏。灌注导管安装见图 3.4-24。

图 3.4-21　潜孔锤跟管钻进成孔

图 3.4-22　A序桩终孔后测绳测量孔深

图 3.4-23　全护筒护壁桩孔

图 3.4-24　灌注导管安放

7. 灌注混凝土成桩

（1）为保证混凝土初灌导管埋深在0.8～1.0m，根据桩径选用1.5m^3的初灌料斗，加2m^3的吊灌斗。

（2）灌注过程中，经常用测锤监测混凝土上升高度，适时提升拆卸导管，导管埋深控制在4～6m，灌注保持连续进行，以免发生堵管，造成灌注质量事故。

（3）在混凝土灌注时，将混凝土面灌至超出标顶设计标高80cm。

（4）灌注混凝土采用数根桩连续进行。混凝土灌注见图 3.4-25、图 3.4-26，灌注成桩三天后开挖成桩效果见图 3.4-27。

图 3.4-25 采用吊灌法完成初灌

图 3.4-26 连续灌注成桩

8. 振动锤起拔护筒

（1）振动锤型号根据护筒长度，选择激振力 50t 的单夹持振动锤作业，灌注完成后及时起拔护筒，具体见图 3.4-28。

图 3.4-27 开挖后成桩效果

图 3.4-28 起拔护筒的单夹持振动锤

（2）护筒上拔后，混凝土会向填石四周扩渗，造成护筒内混凝土面下降，此时及时向护筒内补充相应量的混凝土，并控制好埋管深度。

3.4.7 机具设备

本工艺所涉及的机械、设备主要有潜孔锤钻机、起重机、空压机等，详细参数见表 3.4-2。

主要机械设备配置表 表3.4-2

名称	型号	数量	备注
潜孔锤桩机	专用设备	1台	成孔施工
空压机	XHP90	3台	提供潜孔锤动力
储气罐	—	1台	储压送风
振动锤	450型单夹持振动锤	1台	拔出护筒
履带式起重机	100t	1台	吊运机具
汽车式起重机	25t	1台	灌注混凝土
灌注导管	ϕ200mm	60m	灌注混凝土
电焊机	BX1	3台	焊接护筒
管道切割机	CG2-11C	1台	切割护筒
挖掘机	CAT20	1台	平整场地

3.4.8 质量控制

1. 潜孔锤钻进

（1）基准轴线的控制点和水准点设在不受施工影响的位置，经复核后妥善保护。

（2）桩位测量由专业测量工程师操作，并做好复核，桩位定位后报监理工程师验收。

（3）成孔过程中实时监测钻杆垂直度，保证成孔垂直度。

（4）终孔后进行自检，并经监理工程师验收后进行下道工序施工。

（5）B序桩施工前确保其两侧的A序桩已终凝。

2. 灌注混凝土成桩

（1）清孔完成后，尽快缩短灌注混凝土的准备时间，及时进行初灌，防止时间过长造成孔内沉渣超标。

（2）检查灌注导管密封性，防止漏气影响桩身质量。

（3）灌注桩身混凝土采用分批灌注的方法，保持连续紧凑，做好混凝土材料的及时供应。

（4）混凝土到达现场后，进行坍落度检测。

（5）灌注混凝土后，起拔护筒过程中，桩身混凝土面出现下沉及时组织补灌，保证有效桩长。

（6）按规范要求留置混凝土试件。

3.4.9 安全措施

1. 潜孔锤钻进

（1）机械设备操作人员经过专业培训，熟练机械操作性能，经专业管理部门考核取得操作证后上机操作。

（2）作业前，检查机具的紧固性，不得在螺栓松动或缺失状态下启动；作业中，保持钻机液压系统处于良好的润滑。

（3）空压机管路中的接头，采用专门的连接装置，并将所要连接的气管（或设备）用细钢丝或粗铁丝相连，以防冲脱摆动伤人。

（4）钻杆接长、护筒焊接时，需要操作人员登高作业，要求现场操作人员做好个人安全防护，系好安全带；电焊、氧焊特种人员佩戴专门的防护用具。

（5）潜孔锤作业时，孔口岩屑、岩渣扩散范围大，孔口清理人员佩戴防护镜和防护罩，防止孔内吹出岩屑伤害眼睛和皮肤。

（6）暴雨时，停止现场施工；台风来临时，做好现场安全防护措施，将桩架固定或放下，确保现场安全。

（7）现场用电由专业电工操作，持证上岗。

（8）当钻机移位时，施工作业面保持基本平整，设专人现场统一指挥，无关人员撤离作业现场，避免发生桩机倾倒伤人事故。

2. 灌注混凝土成桩

（1）混凝土灌注施工中，制定合理的作业程序和机械车辆走行路线，现场设专人指挥、调度，并设立明显标志，防止相互干扰碰撞，机械作业留有安全距离，确保协调、安全施工。

（2）灌注混凝土时采用的提升设备，经全面检查确认安全后方可施工。

（3）孔口料斗牢固固定于孔口，不得有晃动、摇摆等现象，放料人员准确对准孔口料斗放料。

（4）夜间灌注混凝土时，需拉设临时照明灯。

（5）对已施工完成的钻孔，采用孔口覆盖、回填泥土等方式进行防护，防止人员落入孔洞受伤。

3.5　限高区基坑咬合桩硬岩全回转与潜孔锤组合钻进技术

3.5.1　引言

在临近地铁高架桥限高区域进行基坑支护咬合桩施工时，一般采用低桩架的小功率旋挖机、冲孔桩机或全套管全回转钻机。但小功率旋挖机钻孔深度一般30m，难以满足深孔施工要求，而深度较大的旋挖咬合施工，其在桩孔下部的垂直度控制难度大，容易在底部处出开叉漏水。而冲孔桩机施工时会产生大量的泥浆，且在硬岩中钻进施工效率低，既不经济又不环保。对于全回转钻机施工咬合桩时，采用全套管护壁钻进，桩孔垂直度易于控制，咬合质量好；但对于较深厚的硬岩钻进，全回转采用冲抓斗破岩、捞渣斗捞渣，或采用旋挖钻机配合套管内入岩钻进，均表现出破岩效果差、总体钻进进度慢。

布吉站是深圳市城市轨道交通14号线工程的第4个车站，为地下三层岛式换乘车站，车站基坑位于布吉龙岗大道下，紧邻深圳东站和龙岗高架桥。场地地层主要素填土、填砂层、粉质黏土、砾砂、圆砾，下层岩层为角岩。布吉站主体结构采用明挖法施工，主体围护结构外围周长约562m，标准段基坑宽度为22.3mm、深度为26.6m；小里程端盾构井段基坑宽度24.96m、深度27.9m，大里程端盾构井段基坑宽度为25.8m、深度为27.6m。主体基坑围护结构采用咬合桩＋内支撑的支护形式，咬合桩荤桩直径按不同位置设计为1.0m、1.2m、1.4m，素桩直径1.0m，最大咬合桩深约35m，部分咬合桩入中、微风化角岩超过

10m，中等风化角岩实测饱和单轴抗压强度值平均值 49.3MPa、微风化角岩平均值 104.9MPa。该项目基坑围护结构外轮廓距离地铁3号线高架桥桥桩最小净距约 0.8m，且最低施工净空只有 9m。基坑支护施工的重难点，在于超低净空施工、入硬岩钻进，以及施工区域的环境、噪声、安全、文明、卫生等要求高。现场周边环境条件见图 3.5-1。

图 3.5-1　布吉站主体结构基坑施工现场环境条件

针对上述问题，根据项目现场的环境条件、基坑支护设计、施工要求等，现场采用了一种限高区基坑咬合桩硬岩全回转与潜孔锤组合钻进施工技术，即在土层段采用全回转钻机全套管护壁施工，钻进至硬岩面后，硬岩段采用经改制的低桩架大直径潜孔锤钻进，并在孔口设置自制的钻渣收纳箱，既克服了施工高度的限制又解决了土层、硬岩钻进和护壁存在的困难，现场文明施工形象也得到提升。

3.5.2　工艺特点

1. 适应能力强

本工艺实施全套管全回转与潜孔锤组合工序钻进，全回转采用短节套管连接、大吨位吊车配合，潜孔锤桩架进行低净空改造、六方接头连接，钢筋笼采用短节、孔口套筒连接，整体适应能力强，完全满足低净空条件下的施工。

2. 硬岩钻进效率高

本工艺采用低净空潜孔锤钻进，其特有的桩架高度结构设计，使其在满足了环境限制的同时，发挥出潜孔锤在硬质岩层中钻进的技术优势，大大加快成孔效率。

3. 成桩质量保证

本工艺采用上部土层段全套管护壁，能有效防止孔内流砂、塌孔等现象，避免了混凝土浪费，使得成桩质量得到保证；同时，全套管使第二序次施工的咬合桩在已有的第一序次的两桩间实施切割咬合，能保证桩间紧密咬合，形成良好的整体连续结构，完全起到止水作用。

4. 绿色施工

本工艺在孔口专门设置配套的钻渣收集箱，减少了施工过程产生的钻渣、岩屑、粉尘、泥浆的污染，满足了绿色施工的要求。

3.5.3　适用范围

（1）限高区 9m 范围的基础工程施工。

（2）基坑支护咬合桩或灌注桩硬岩成孔施工。

（3）直径 1200mm 及以下桩径的灌注桩硬岩潜孔锤钻进施工。

3.5.4　工艺原理

1. 限高区作业原理

在限高区环境条件下，全部采用低净空限制条件下的施工工艺，主要内容包括：全回转钻机短节套管土层钻进、低桩架潜孔锤破岩、短节钢筋笼连接等。

（1）全回转钻机短节套管土层钻进

限高区作业环境高度受限，而全回转钻机机身高度一般为 3.2～3.5m，影响全回转钻机正常作业的因素主要为套管的单节长度，套管的单节长度决定了全回转钻机作业高度。为此，本工艺全部采用订制的 2m 左右短节套管配置，孔口螺栓固定，降低全回转钻进的套管作业高度，使原本受高度限制较小的全回转钻机更加适合在限高区环境作业。具体见图 3.5-2、图 3.5-3。

图 3.5-2　全回转钻进短节套管

（2）低桩架潜孔锤钻机及短节钻杆

本工艺所采用的钻机原桅杆高度为 28m，根据限高区施工场地对桅杆高度进行调整，调整后桅杆高度约 8m，钻机其余结构保持不变，具体潜孔锤钻机改造前后情况见图 3.5-4、图 3.5-5。

（3）潜孔锤钻进短节六方接头钻杆

本工艺采用六方接头连接分段短节钻杆，实现钻杆长度有效延伸，达到满足成孔深度要求的施工效果。钻杆采用单节长度为 2～4m 一节的短节钻杆，通过钻杆接长可以实现成孔深度不受限制，见图 3.5-6；钻杆接头采用六方子母套接接头，辅以两根固定插销完成接长，潜孔锤钻杆六方接头结构示意见图 3.5-7；套接完成后基本不留缝隙，可有效减少接头处磨损，保证其具有足够的刚度，有效传递钻进扭矩，潜孔锤钻杆连接方式具体见

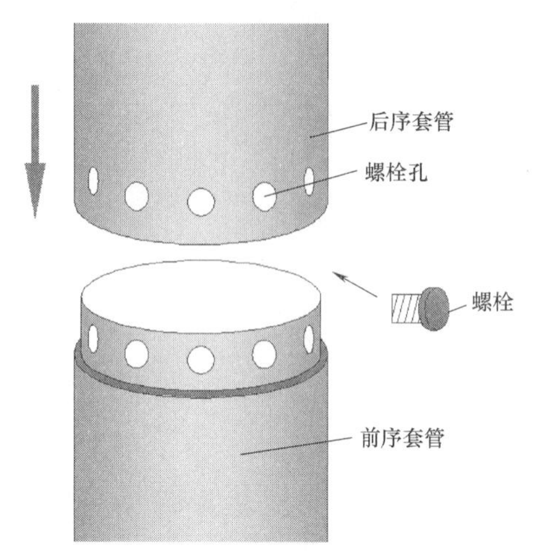

图 3.5-3　全回转钻机螺栓固定连接套管示意图

图 3.5-8。

（4）短节钢筋笼连接

受限于限高区的高度限制，钢筋笼的单根长度需减小，以便吊装作业时满足限高要求。限高作业区的吊车采用履带式起重机，该类起重机的大臂由数根桅杆组装而成，只需拆卸一定数量的桅杆便可改装成为低净空作业专用吊车，具体见图 3.5-9、图 3.5-10；短节 4m 左右的钢筋笼，经低净空作业吊车吊运至孔口，逐节进行孔口对接完成钢筋笼的安装。短节钢筋笼见图 3.5-11。

图 3.5-4　改进前的高桩架 SWSD 系列多功能潜孔锤钻机

图 3.5-5　改造后的低桩架潜孔锤钻机

图 3.5-6　潜孔锤短节钻杆

图 3.5-7　潜孔锤钻杆六方子母套接接头

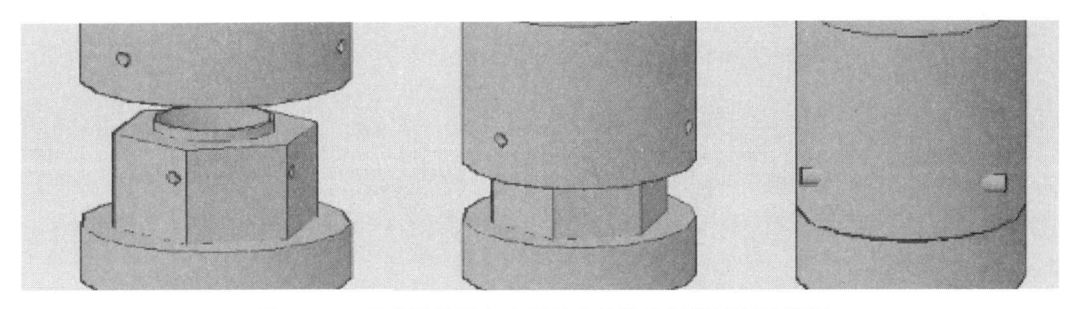

图 3.5-8 潜孔锤钻杆六方子母套接接头插销固定示意图

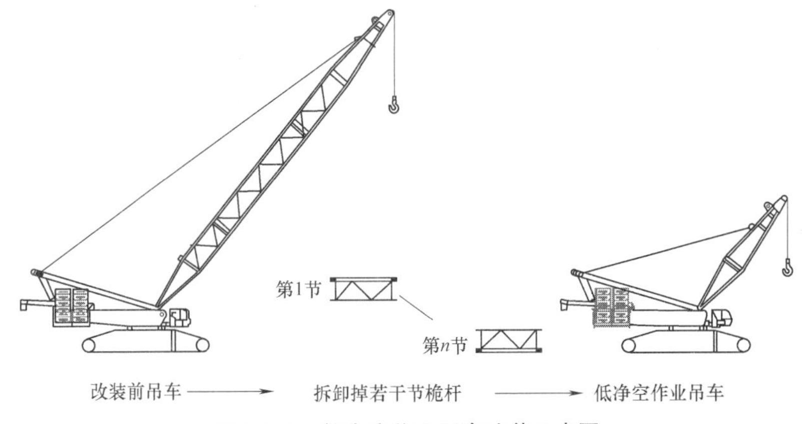

图 3.5-9 低净空作业吊车改装示意图

图 3.5-10 低净空作业吊车现场作业

图 3.5-11 短节钢筋笼

2. 全回转钻机土层钻进及潜孔锤破岩钻进原理

(1) 全回转钻机土层钻进

全套管全回转钻进是利用钻机具有的强大扭矩驱动钢套管钻进，利用套管底部的高强管事化刀头对土体进行切割，并利用全回转钻机下压功能将套管下压，同时采用冲抓斗挖掘并将套管内的渣土掏出，并始终保持套管底超出开挖面，这样套管钻进同时成为钢护筒全过程护壁。全回转钻机钻进过程见图 3.5-12～图 3.5-15。

图 3.5-12　钻机就位、套管吊装

图 3.5-13　回转钻机、下压套管

图 3.5-14　冲抓斗抓取套管内渣土

图 3.5-15　全回转钻土层段全套管护壁

本工艺采用全回转钻机施工至岩面后，吊离全回转钻机；埋设在孔中的套管对土层孔段形成了良好的护壁，能有效地阻隔后序潜孔锤施工时高风压对孔壁造成的冲刷。由于套管壁厚刚性强，钻进时垂直度易于控制。

（2）潜孔锤破岩钻进原理

潜孔锤钻头在高风压、超高频率振动下凿岩钻进，潜孔锤底部的岩层发生破碎，由局部破碎形成全断面的逐层破碎，破碎的岩渣由高风压气体携带出孔，避免重复破碎，使得岩石的破碎钻进效率更高。本工艺利用潜孔锤破岩对扭矩、回转速度以及轴心压力较低的特点，采用小型机械设备与其搭配，降低机械设备的改装难度。

3. 咬合桩全回转与潜孔锤组合钻进原理

（1）工序安排

土层采用全回转钻机全套管护壁钻进，至基岩面后移开全回转钻机，潜孔锤桩机就位入岩钻进；潜孔锤完成入岩钻进后，进行清孔、下入钢筋笼、灌注导管、灌注桩身混凝土成桩，最后采用拔管机起拔套管。

（2）分序施工

咬合桩成孔钻进分两序施工，先施工素混凝土桩（A序桩），完成灌注混凝土后，再对需安装钢筋笼的荤桩（B序桩）进行成孔灌注。以布吉站A序桩桩径1000mm、B序桩桩径1200mm为例，施工顺序为A1→A2→B1→A3→B2→A4，以此类推。具体施工顺序见图3.5-16～图3.5-19。

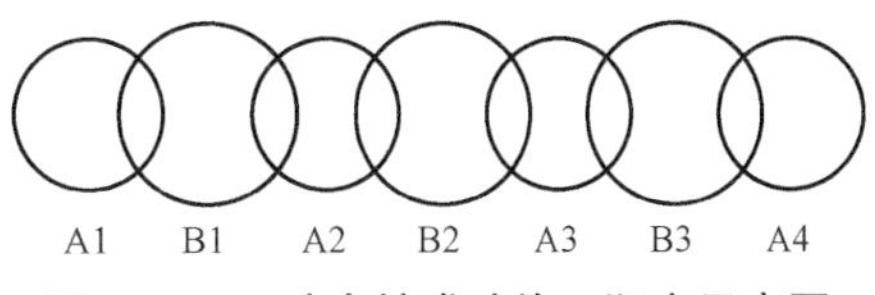

图3.5-16 咬合桩成孔施工顺序示意图

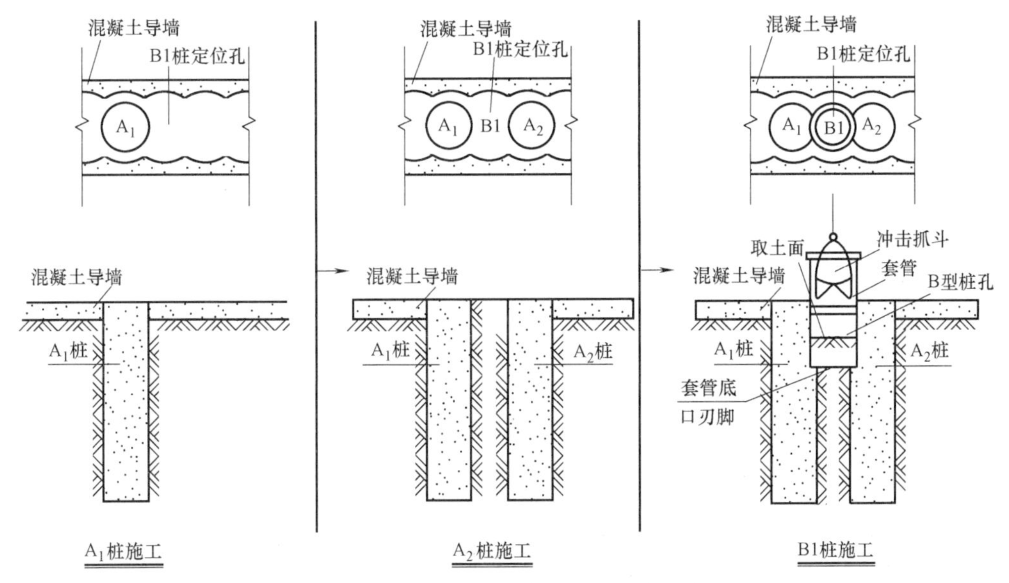

图3.5-17 咬合桩成孔施工剖面顺序示意图

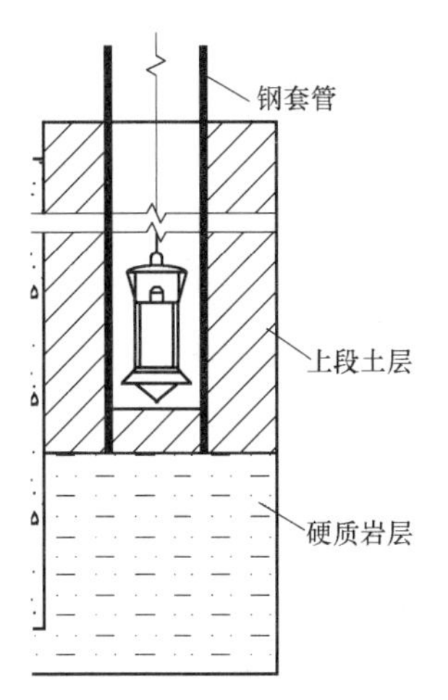

图3.5-18 上段土层冲抓取土成孔

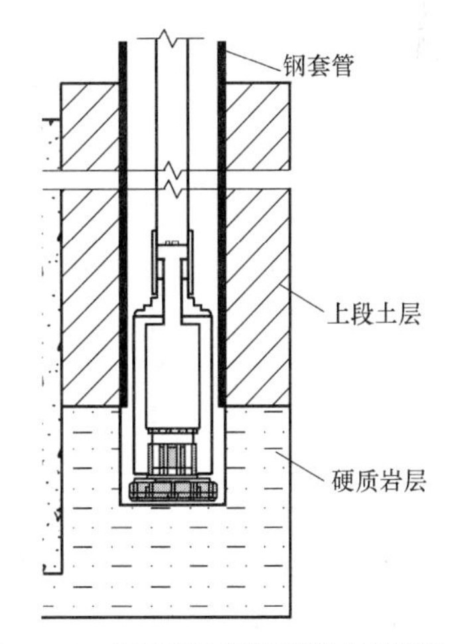

图3.5-19 下部硬质岩层潜孔锤钻进成孔

3.5.5 施工工艺流程

1. 咬合桩施工工艺流程

咬合桩施工工艺流程见图3.5-20。

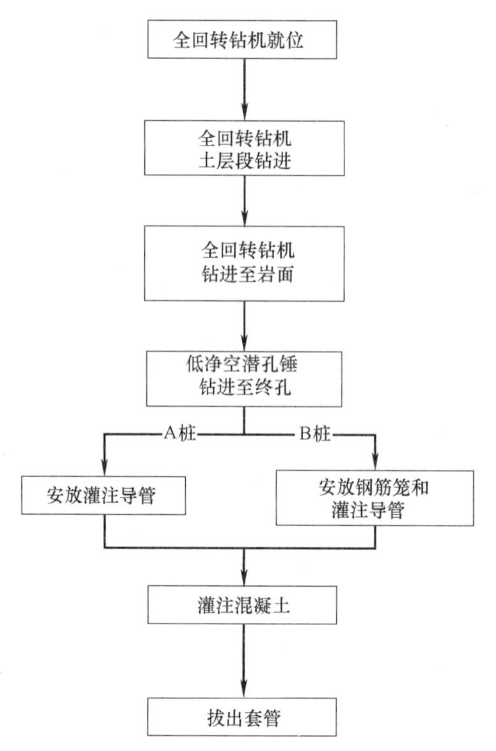

图 3.5-20　咬合桩全回转与潜孔锤组合施工工艺流程图

2. 咬合桩施工现场操作工艺流程

咬合桩素桩、荤桩施工现场操作工艺流程见图 3.5-21、图 3.5-22。

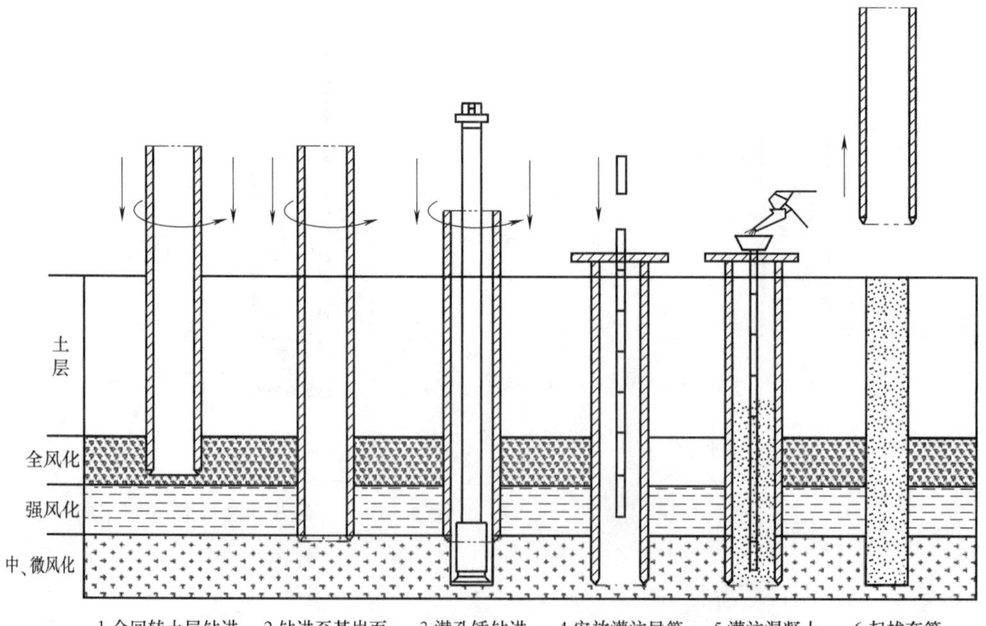

图 3.5-21　潜孔锤硬岩钻进素桩（A）施工工艺操作流程示意图

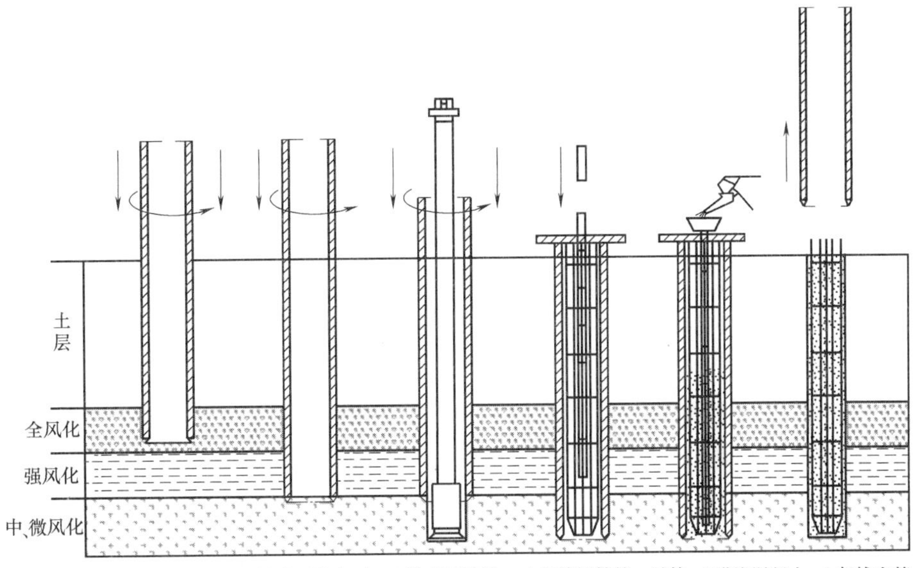

图 3.5-22 潜孔锤硬岩钻进荤桩（B）施工工艺操作流程示意图

3.5.6 工序操作要点

1. 全套管全回转钻机就位

（1）清除地表杂物，填平碾压地凹面，使场地平整达到设计作业面标高，并对场地硬地化处理。

（2）桩孔测量定位：采用全站仪对施工桩位中心点进行放样，从桩位中心点引出四个方向上的十字交叉点，便于后续工序对桩位的复核；施工过程中，对控制点进行保护。

（3）制作导墙：根据设计图纸提供的坐标（考虑相关因素影响的外放量）放出桩孔位置；开挖完成后，计算排桩中心线坐标，采用全站仪根据地面导线控制点进行实地放样，并做好护桩，作为导墙施工的控制中线，并报监理复核。

（4）钻机就位：全回转钻机移动时，由专人指挥吊放；吊车相应改装为满足低净空环境下的施工要求，确保吊放时安全、稳定；当吊车能力不足时，采用多机、多吊点作业，确保起吊安全。钻机就位见图 3.5-23。

图 3.5-23 全套管全回转钻机就位

（5）全套管全回转钻机就位对中：先将基板吊至桩位并桩位中心点对中，随后起吊全回转钻机至基板定位槽中，实现钻机对中；钻机配置的液压动力站，吊放在导墙外平整场地附近。

（6）护壁套管选择：根据项目限高特点对套管长度进行配置，单根套管最长长度不宜超过限高的1/2，为满足施工要求，采用单节1.0m、2.0m、3.0m的短钢套管合理进行搭配钻进，见图3.5-24。

图3.5-24　全回转钻进短节钢套管

2. 全回转钻机土层段钻进

（1）压入第一节套管：采用低桅杆履带式吊车吊起钢套管，进行第一节套管的安装；第一节套管的施工效果是影响桩基垂直度的主要因素，因此先压入带高强度合金刀头的第一节套管；下压过程中，从X及Y两个轴线方向，利用吊线锤配合经纬仪或全站仪观测套管垂直度，若出现偏斜现象，可通过调整全回转钻机支腿油缸来进行纠偏，调整完成应采用经纬仪或全站仪进行复核。具体见图3.5-25。

（2）冲抓取土成孔、套管跟进：土层钻进中，全回转钻进采用边回转边冲抓取土的方式取土，套管超前钻进1.5m以上，防止桩周土层坍塌，具体见图3.5-26、图3.5-27；套管长度钻进完成后，采用吊车吊放后序套管与前序套管进行对接，两者通过旋转使前序套管顶部的螺栓孔与后序套管的螺栓孔重合，采用螺栓对螺栓孔进行固定，实现套管的连接，具体见图3.5-28、图3.5-29。

3. 全回转钻机钻进至岩面

（1）当土层钻进至一定深度时，根据地质情况估算套管底部到岩面的距离，合理安装适当长度的套管，避免套管到达基岩面时，套管长度不够或露出太多导致后序工作不便施工。

（2）土层钻进完成遇基岩时，则暂停钻进，采用低净空作业吊车将全套管回转钻机吊离桩位。

4. 低净空潜孔锤钻进至终孔

（1）潜孔锤桩机就位：动力输出装置采用SWSD2512钻机，改装后整机高度为8m。具体见图3.5-30、图3.5-31。

图 3.5-25 第一节套管安装完成

图 3.5-26 土层段全回转钻机冲抓取土

图 3.5-27 土层段全回转钻机冲抓取土

图 3.5-28 短套管孔口接长

图 3.5-29 全回转钻机通过螺栓固定连接套管

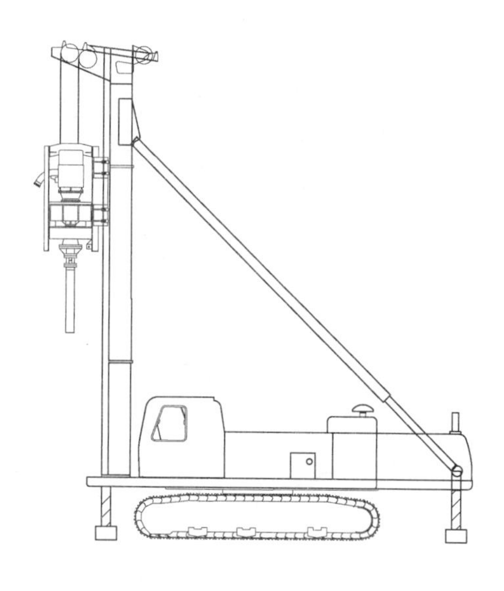

图 3.5-30　改装后的潜孔锤钻机机架

图 3.5-31　潜孔锤钻机就位

（2）安装潜孔锤：采用吊车将潜孔锤移至钻机旁便于安装处，提升钻杆，使其下方的六方接头与潜孔锤上方的六方接头对准，再下放，插入上下两根插销固定。直径 120mm 的咬合桩，潜孔锤选用“深圳市晟辉机械有限公司”生产的直径 1000mm 的潜孔锤，具体见图 3.5-32、图 3.5-33。

（3）下放潜孔锤：由于潜孔锤锤头较大，仅比套管内径小 10mm，在下放潜孔锤时，施工员在孔口进行指挥，具体见图 3.5-34。

（4）潜孔锤钻进：开始钻进时，先将钻具提离孔底 20～30cm，开动空压机及钻具上方的回转电机，待护筒口出风时，将钻具轻轻放至孔底，开始低净空潜孔锤钻进。潜孔锤现场钻进见图 3.5-35。

图 3.5-32　潜孔锤与机架连接

图 3.5-33　晟辉 SH 直径 1000mm 潜孔锤钻头

图 3.5-34　桥下潜孔锤作业专人指挥吊放潜孔锤

图 3.5-35　潜孔锤入岩钻进

（5）潜孔锤接长钻杆：当潜孔锤钻杆钻进下沉至孔口约 1.0m 左右时，需将钻杆接长；此时，将钻机与潜孔锤钻杆分离，钻机稍稍让出孔口，先将钻杆接长，钻杆接头采用六方键槽套接连接，当上下两节钻杆套接到位后，再插入定位销固定；潜孔锤短接钻杆现场对接具体见图 3.5-36、图 3.5-37。

（6）硬岩钻进至孔底：低净空潜孔锤钻进过程中，高风压携带钻渣通过钢护筒间的空隙上返，直至排出孔外，孔口设置专门的集纳箱收集岩渣，具体见图 3.5-38。

5. 安放钢筋笼及灌注导管

（1）因施工限高条件限制，无法实现一次性钢筋笼吊装，根据现场实际情况分段吊装入孔的施工方法，在孔口通过套筒连接实现各段钢筋笼的连接。

（2）钢筋笼连接完成后，吊装时对准孔位，吊直扶稳，缓慢下放到位。

（3）混凝土灌注导管选择直径 300mm 导管，安放导管前对每节导管进行检查，第一次使用时需做密封水压试验；导管连接部位加密封圈及涂抹黄油，确保密封可靠，导管底部离孔底 300～500mm；导管下入时，调接搭配好导管长度，具体见图 3.5-39。

图 3.5-36　潜孔锤短接钻杆现场对接起吊钻杆

图 3.5-37　潜孔锤钻杆孔口对接完成

6. 灌注桩身混凝土和拔出套管

（1）灌注导管安放完成后，进行孔底沉渣测量，如满足要求则进行水下混凝土灌注；如孔底沉渣厚度超标，则采用气举反循环二次清孔。

（2）桩身混凝土采用水下商品混凝土，坍落度 180～220mm，本项目采用料斗灌注法进行混凝土灌注，初始灌注为确保混凝土埋管 0.8m 的要求，一次性灌注 2～3m^3 混凝土；灌注混凝土过程中，上下提动料斗和导管，以便管内混凝土能顺利下入孔内，直至灌注混凝土至设计桩顶标高位置超灌 0.8～1.0m。灌注桩身混凝土具体见图 3.5-40。

图 3.5-38 潜孔锤入岩钻进岩渣上返至孔口收纳箱

图 3.5-39 短节钢筋笼

(3) 本项目管采用专门制作的套管起拔机起拔，起拔时采用夹具夹紧套管，利用四个油缸持续的向上顶力将套管缓慢拔出，并重复上下往返操作，每次起拔高度约 50～75cm。起拔机起拔套管见图 3.5-41。

图 3.5-40 咬合桩灌注桩身混凝土

图 3.5-41 护壁套管专门拔管机起拔过程

3.5.7 机具设备

1. 机具

本工艺所用材料及器具主要为水泥、钢筋、混凝土及套管、冲抓斗、灌注料斗、导管等。

2. 配套设备

本工艺现场施工主要机械设备配置见表 3.5-1。

主要机械设备配置表　　表3.5-1

机械、设备名称	型　号	功用
挖掘机	PC200	场地清理、渣土转运
全套管回转钻机	DTR2106H	土层钻进
履带起重机	三一90t	吊装
多功能潜孔锤钻机	SWSD2512	潜孔锤施工桩架
潜孔锤钻头	TH系列大口径	岩层钻进
空压机	DSR-100A	高压气体输出
储气罐	Y180M-4	高压气体临时存储
起拔机	自制	套管灌注混凝土后起拔

3.5.8　质量控制

1. 工序质量控制

（1）施工技术交底：建立规范的分级技术质量交底制度。技术负责人对项目责任师和分包管理人员进行交底，责任师和分包管理人员对班组进行交底，班组对作业人员进行交底。施工管理人员及作业人员按操作规程、作业指导书和技术交底进行施工。

（2）工序的检验和试验应符合规定，对查出质量缺陷按不合格品控制程序及时处理。

（3）工序检验严格按照三检制和报验制度执行，工序质量符合国家标准和图纸要求。

2. 全回转钻进垂直度控制

（1）在套管四周选取两个相互垂直的方向（X 及 Y 两个轴线方向），采用测锤配合经纬仪不断校核套管的垂直度，发现偏斜现象立即处理。

（2）上述垂直度检测工序贯穿整个成孔过程，同时在每一节套管对接前，需要用直尺及线锤进行孔内垂直度检查，检测合格并做好记录方可进行下节套管对接。

（3）垂直度如出现偏，及时进行纠偏，主要纠偏措施：起始入土时（5m左右），若出现轻微偏斜现象可通过升降全套管全回转钻机四个支腿油缸调整套管垂直度；入土深度过深时，通过调节全套管全回转钻机支腿油缸已无法进行垂直度调整，此时进行管内回填，一边回填一边起拔套管，将套管起拔至上次检查垂直度合格位置，调整套管垂直后，重新下压施工。

3. 潜孔锤破岩成孔质量控制

（1）供气装置与施工钻机的距离控制在100m范围内，以避免压力及气量下降。

（2）破岩成孔过程中，定期对潜孔锤锤身外壁进行检查，检查是否存在某个局部位置有相对严重磨损现象。

（3）受全套管的影响，潜孔主要破岩直径比土层段稍小，施工前应设计复核。

4. 钢筋笼安装质量

（1）在吊装钢筋笼前，对钢筋笼进行检查，检查内容包括长度、直径、焊点等，完成检查后可开始吊装；吊装采用双钩多点缓慢起吊，严防钢筋笼变形。

（2）成孔检查合格后，进行安放钢筋笼工作；钢筋笼采用吊车吊入桩孔内就位；筋笼吊运时防止扭转、弯曲，缓慢下放，避免碰撞钢护筒壁。

（3）钢筋笼就位后进行固定。

5. 灌注桩身混凝土

（1）利用水下导管灌注，导管口距混凝土上升面的高度保持在2m以内，施工中保持连续灌注。

（2）混凝土采用商品混凝土，每罐混凝土到场后进行坍落度检测，符合要求后进行灌注。

（3）灌注时，提前预计上部护筒拔出后混凝土面下降的高度，混凝土实际灌注标高比设计超灌高度高出10～30cm，视钢护筒厚度和埋设长度而定。

3.5.9　安全措施

1. 受限区域施工

（1）吊车操作手听从司索工指挥，在确认区域内无关人员全部退场后，由司索工发出信号，开始钢筋笼吊装作业，提升或下降要平稳，避免紧急制动或冲击。

（2）吊车由于起吊高度低，当吊重物时严禁超负载起吊。

（3）对于在地铁高架桥下施工，在桥身限高位置贴案例警示标识，具体见图3.5-42。

图3.5-42　地铁高架桥上安全标识

（4）侧向受限安全保护区域，设置醒目的反光标识和防撞轮胎，时时提醒注意操作安全，防止发生碰撞，并设置相应的自动报警装置，确保地铁安全运营。具体见图3.5-43、图3.5-44。

图3.5-43　反光安全标识和自动报警装置

2. 潜孔锤钻进

（1）空压机组和施工班组操作人员提前30min交接班，认真做好开机前的准备工作，携带齐工具，检查机器各部位性能是否良好及各种零部件是否完好，机油是否到位，检查电压、电流是否正常。

图 3.5-44　反光安全标识、桥墩下部防撞轮胎

（2）空压机严格按操作流程作业，做好开机准备工作，包括：首先关闭空压机的进气阀和压风管道的闸阀，然后起动机器；此时注意听机器运转的声音是否正常，若发现异常应立即停机检查；若无异常，此时缓慢打开空压机进气阀，机器开始正常工作。

（3）高压气管安装过程中，胶管受到轻微扭转就有可能使其强度降低和松脱接头，装配时将接头拧紧在胶管上。

（4）在正式开始施工前，检查各段气体输送管道完整性以及接头处的气密性和连接稳固性。

3. 灌注成桩施工

（1）在灌注区挂严禁非打桩施工相关人员入内的标牌，避免交叉施工影响。

（2）拆卸灌注导管时，吊车作业注意对地铁设施的保护。

3.5.10　环保措施

1. 场地优化布置

（1）严格按现场平面布置要求规划、场容整洁、封闭施工，现场进行有组织抽排水。

（2）按政府规定使用持证持牌合法的泥头车运输出槽泥土，行走道路采取洒水降尘措施，施工场地进出口设置专门洗车池，并配置高压水枪和三级沉淀系统，派专人对进出场车辆进行冲洗，严禁带泥及污染物上路。

（3）施工现场合理布置，流水作业，保持现场整洁、干净、卫生。

（4）施工现场各种料具分类堆放整齐，工完料尽，清理恢复，机械设备按施工平面图指定位置存放；不再使用的材料、工具和机械设备及时清退出场。

2. 噪声、钻渣、污水排放

（1）施工现场采取适当的隔声、降噪措施，使用低噪声空压机，并根据工序要求和施工现场周边条件合理安排施工作业时间，严禁噪声扰民，如确需夜间施工时，按要求办理夜间施工许可证；施工场地的噪声应符合《建筑施工场界环境噪声排放标准》GB 12523—2011 的规定。

（2）场地内四周设置排水沟、集水井和三级沉淀池，及时排除场内积水，尽量做到干燥施工。

（3）所有施工机械设备注意保养，并定期检查其液压系统，防止漏油污染。

（4）潜孔锤钻进前，在孔口放置自制的钻渣收纳箱，防止钻渣四溅污染环境，具体见图 3.5-45。

（5）硬岩钻进过程中，潜孔锤高频高风压冲击，如孔内存在泥浆时会溅出污染周边环境，则采用帆布周围进行遮挡。具体见图 3.5-46。

（6）全回转钻进时，冲抓抓斗抓取的钻渣，集中堆放在订制的泥渣箱内，并定期外运，防止钻渣污染施工场地，具体见图 3.5-47。

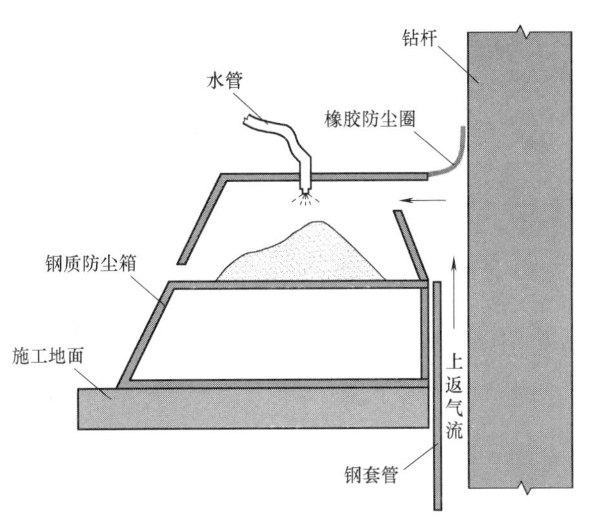

图 3.5-45 潜孔锤钻进孔口钻渣收纳箱原理与现场配置

图 3.5-46 潜孔锤钻进时采用帆布遮挡防止污染

图 3.5-47 全回转抓斗抓取的孔内钻渣集中在钻渣箱内

第 4 章　地下连续墙大直径潜孔锤成槽新技术

4.1　地下连续墙硬岩大直径潜孔锤成槽施工技术

4.1.1　引言

在采用地下连续墙支护形式的深基坑工程施工中，有些场地基岩埋藏深度较浅，部分地下连续墙需进入岩层深度大，甚至进入坚硬的微风化花岗岩层中，施工极其困难。目前，地下连续墙入岩方法一般采用冲击破岩，对于幅宽 6m、入岩深度 16m 的地下连续墙成槽施工时间可长达 20～30d，且施工综合成本高。针对入硬岩地下连续墙施工的特点，结合现场条件及设计要求，开展了“地下连续墙深厚硬岩大直径潜孔锤成槽综合技术”研究，形成了“地下连续墙深厚硬岩大直径潜孔锤成槽综合施工工艺”，即采用大直径潜孔锤槽底硬岩间隔引孔、圆锤冲击破除引孔间硬岩、方锤冲击修孔、气举反循环清理槽底沉渣，较好解决了地下连续墙进入深厚硬岩时的施工难题，实现了质量可靠、节约工期、文明环保、高效经济目标，达到预期效果。

4.1.2　工程应用实例

1. 项目概况

长沙市轨道交通 3 号线一期工程 SG-3 标清水路（中南大学）站项目位于岳麓区清水路与后湖路交叉路口处，车站全长 211.6m，主体结构形式为地下二层岛式车站，基坑深约 16.71～18.31m，采用明挖法施工，基坑围护结构采用地下连续墙结合三道内支撑的形式，共设置 800mm 厚的地下连续墙 86 幅。

2. 地下连续墙设计情况

本项目地下连续墙厚 800mm，标准幅宽主要为 6m，墙身深度约 19～25m。连续墙嵌固深度范围内地层为中风化岩层时，要求满足嵌固深度不小于 3m；嵌固深度范围内地层为微风化岩层时，要求满足嵌固深度不小于 2m。由于基坑北部及南部的部分区域岩面出露深度非常浅，因此地连墙入岩深度达 3～16m。

3. 施工情况

本项目地下连续墙施工期间，开动 2 台 SG40A 地下连续墙液压抓斗成槽机、1 台 CGF-26 大直径潜孔锤钻机（ϕ800mm）、6 台 CK-8 冲孔桩机、3 台 XRHS415 大风量空压机，以及 150t 履带式起重机和 80t 汽车式起重机各 1 台。

施工先采用液压抓斗成槽机施工至中风化岩面，然后改用与连续墙厚度相匹配的 ϕ800mm 大直径潜孔锤钻机，在槽段内间隔引孔，引孔间距 200～350mm，一幅 6m 宽的地连墙引孔 6 个；然后利用冲孔钻机结合圆锤破除引孔间隔处的硬岩，再采用方锤修整槽壁残留的硬岩齿边，以使槽段全断面达到设计尺寸成槽要求，一幅入岩16m的地连墙施工时间缩短至3～5d，对比同等入岩情况下，传统的全部采用冲孔桩机入岩成槽的方式，施工工效获得了显著提高。

4. 地下连续墙检测及验收情况

经现场18幅钻芯检测和20幅超声检测，墙身完整性、墙身混凝土抗压强度、沉渣厚度均满足设计要求，工程一次验收合格。

工程现场施工见图4.1-1～图4.1-4。

图4.1-1 大直径潜孔锤钻机与空压机

图4.1-2 潜孔锤槽段内引孔

图4.1-3 圆锤冲击破除引孔间隔硬岩

图4.1-4 冲击方锤修孔

4.1.3 工艺特点

1. 成槽速度快

根据施工现场应用，潜孔锤在中风化岩层（砂岩、灰岩）中单孔每小时可钻进3～4m，在微风化岩层（砂岩、灰岩）中单孔每小时可钻进1～2m，以入岩16m为例，每天可完成2～3个钻孔，可以实现3～5天完成1幅6m宽800mm厚且入岩深度10～16m的地下连续墙施工，而同等情况，如果全部采用冲孔桩破岩施工，将需要20～30d方可完成入岩施工；因此，采用大直径潜孔锤的施工效率得到了显著提高。

2. 质量可靠

采用本工艺施工时间短，槽壁暴露时间相对短，减少了槽壁土体坍塌风险；同时，由于采用综合工艺对槽壁进行处理，潜孔锤桩机钻孔时液压支撑桩机稳定性好，操作平台设垂直度自动调节电子控制，自动纠偏能力强，有效保证钻孔垂直度，能便于地连墙钢筋网片安装顺利；另外，对槽底沉渣采用气举反循环工艺，确保槽底沉渣厚度满足设计要求。

3. 施工成本较低

采用本工艺成槽施工速度快，单机综合效率高，机械施工成本相对较低；由于土体暴露时间短，槽壁稳定，混凝土灌注充盈系数小，并且施工过程中不需采用大量冲桩机使用，机械用电量少。

4. 有利于现场文明施工

采用潜孔锤桩机代替冲孔桩机，泥浆使用量大大减少，废浆废渣量少，有利于现场平面布置和文明施工；同时，潜孔锤钻进提升了入岩工效，减少了冲孔桩机的使用数量，有利于现场管理。

5. 操作安全

潜孔锤作业采用高桩架一径到底，施工过程孔口操作少，空压机系统由专门的人员维护即可满足现场作业，整体操作安全可靠。

4.1.4　适用范围

（1）适用于成槽厚度≤1200mm、成槽深度 26～30m 的地下连续墙成槽。

（2）适用于抗压强度≤100MPa 的各类岩层中入岩施工。

4.1.5　工艺原理

本技术的关键包括大直径潜孔锤入岩引孔、冲击锤修孔、气举反循环清孔等。

1. 大直径潜孔锤入岩引孔

（1）破岩位置定位

在深度接近硬岩岩面时停止使用抓斗成槽机，在导墙上按 200～350mm 的间距定位潜孔锤破岩位置，减少潜孔锤施工时孔斜或孔偏现象，降低钻孔纠偏工作量。潜孔锤引孔平面布置见图 4.1-5。

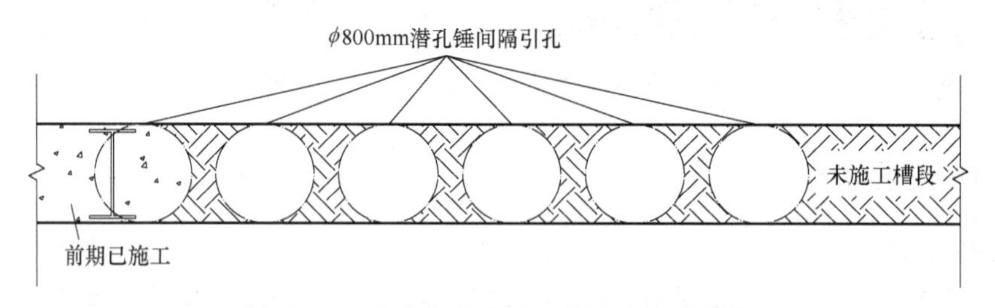

图 4.1-5　大直径潜孔锤入岩引孔平面布置

（2）大直径潜孔锤破岩

潜孔锤引孔破岩的原理是潜孔锤在空压机的作用下，高压空气驱动冲击器内的活塞作高频往复运动，并将该运动所产生的动能源源不断的传递到钻头上，使钻头获得一定的冲击功；钻头在该冲击功的作用下，连续地、高频率对硬岩施行冲击；在该冲击功的作用下，形成体积破碎，达到破岩效果。

潜孔锤钻进过程中，配备3台大风量空压机，空压机的选用与钻孔直径、钻孔深度、岩层硬度、岩层厚度等相关，在长沙地铁3号线清水路站项目地下连续墙入岩施工过程中，选用了3台阿特拉斯·科普柯XRHS415型空压机并行送风，风压约80kg/m^2，空压机产生的风量达54m^3/min。桩架选择采用长螺旋多功能桩机，确保钻杆高度能满足最大成孔深度要求，提供持续的下压力，直接用潜孔锤间隔引孔至设计标高。具体见图4.1-6。

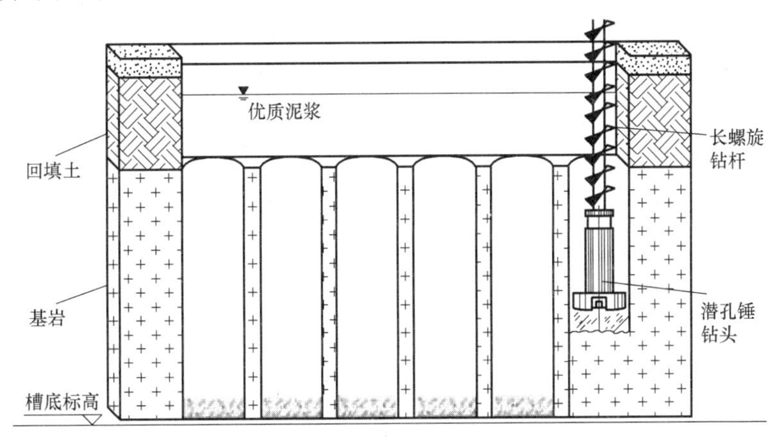

图4.1-6 大直径潜孔锤入岩原理示意图

(3) 大直径潜孔锤一径到底成槽

大直径潜孔锤钻头是破岩引孔的主要钻具，为确保在槽段内的引孔效果，选择与地下连续墙墙身厚度相同的大直径潜孔锤一径到底。大直径潜孔锤见图4.1-7。

图4.1-7 ϕ800mm大直径潜孔锤钻头图

2. 冲击锤修孔

潜孔锤间隔引孔后，采用冲击圆锤对间隔孔间的硬岩冲击破碎。具体见图4.1-8。

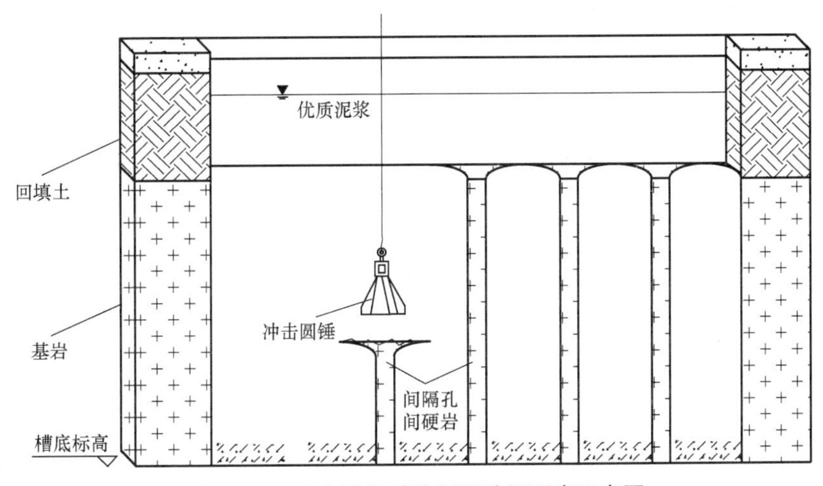

图4.1-8 冲击圆锤破碎间隔孔间硬岩示意图

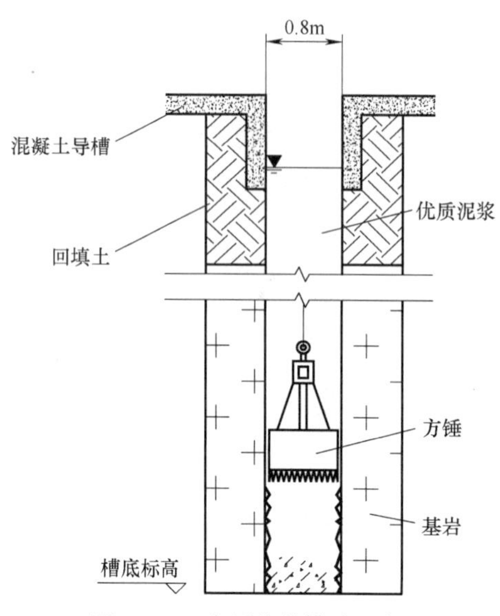

图 4.1-9　方锤修整槽壁示意图

3. 方锤修整槽壁残留硬岩齿边

圆锤对间隔孔间的硬岩冲击破碎后，残留的少部分硬岩齿边，会阻滞钢筋网片安放不到位，此时采用冲击方锤对零星锯齿状硬岩残留进行修孔，以使槽段全断面达到设计尺寸成槽要求。具体见图 4.1-9。

4. 气举反循环清孔

潜孔锤引孔、冲击圆锤及方锤修孔后，采用气举反循环清孔；在气举反循环清孔时，同时下入另一套孔内泥浆正循环设施，防止岩渣、岩块在槽侧堆积，有效保证清孔效果。具体见图 4.1-10。

4.1.6　施工工艺流程

地下连续墙深厚硬岩大直径墙潜孔锤成槽施工工艺流程见图 4.1-11。

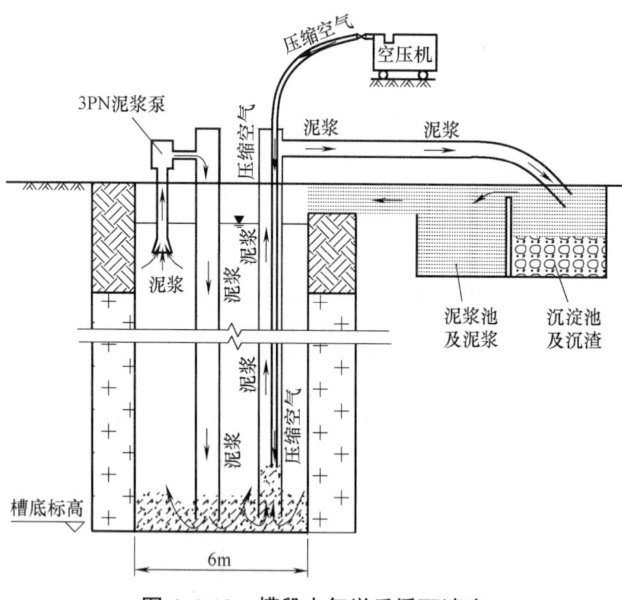

图 4.1-10　槽段内气举反循环清底

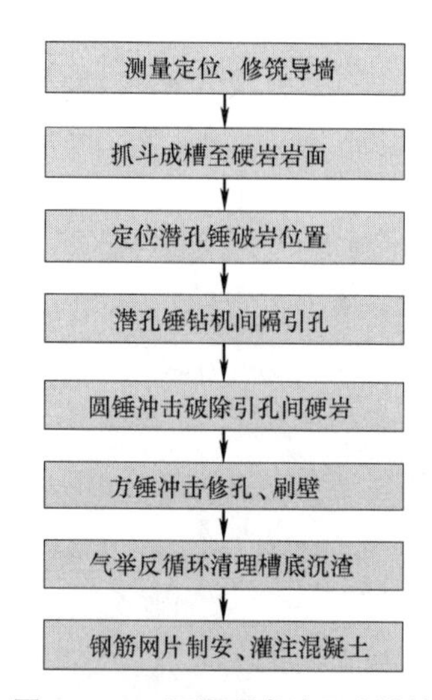

图 4.1-11　深厚硬岩地下连续墙潜孔锤成槽综合施工工艺流程图

4.1.7　工序操作要点

1. 测量定位、修筑导墙

(1) 导墙用钢筋混凝土浇筑而成，断面为“┓ ┏”形，厚度为 150mm，深度为 1.5m，宽度为 3.0m。

(2) 导墙顶面高出施工地面 100mm，两侧墙净距中心线与地下连续墙中心线重合。

2. 抓斗成槽至硬岩岩面

（1）成槽机每抓宽度约 2.8m，可在强风化岩层中抓取成槽；6m 宽槽段分三抓完成。

（2）本项目地下连续墙采用上海金泰 SG40A 型抓斗，其产品质量可靠，抓取力强。

（3）挖槽过程中，保持槽内始终充满泥浆，随着挖槽深度的增大，不断向槽内补充优质泥浆，使槽壁保持稳定；抓取出的渣土直接由自卸车装运至场地指定位置，并集中统一外运。

（4）成槽过程中利用自制的小型分砂机进行分砂，避免槽段内泥砂率过大。

（5）抓斗提离槽段之前，在槽段内上下多次反复抓槽，以保证槽段的厚度满足设计要求，以免潜孔锤钻头无法正常下至槽底。具体见图 4.1-12。

3. 定位潜孔锤破岩位置

抓槽深度接近中风化岩面时，在导墙上按 200～350mm 成孔间距，定位出潜孔锤破岩位置，一幅宽 6m 的地下连续墙一般采用 6 个孔。见图 4.1-13。

图 4.1-12　抓斗成槽机进行上部土层及强风化岩层中成槽

图 4.1-13　潜孔锤钻机定位

4. 潜孔锤钻机间隔引孔

（1）先将钻具（潜孔锤钻头、钻杆）提离孔底 20～30cm，开动空压机、钻具上方的回转电机，将钻具轻轻放至孔底，开始潜孔锤钻进作业。

（2）潜孔锤施工过程中空压机超大风压将岩渣携出槽底。

（3）采用潜孔锤机室操作平台控制面板进行垂直度自动调节，以控制桩身垂直度。

施工现场具体见图 4.1-14～图 4.1-16。

图 4.1-14　三台空压机与潜孔锤钻机相连

图 4.1-15　大直径潜孔锤槽段内施工

图 4.1-16　三台 XRHS415 型空压机并行送风

5. 圆锤冲击破除引孔间硬岩

（1）采用冲击圆锤对间隔孔间的硬岩冲击破碎。

（2）冲击圆锤破岩过程中，采用正循环泥浆循环清孔。

（3）破岩完成后，对槽尺寸进行量测，保证成槽深度满足设计要求。

6. 方锤冲击修孔、刷壁

（1）采用冲击方锤对零星锯齿状硬岩残留进行修孔，以使槽段全断面达到设计尺寸成槽要求。

（2）方锤修孔前，准确探明残留硬岩的部位；其次认真检查方锤的尺寸，尤其是方锤的宽度，要求与槽段厚度、旋挖钻孔直径基本保持一致。

（3）方锤冲击修孔时，采用重锤低击，避免方锤冲击硬岩时斜孔。

（4）方锤冲击修孔过程中，采用正循环泥浆循环清孔，修孔完成后对槽尺寸进行量测，以保证修孔到位。

（5）后一期槽段成槽后，在清槽之前，利用特制的刷壁方锤，在前一期槽段的工字钢内及混凝土端头上下来回清刷，直到刷壁器上没有附着物。

现场操作具体见图 4.1-17、图 4.1-18。

7. 气举反循环清理槽底沉渣

（1）本工艺先采用成槽机抓斗抓取岩屑，再采用气举反循环清孔。

图 4.1-17　方锤修孔

图 4.1-18　刷壁器刷壁

（2）在导管内安插一根长约 2/3 槽深的镀锌管，将空压机产生的压缩空气送至导管内 2/3 槽深处，在导管内产生低压区，连续充气使内外压差不断增大，当达到一定的压力差后，则迫使泥浆在高压作用下从导管内上返喷出，槽段底部岩渣、岩块被高速泥浆携带经导管上返喷出孔口。

（3）采用移动式黑旋风泥浆净化器对成槽深度到位的槽段进行泥浆的泥砂分离，并采用配制的泥浆置换，施工现场见图 4.1-19。

图 4.1-19 泥浆净化器

（4）清渣完成后检测槽段深度、厚度、槽底沉渣硬度、泥浆性能等，并报监理工程师现场验收。

8. 钢筋网片制安、灌注混凝土

（1）钢筋网片采用吊车下入。现场吊装采用 1 台 150t、1 台 80t 履带吊车多吊点配合同时起吊，吊离地面后卸下 80t 吊车吊索，采用 150t 吊车下放入槽。

（2）在吊放钢筋笼时，对准槽段中心，不碰撞槽壁壁面，以免钢筋网片变形或导致槽壁坍塌；钢筋网片入孔后，控制顶部标高位置，确保满足设计要求。

（3）钢筋网片安放后，及时下入二套灌注导管，同时灌注；灌注导管下放前，对其进行水密性试验，确保导管不发生渗漏；导管安装下入密封圈，严格控制底部位置，并设置好灌注平台。

（4）灌注槽段混凝土之前，测定槽内泥浆的指标及沉渣厚度，如沉渣厚度超标，则采用气举反循环进行二次清孔；槽底沉渣厚度达到设计和规范要求后，由监理下达开灌令，灌注槽段混凝土。

（5）在水下混凝土灌注过程中，每车混凝土浇筑完毕后，及时测量导管埋深及管外混凝土面高度，并适时提升和拆卸导管；导管底端埋入混凝土面以下一般保持 2～4m，不大于 6m，严禁把导管底端提出混凝土面。

4.1.8 机具设备

本工艺主要机械设备配置见表 4.1-1。

主要机械设备配置表 **表 4.1-1**

机械、设备名称	型号尺寸	生产厂家	数量	备注
成槽机	SG40A	上海金泰	1 台	土层段施工
潜孔锤钻机	CGF-26	河北华构	1 台	深厚硬岩段施工
潜孔锤钻头	ϕ800	自制	1 个	与连续墙同宽
冲孔桩机	CK-8	江苏南通	1 台	成孔、修孔
空压机	XRHS415	阿特拉斯·科普柯	3 台	潜孔锤动力
履带式起重机	150t	神钢	1 台	钢筋笼吊放
汽车式起重机	80t	三一重工	1 台	
挖掘机	HD820	日本加藤	1 台	清渣、装渣
泥砂分离机	TTX-19	恒昌	1 台	泥浆分离处理
泥浆泵	3PN	上海中球	1 台	清孔

4.1.9 质量控制

1. 抓斗土层段成槽

（1）严格控制导墙施工质量，重点检查导墙中心轴线、宽度和内侧模板的垂直度，拆模后检查支撑是否及时、正确。

（2）抓斗成槽时，严格控制垂直度，如发现偏差及时进行纠偏；液压抓斗成槽过程中，选用优质膨润土配置泥浆，保证护壁效果；抓斗抓取泥土提离导槽后，槽内泥浆面会下降，此时及时补充泥浆，保证泥浆液面满足护壁要求。

（3）定期检查成槽过程中的泥浆性能，检测成槽垂直度、宽度、厚度及沉渣厚度是否符合要求。

2. 潜孔锤引孔

（1）潜孔锤钻孔至中风化或微风化岩面时，报监理工程师、勘察单位岩土工程师确认，以正确鉴别入岩岩性和深度，确保入岩深度满足设计要求；潜孔锤入岩过程中，通过循环始终保持泥浆性能稳定，确保泥浆液面高度，防止因水头损失导致塌孔。

（2）潜孔锤钻进设计标高及冲击圆锤破碎孔间硬岩后，调用冲桩机配方锤进行槽底残留硬岩修边，将剩余边角岩石清理干净；冲桩过程中，重锤低击，切忌随意加大提升高度，防止卡锤；同时，由于硬岩冲击时间较长，如出现方锤损坏或厚度变小，及时进行修复，防止槽段在硬岩中变窄，使得钢筋网片不能安放到位。

3. 终槽验收

（1）方锤修孔完成后，采用气举反循环进行清渣，确保槽底沉渣厚度满足要求。

（2）清孔完成后，对槽段尺寸进行检验，包括槽深、厚度、岩性、沉渣厚度等，各项指标必须满足设计和规范要求。

4. 灌注成槽

（1）钢筋网片制作完成后进行隐蔽工程验收，合格后安放；钢筋网片采用2台吊车起吊下槽，下入时注意控制垂直度，防止剐撞槽壁，满足钢筋保护层厚度要求。下放时，注意钢筋笼入槽时方向，并严格检查钢筋笼安装的标高；入槽时用经纬仪和水平仪跟踪测量，确保钢筋安装精度；检查符合要求后，将钢筋笼固定在导墙上。

（2）槽段混凝土采用水下回顶法灌注，采用商品混凝土，设2台套灌注管同时灌注；初灌时，灌注量满足埋管要求；灌注过程中，严格控制导管埋深，防止堵管或导管拔出混凝土面；每个槽段按要求制作混凝土试块，控制灌注混凝土面并超灌80cm左右，以确保槽顶混凝土强度满足设计要求。

4.1.10 安全措施

1. 抓斗成槽

（1）抓斗成槽过程中，注意槽内泥浆性能及泥浆液面高度，避免出现清水浸泡、浆面下降导致槽壁坍塌现象发生。

（2）抓斗出槽泥土时，转运的泥头车按规定线路行驶，严格遵守场内交通指挥和规定，确保行驶安全。

（3）成槽后，及时在槽口加盖或设安全标识，防止人员坠入。

2. 潜孔锤引孔

（1）本工艺潜孔锤钻机由长螺旋钻机改装而成，由于设备重量大、机架高，施工前对工作面进行铺垫厚钢板等方式加固处理，防止施工过程中出现坍塌、作业面沉降等。

（2）潜孔锤钻进过程中，加强对导墙稳定的监测和巡视巡查，发现异常情况及时上报处理。

（3）在潜孔锤钻机尾部采取堆压砂袋的方式，防止作业过程中设备倾倒。

（4）冲击圆锤破岩及方锤修孔时，经常检查钢丝绳使用情况，掌握使用时间和断损情况，发现异常，及时更换，防止断绳造成机械或孔内事故。

3. 灌注成槽

（1）钢筋网片一次性制作、一次性吊装，吊装作业成为地连墙施工过程中的重大危险源之一，必须重点监控，并编制吊装安全专项施工方案，经专家评审后实施。

（2）检查吊车的性能状况，确保正常操作使用；在吊装过程中，设专门司索工进行吊装指挥，作业半径内人员全部撤离作业现场。

（3）施工过程中，对连续墙附近的市政、自来水、电力、通信等各种地下管线进行定期监测，并制定保护措施和应急预案，确保管线设施的安全。

4.2 地下连续墙超深硬岩成槽综合施工技术

4.2.1 引言

地下连续墙作为深基坑最常见的支护形式，在超深硬岩成槽过程中，传统施工工艺一般采用成槽机液压抓斗成槽至岩面，再换冲孔桩机配十字锤冲击入岩、方锤修槽；当成槽入硬质微风化岩深度较大时，冲击入岩易出现卡钻、斜孔，后期处理工时耗费大，冲孔偏孔需回填大量块石进行纠偏，重复破碎，耗材耗时耗力，严重影响施工进度。

在深圳前海交通枢纽地下综合基坑地下连续墙施工过程中，针对施工现场条件，通过采用潜孔锤钻机预先引孔降低岩体整体强度，大大提升了冲击破岩的施工效率，再结合利用改进后的镶嵌截齿液压抓斗修槽等技术，达到快速入岩成槽的施工效果，取得了显著成效。

4.2.2 工艺特点

1. 破岩效率高

本工艺岩石破碎分两步进行，首先是利用小型潜孔锤钻机进尺效率高和施工硬质斜岩时垂直度好的特点，对坚硬岩体进行预先引孔，使岩体“蜂窝化”，降低岩石的整体强度；再采用冲孔桩机冲击破岩，进尺效率提升3～5倍，降低了焊锤修锤的劳力和材料损耗，减少回填块石纠偏纠斜，大大提高了工作效率。

2. 利用改进液压抓斗修槽质量好

本工艺通过对传统液压抓斗进行改进，卸除液压抓斗原有的抓土结构，重新制作截齿板和新增定位垫块，通过液压装置使抓斗进行密闭张合，充分发挥出截齿对槽壁残留齿边的破除和抓取，确保了修槽满足设计要求。

3. 现有设备利用率高

本工艺针对地下连续墙超深硬岩成槽传统施工工艺中液压抓斗在抓取上部土层后设备长期闲置的现象，提出改进液压抓斗，保持设备持续投入后期修槽，提高设备的利用率。

4. 无需更新大型施工设备

本工艺通过充分利用小型潜孔锤钻机，改进液压抓斗等施工设备的优点，实现了快速破岩的施工效果，无需更新高成本的旋挖机硬岩取芯或双轮铣破岩等大型施工设备。

5. 综合施工成本低

本工艺相比传统冲孔桩机直接冲击破岩成槽的施工工艺，大大缩短了成槽时间，进一步减少成槽施工配套作业时间和大型吊车等机械设备的成本费用；相比大型旋挖机、大直径潜孔锤破岩成槽的施工工艺，在成槽施工成本上体现了显著的经济效益。

4.2.3 适用范围

适用于成槽入硬岩或硬质斜岩深度超5m的地下连续墙成槽施工；适用于工期紧的地下连续墙硬岩成槽施工项目。

4.2.4 工艺原理

本工艺包括槽段岩石的预先引孔、冲击锤岩体破碎成槽、改进后的液压抓斗修槽等关键技术。

1. 岩石破碎机理

(1) 预先引孔

本工艺利用潜孔锤钻机在硬岩中进尺效率高、垂直度好的优势和特点，再采用定位导向板来确定孔位间的平面布置，对拟破碎的岩体预钻直径为110mm的小直径钻孔，使岩体“蜂窝化”，降低岩石的整体强度。

潜孔锤钻机入岩钻孔、定位导向板结构见图4.2-1～图4.2-3。

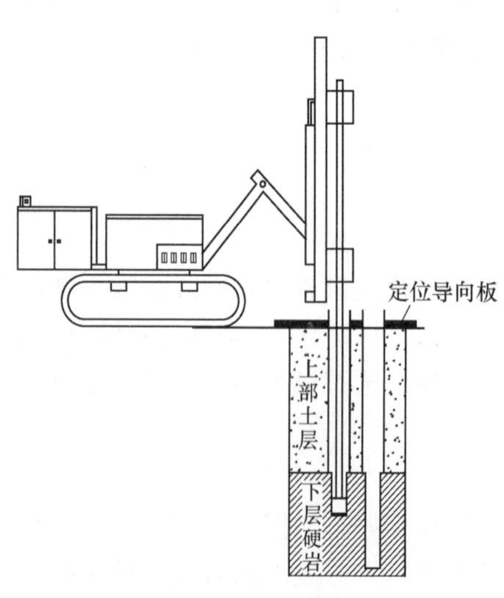

图4.2-1 预先引孔施工示意图

图4.2-2 引孔定位导向板引孔施工

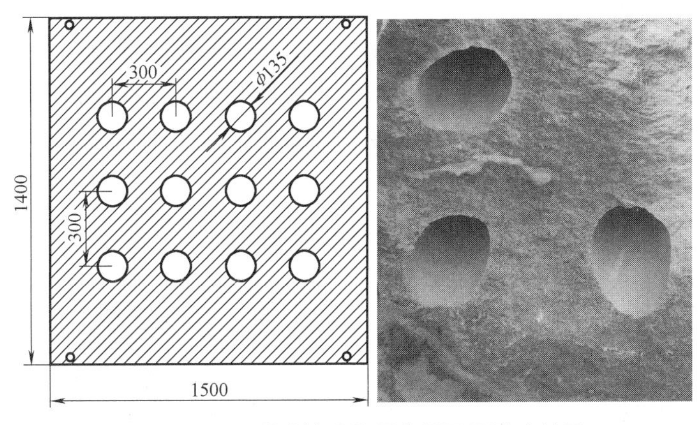

图 4.2-3 预引孔钻孔位置布置图及引孔效果

(2) 硬岩冲击破碎

槽底硬岩在预引孔后，利用冲孔桩机冲击重锤自由下落的冲击能破碎岩体，因岩体已呈“蜂窝”状，在“蜂窝”处容易出现应力集中，硬岩整体强度被大幅度缩减，达到快速破岩的效果。如槽底岩石为斜岩面时，则采取回填硬质块石找平槽底面后，利用冲锤自由下落的冲击能破碎岩体；冲击时，控制好冲锤落锤放绳高度；修孔时，需反复回填、冲击，直至达到槽底硬岩全断面入岩深度满足设计要求。硬岩冲击破岩见图 4.2-4。

图 4.2-4 施工现场采用冲孔桩机破碎“蜂窝状”岩体

2. 抓斗修槽

(1) 改进液压抓斗

为更好地发挥抓斗的能力，现场对液压抓斗进行改进，在抓斗四周镶嵌硬合金截齿，提升抓斗破除槽壁的残留岩体齿边的能力，达到快速修槽效果。改进的液压抓斗见图 4.2-5。

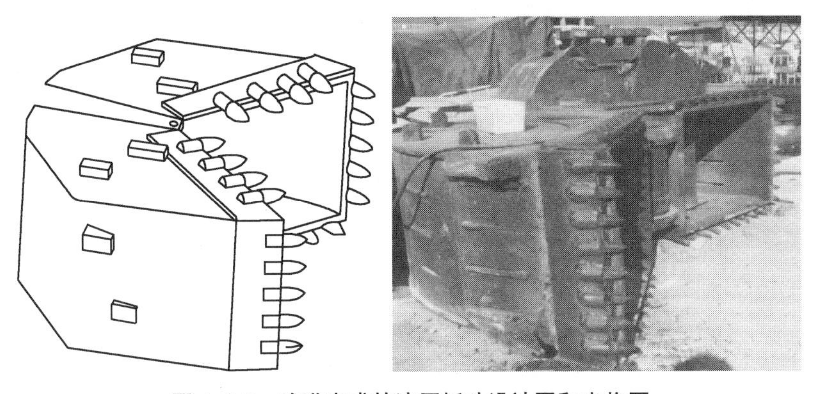

图 4.2-5 改进完成的液压抓斗设计图和实物图

（2）液压抓斗修槽

本工艺液压抓斗完成修槽主要是依靠原有液压抓斗上定位导向板和新加的定位垫块对抓斗进行导向定位，再通过液压装置使液压抓斗进行张合，在抓斗张合的过程中，镶嵌在抓斗上的截齿对槽壁的残留齿边岩体进行破除和抓取。具体见图 4.2-6。

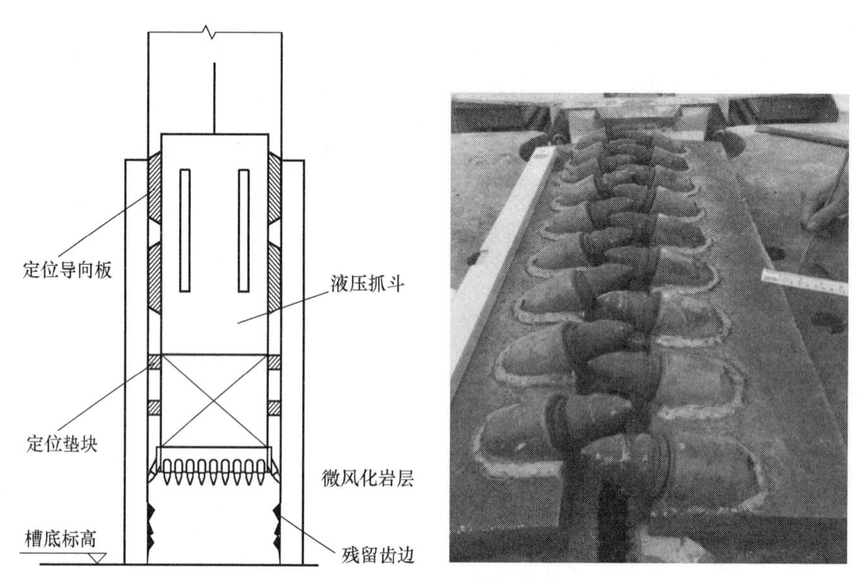

图 4.2-6　改进后的液压抓斗修槽原理示意图

4.2.5　施工工艺流程

地下连续墙超深硬岩成槽综合施工工艺流程见图 4.2-7。

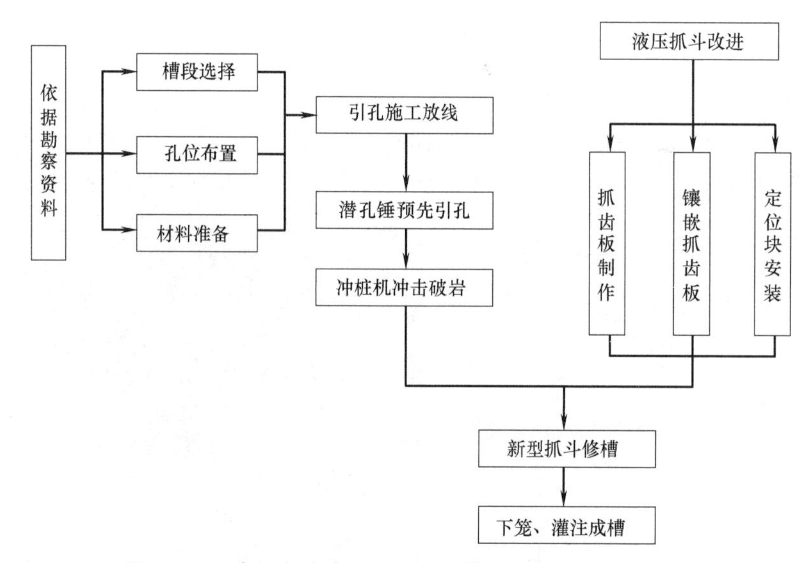

图 4.2-7　地下连续墙超深硬岩成槽综合施工工艺流程图

4.2.6 工序操作要点

1. 潜孔锤预先引孔

（1）按照孔位设计布置图制作定位导向板，将其固定在作业面上，采用小型潜孔锤钻机预设套管定位，确保孔位的空间位置，具体见图 4.2-8。

（2）若在完成岩体上部土层抓取后再进行预先引孔，需在定位导向板下方设置 2～3m 的导向筒对套管预设进行导向，导向筒与导向板之间采用焊接连接，套管直径比导向筒直径小 20～50mm，防止套管上部因槽中泥浆紊流引起的晃动，对套管定位起到保护作用，确保预设套管的垂直度。具体见图 4.2-9、图 4.2-10。

图 4.2-8 定位导向板固定在作业面上预设定位套管

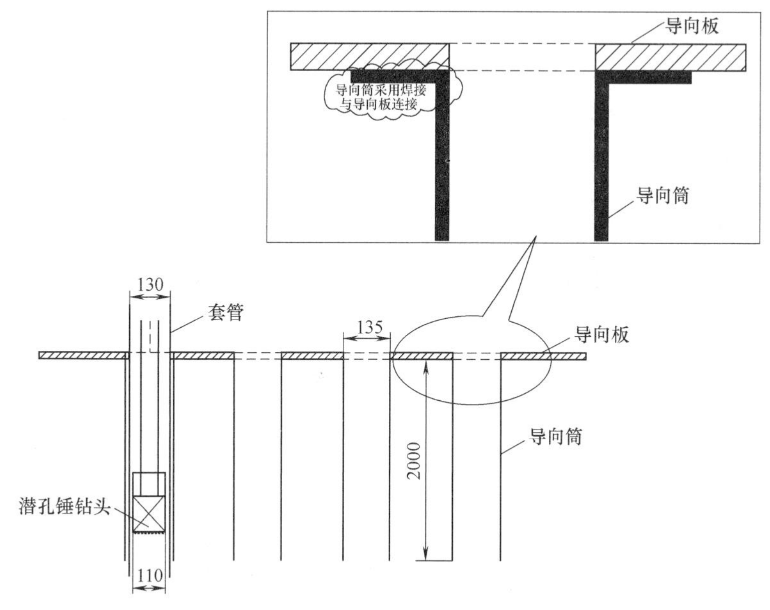

图 4.2-9 在定位导向板设置导向筒的结构示意图

2. 冲击破碎

（1）在预先引孔完成后，先采用液压抓斗对岩体上部土层进行抓取，再投入冲孔桩机对岩体冲击破碎。正式冲击破碎前，提前完成冲击主、副孔位置的布置，并在导墙上做好标记，以便桩机就位。

（2）如槽底硬岩为斜岩时，则先向槽中对应位置回填适量块石找平，再采用冲锤低锤重击破除；有必要时，采用反复回填、冲击。

预先引孔后冲孔桩机冲击破岩见图 4.2-11。

图 4.2-10　潜孔锤钻机破岩引孔施工

图 4.2-11　预先引孔后冲孔桩机冲击破岩

图 4.2-12　钢板胎体上镶嵌截齿

3. 液压抓斗改进

(1) 改装液压抓斗的抓取结构

1) 将液压抓斗原有的抓土结构卸除，重新制作新的抓取结构。

2) 以 4cm 钢板作为截齿镶嵌胎体（见图 4.2-12），镶嵌角度选择 36°（见图 4.2-13），制作 6 个液压抓斗与槽壁或岩石接触边缘长度对应的抓齿板（见图 4.2-14）。

(2) 增设定位平衡垫块

1) 为确保修槽质量，在液压抓斗上增设定位垫块，使之与液压抓斗上部原有的双方向（X 方向：平行于地下连续墙轴线方向；Y 方向：垂直于地下连续墙轴线方向）定位导向板协同工作，调整液压抓斗在槽中的空间位置，具体见图 4.2-15、图 4.2-16。

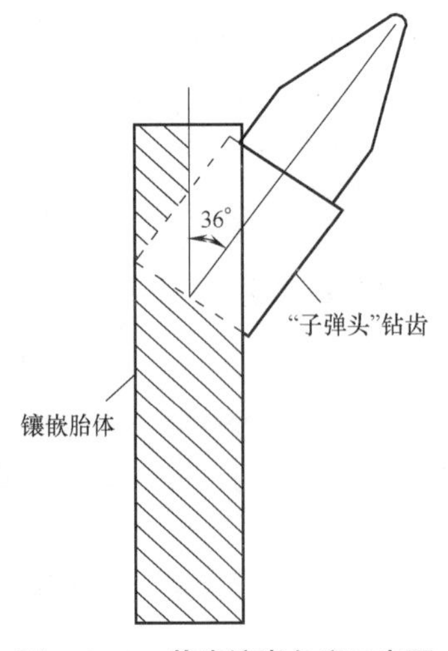

图 4.2-13　截齿镶嵌角度示意图

图 4.2-14　改进后的液压抓斗

2）将制作完成的抓齿板焊接在与之对应的抓斗边缘上，将两相邻的抓齿板处于同一片面，以确保最优的修槽效果。

图 4.2-15　液压抓斗上部 Y 方向定位导向板

图 4.2-16　液压抓斗上部双方向定位导向板

（3）抓斗修槽

在冲孔桩机冲击破岩至设计槽底标高后，采用改进后的新型液压抓斗进行修槽，对槽壁残留齿边岩体进行破除和抓取。具体见图 4.2-17、图 4.2-18。

图 4.2-17　改进液压抓斗正在进行修槽

图 4.2-18　施工现场正使用液压抓斗进行修槽

4.2.7　机具设备

本工艺所涉及设备主要有成槽机、空压机等，详见表 4.2-1。

主要机械设备配置表　　表 4.2-1

序号	设备名称	型　号	备　注
1	潜孔钻机	KG935	预先引孔施工
2	泥浆泵	3PN 泵	泥浆循环

续表

序号	设备名称	型　号	备　注
3	冲孔桩机	ZK6	冲击成槽
4	成槽机	GB46	抓取土层、修槽清槽
5	截齿抓斗		改进后的截齿抓斗，修槽
6	电焊机	ZX-700	焊接、加工
7	空压机	LG16/13	预先引孔施工
8	吊车	25t、50t	吊放泥浆箱及泥浆泵

4.2.8　质量控制

1. 引孔

（1）严格控制引孔施工质量，重点检查导向板位置定位，确保施工时无较大位移；预设套管时，严格控制下钻速度；若遇土层较厚时，则在导向板下方设置相应长度的导向筒。

（2）预先引孔时，严格控制垂直度，在钻进岩石硬度变化接触面时，适当减小钻压；在钻进过程中，若发现偏差及时采取相应措施进行纠偏。

（3）引孔完成施工后，需对孔中泥浆进行简易除砂处理，保证后序冲孔桩机冲击破岩的效率。

（4）冲孔桩机冲击破岩时，需根据冲孔位置校正冲孔桩机位置，注意协调各冲孔间的位置关系；在冲击过程中，若遇斜岩时，采取“低锤重击”的方式冲击，效果不明显时，再采取回填适量块石后，重新对斜岩面进行冲击破碎。

（5）改进抓斗修槽时，在对槽壁岩体进行破除后，对孔中残留岩体进行抓取后再将抓斗提起。

2. 成槽

（1）为保证成槽尺寸符合设计要求和钢筋网片吊装顺利，在加焊定位垫块时，需注意抓斗斗体的外形尺寸符合地下连续墙设计墙厚。

（2）在抓斗修槽过程随时观察成槽机可视化数字显示屏，分析和了解液压抓斗在槽中的空间位置，及时通过液压抓斗上的定位导向板可选择性双方向顶推进行液压抓斗的位置调整，以确保修槽质量。

（3）在液压抓斗修槽完成和抓取孔底岩块后，为保证最终成槽质量，需进行清孔，调整槽段泥浆指标符合混凝土灌注标准。

4.2.9　安全措施

1. 引孔

（1）夜间作业，预先引孔施工处设置足够的照明设施。

（2）制作抓齿板和增设定位垫块时焊接由专业电焊工操作，正确佩戴安全防护罩。

（3）在进潜孔锤引孔时，注意钻机作业平台有无坑洞，更换和拆卸钻具时，前后台工作人员做好沟通，切勿单人操作。

(4) 在日常安全巡查时，对冲孔桩机钢丝绳进行重点检查。

(5) 在冲击过程中，若遇冲锤憋卡现象，切勿使用冲孔桩机提升卷扬强行起拔。

(6) 潜孔锤引孔时，定期检查高风压管路的连接，防止连接部位脱落。

2. 成槽

(1) 起吊钢筋网片时，派专门的司索工指挥吊装作业，无关人员撤离影响半径范围。

(2) 施工现场所有机械设备（吊车、泥浆净化器、3PN 泵）操作人员必须经过专业培训，熟练机械操作性能，经专业管理部门考核取得操作证后上岗。

(3) 采用泵车灌注混凝土时，设备操作人员和指挥人员严格遵守安全操作技术规程，设立防护作业区。

(4) 成槽灌注完成后，及时回填槽段上部的空孔段，防止人员坠落。

4.3 深厚硬岩地下连续墙潜孔锤跟管咬合引孔成槽施工技术

4.3.1 引言

地下连续墙成槽施工遇到深厚岩层时，一般采用旋挖钻机分序取芯引孔，或采用冲孔桩机十字锤冲击引孔，再采用冲击方锤修孔。旋挖或冲击引孔存在二序孔垂直度控制难，偏孔处理时间长，总体表现为施工进度慢，综合成本高；尤其冲击引孔速度慢，为保持施工进度，一般一幅槽内会开动两台冲击钻机同时引孔或修孔，交叉作业带来较大的安全隐患。

2019 年 9 月，我司承担了深圳市城市轨道交通 13 号线 13101 标段（白芒站）项目围护结构地下连续墙施工，基坑开挖深度 17m，地下连续墙共 12 幅，设计墙厚 800mm、墙深 24m，导墙宽 850mm，标准幅宽 6m；场地地层埋深 12m 之上为填土、砂层、砂质黏土，埋深 12m 之下为中、微风化花岗岩层，地下连续墙成槽需穿越 12m 的岩层。为克服上述深厚硬岩地下连续墙成槽施工过程中引孔出现的问题，我司发挥潜孔锤破岩的优势，利用大直径潜孔锤采用超设计桩径、小间距、全套管跟管、分序、咬合式引孔，引孔完成后直接采用抓斗清槽，避免了通常需要用方锤修孔的工序操作，达到了引孔破岩效率高、成槽速度快、综合成本低、安全环保绿色施工的效果，取得了显著成效。

4.3.2 工艺特点

1. 成槽速度快

本工艺针对超厚硬岩，采用大直径潜孔锤钻进引孔成槽，潜孔锤在中风化岩层中单孔每小时可钻进 3～6m，在微风化岩层中单孔每小时可钻进 2～3m，是旋挖、冲击成孔速度的 5～10 倍；同时，采用本工艺引孔后无需再采用冲击方锤修孔，减少了工序，大大加快施工进度。

2. 成槽质量好

本工艺采用超设计桩径、分序孔小间距、全套管跟管、咬合式引孔，二序钻孔采用咬合引孔使得孔壁残留零星锯齿状硬岩较少，采用抓斗直接清槽即可满足成槽技术要求，相比旋挖取芯和冲击破岩引孔成槽质量更有保证。

3. 安全可靠

本工艺采用潜孔锤钻进引孔作业，无需泥浆循环系统布置、泥浆制作和外运，现场临时道路、设备摆放更加有序，减少了大量的冲孔桩机作业，相应的现场管理环节得到极大的简化，避免了安全隐患，提升了现场安全文明水平。

4. 综合成本低

本工艺采用新颖的超设计桩径、小间距大咬合、套管跟管潜孔锤钻进引孔，一是破岩效率高、引孔速度快，加快了成槽进度；二是相比其他引孔方法减少了大量机械设备投入，无需再配置泥浆循环系统，减少了泥浆制作和废弃泥渣的外运，施工综合成本低。

4.3.3 适用范围

1. 槽宽

适用于墙宽800～1200mm地下连续墙硬岩引孔施工。

2. 地层

适用于硬岩强度小于100MPa的硬质岩层钻进。

3. 槽深

适用于钻孔深度不超过30m的潜孔锤全套管跟管钻进。

4.3.4 工艺原理

本工艺原理主要是利用潜孔锤的高效破岩能力和优势，结合现场深厚硬岩分布情况，采用潜孔锤超设计桩径、分序孔小间距、全套管跟管、咬合式引孔，引孔完成后设计槽段范围内残留的岩质齿边少，采用带截齿的抓斗完成修槽、清槽；本工艺采用了我司多项具有知识产权的专利技术，为国内首创综合成槽技术。

以“深圳市城市轨道交通13号线13101标段（白芒站）项目围护结构地下连续墙施工项目”为例。

1. 一序孔潜孔锤套管护壁引孔

（1）一序引孔采用上部土层段全套管护壁，大直径潜孔锤钻进工艺。

（2）套管外径816mm、长12m、采用振动锤下入，套管底部下沉至岩层顶。

（3）潜孔锤钻头采用高频直锤，直径760mm，配置三台空压机，自孔口向下钻进引孔，穿越硬岩至孔深24m设计标高。

（4）引孔终孔后，拔出套管再进行相邻另外一序孔引孔；一序孔的孔间距200mm，重复以上工序操作，完成一幅槽内的7个引孔。

一序孔标准槽宽引孔平面、剖面布设见图4.3-1、图4.3-2。

2. 二序孔全套管跟管钻进引孔

（1）二序孔在槽段内一序孔全部引孔结束后进行。

（2）二序孔采用潜孔锤咬合引孔，为确保二序孔的垂直度，采用潜孔锤全套管跟管钻进引孔二序孔引孔，二序孔位置定位于两个一序孔孔间中心位置处，一序孔引孔平面布置见图4.3-3。

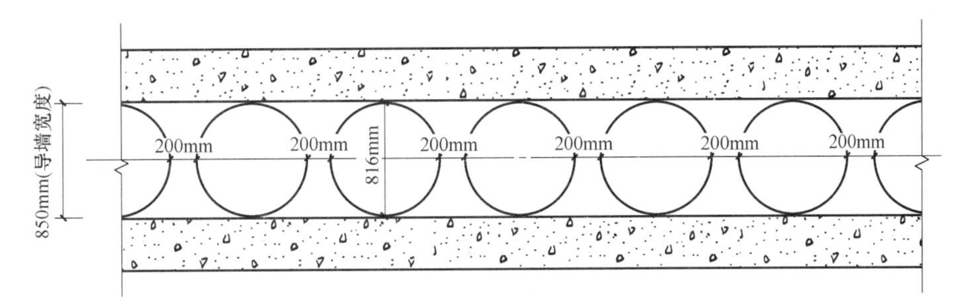

图 4.3-1 潜孔锤一序孔钻进引孔平面布置图

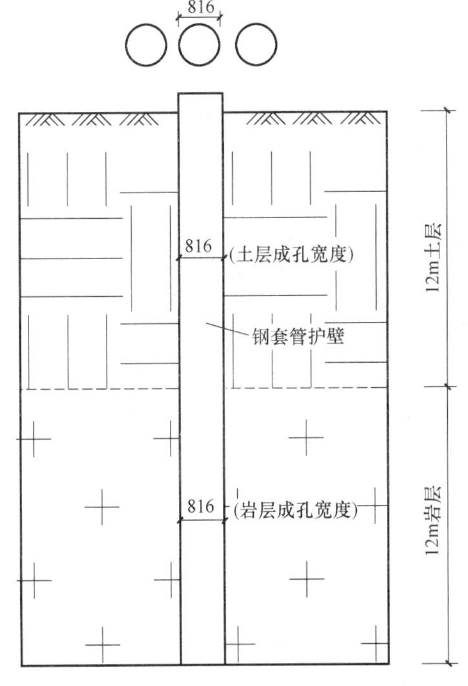

图 4.3-2 潜孔锤一序孔引孔剖面布置图

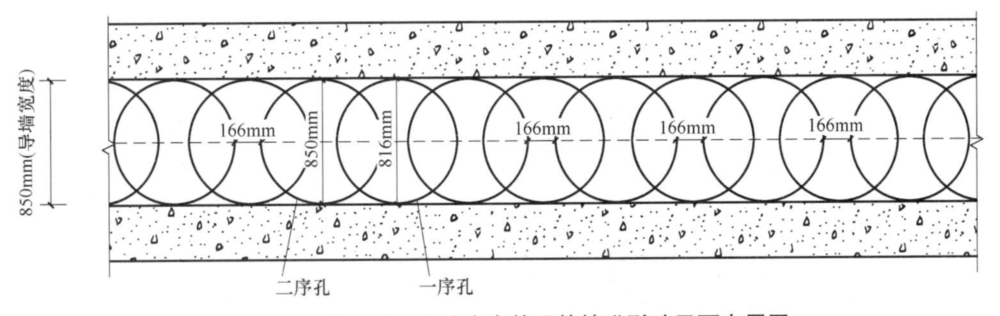

图 4.3-3 潜孔锤二序孔全套管跟管钻进引孔平面布置图

（3）跟管套管外径 816mm、长 24m，单节套管长 12m，采用孔口焊接连接，满足套管下沉至设计标高；套管底部设置有管靴结构，其独特凸出结构设计，使套管底部直径小于潜孔锤钻头顶部直径，确保潜孔锤钻头引孔时与套管同步钻进；潜孔锤全护筒跟管钻进的管靴结构为我司的专利技术，专利号：ZL 2014 2 0436322.6，套管管靴与潜孔锤钻进配合见图4.3-4、图4.3-5。

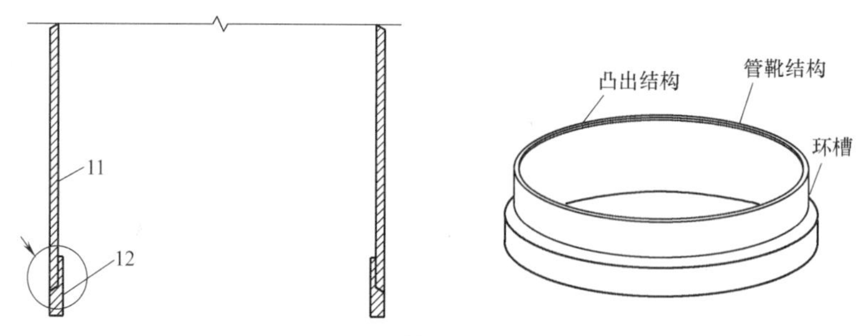

图4.3-4　管靴结构示意图

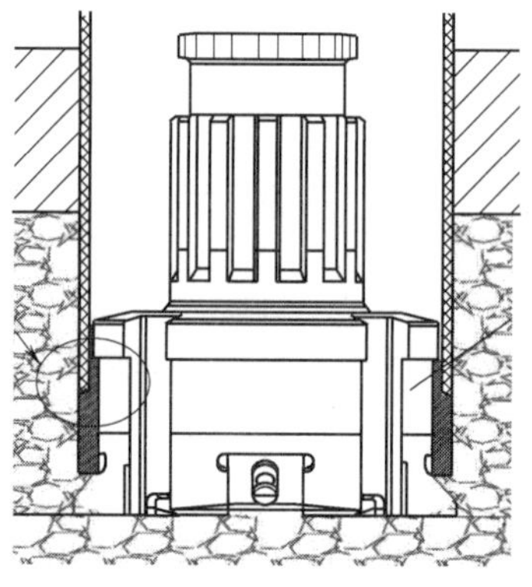

图4.3-5　管靴结构与跟管潜孔锤钻头

（4）潜孔锤钻头采用跟管钻头，钻头直径760mm，配置三台空压机；钻进前潜孔锤携套管同步就位，启动空压机后，潜孔锤跟管钻头底部四块滑块受高风压向外的冲击力作用，沿钻头底部的滑动面滑出，形成直径约850mm钻孔钻进断面，外扩超出套管直径，在实现槽段大面积破岩的同时，套管顺利跟管钻进，直至钻进24m孔深位置。潜孔锤跟管钻头为公司的专利技术，专利号：ZL 2014 2 08709597.7。潜孔锤跟管滑块钻见图4.3-6。

图4.3-6　潜孔锤滑块钻头

（5）二序孔引孔终孔后，拔出套管再进行相邻孔引孔，重复以上工序操作，完成一幅槽内的6个引孔。二序孔引孔剖面见图4.3-7，完成后平面效果见图4.3-8。

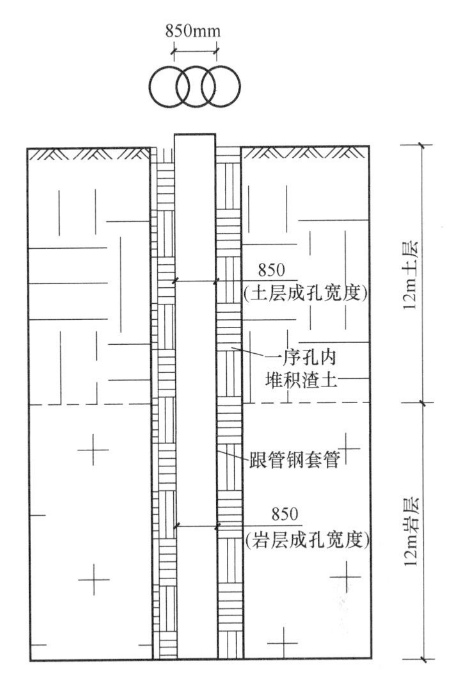

图4.3-7　潜孔锤二序孔全套管跟管钻进引孔剖面图

3. 采用改进液压抓斗修槽、清槽

（1）潜孔锤二序引孔后，由于采用的是大直径潜孔锤钻头、小间距咬合引孔，因此在设计幅宽的槽壁上残留的硬岩齿边少，无需采用冲击方锤修槽，此时采用一种改进式的液压抓斗修整槽壁残留齿边，使全断面达到设计尺寸成槽要求，确保槽段钢筋网片顺利安放到位。

（2）“带截齿的地下连续墙成槽机液压抓斗”是我司的专利技术，专利号：ZL 2017 2 0340463.1，是将旋挖钻具切割硬岩的截齿镶嵌在液压抓斗四周，发挥其截齿破岩的能力，通过镶嵌在抓斗上的截齿对槽壁的残留齿边进行破除和抓取，大大提升了修槽效率，取得显著的清槽效果。带截齿的地下连续墙成槽机液压抓斗见图4.3-9、图4.3-10。

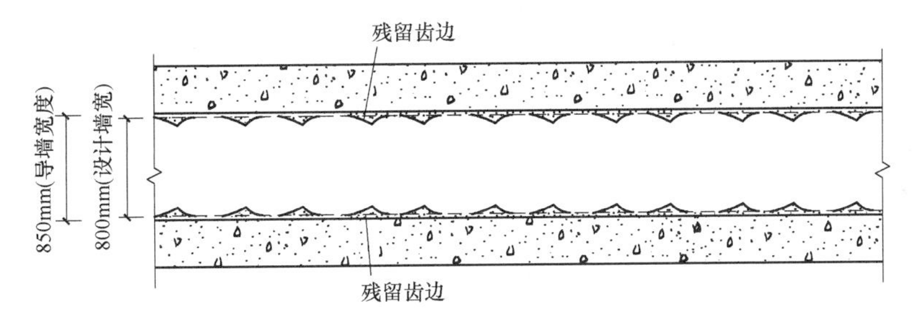

图4.3-8　潜孔锤二序孔全套管跟管钻进引孔平面效果图

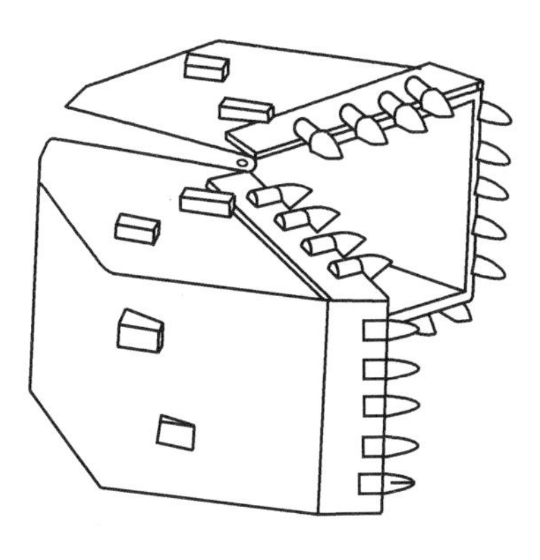

图4.3-9　带截齿的液压抓斗设计图和现场实物

图4.3-10　带截齿的成槽机液压抓斗修槽示意图

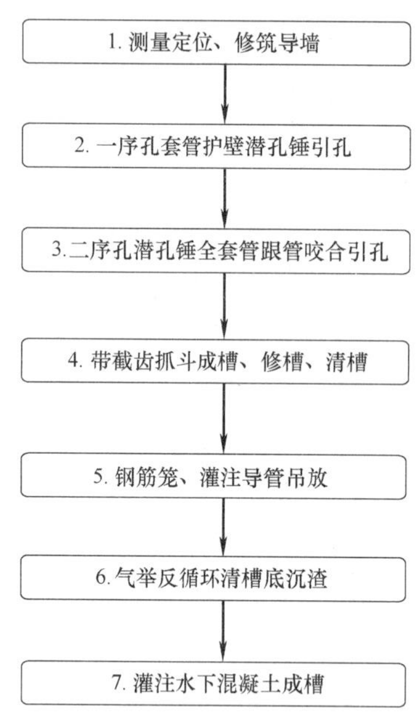

图 4.3-11 深厚硬岩地下连续墙潜孔锤跟管咬合引孔成槽施工工艺流程图

4.3.5 施工工艺流程

地下连续墙硬岩潜孔锤跟管咬合引孔成槽施工工艺流程见图 4.3-11。

4.3.6 工序操作要点

1. 测量定位、修筑导墙

(1) 根据业主提供的基点、导线和水准点，在场地内设立施工用的测量控制网和水准点；专业测量工程师按施工图设计将地连墙轴线测量定位，两侧墙净距中心线与地下连续墙中心线重合。

(2) 导墙用钢筋混凝土浇筑而成，导墙断面为“┐ ┌”形，厚度 150～200mm，宽度为 0.85m，深度 2.0m，其顶面高出施工地面 100mm。

(3) 导墙沿轴线开挖，采用机械和人工开挖；验槽后绑扎钢筋、支模、浇筑导墙混凝土。

导墙现场施工见图 4.3-12。

2. 一序孔套管护壁潜孔锤引孔

(1) 一序孔采用钢套管护壁，套管直径 816mm，壁厚 14mm，长度约 12～14m，采用 450 型单夹持振动锤沉入。护壁钢套管见图 4.3-13，单夹持振动锤见图 4.3-14。

(2) 振动锤按各一序孔中心点定位套管中心，利用共振原理，使套管的强迫振动频率与土层颗粒的振频率一致，土层颗粒产生共振，足够的振动速度和加速度迅速破坏桩和土层间的粘合力，使桩身与土层从压紧状态过渡到瞬间分离状态，沉桩阻力尤其侧面阻力迅速减小，护壁套管在自重作用下得以下沉到位。

图 4.3-12 导墙施工

图 4.3-13　护壁钢套管

图 4.3-14　450 型单夹持振动锤

（3）每一根套管连续振动下沉至基岩顶面，不可中途停顿或较长时间的间歇；可采用一次性沉入多个一序孔的套管，以加快施工进度。现场单夹持振动锤夹持钢护筒见图 4.3-15。

图 4.3-15　450 型单夹持振动锤夹持沉入套管

（4）一序孔钢套管到位后，采用潜孔锤套管内引孔钻进；潜孔锤钻机采用我司改制的 SH180 履带式大直径潜孔锤钻机，潜孔锤钻头采用直炮锤头，潜孔锤直径 760mm。潜孔锤钻机见图 4.3-16，潜孔锤钻头见图 4.3-17。

（5）先将钻具提入套管内，再将潜孔锤钻头上提离孔底 20～30cm，开动空压机、钻具上方的回转电机，风压正常后开始潜孔锤钻进作业；现场配备 3 台大风量空压机，每台空压机压力调至 1.8MPa，3 台空压机总排气量达 $82m^3/min$，以有效保证稳定、持续的气压和足够的供风量，为钻头提供稳定的动力。空压机配置见图 4.3-18。

图 4.3-16　SH180 履带式大直径潜孔锤钻机

图 4.3-17　大直径潜孔锤钻头

图 4.3-18　三台空压机

（6）潜孔锤硬岩钻进时，在操作平台控制面板进行垂直度自动调节，确保引孔效果；潜孔锤引孔钻进过程中，空压机超大风压将钻渣携出；为防止渣土、粉尘污染，在潜孔锤钻具设置有专门的串筒式伸缩降尘防护罩，具体见图 4.3-19。

图 4.3-19 一序潜孔锤引孔钻进串筒式降尘防护罩

（7）待潜孔锤钻进至设计深度后，提出潜孔锤钻具，移动钻机至下一孔位进行成孔作业；待该幅槽段所有一序孔成孔完毕后，用振动锤将套管拔出。

3. 二序孔潜孔锤跟管钻进引孔至设计深度

（1）二序孔采用潜孔锤咬合跟管引孔，其定位中心点为两个一序孔之间的中心点。

（2）潜孔锤跟管引孔采用了管靴结构，管靴与焊接连接，焊接前预先采用管道切割机对套管进行切割处理，以保证管靴与护筒处于同心圆；切割形成的坡口，可使管靴对接焊接时焊缝填埋饱满。

（3）潜孔锤钻头采用滑块式跟管钻头，吊放入套管内前进行锤头表面清理，确保套管管靴结构与钻头的有效作用。

（4）移动钻机对准二序孔位，并再次对桩位、护筒垂直度进行检验；潜孔锤启动后，先将潜孔锤钻具提离导槽底 20～30cm，开动空压机，待高风压正常后开始潜孔锤钻进作业；潜孔锤底部的四个均布的钻齿滑块外扩并超出护筒直径，随着破碎的渣土或岩屑吹出孔外，套管紧随潜孔锤跟管下沉，并进行有效护壁。潜孔锤跟管钻进见图 4.3-20。

图 4.3-20 潜孔锤跟管咬合钻进引孔

（5）当套管跟管钻进下沉距孔口约 1.0m 左右时，需将钻杆和套管接长；此时，将钻机与潜孔锤钻杆分离，钻机稍稍让出孔口，先将钻杆接长，钻杆接头采用六方节头套接连接，当上下两节钻杆套接到位后，再插入定位销固定；钻杆接长后，将下一节套管吊起置于已接长的钻杆外的前一节套管处，将上下两节套管对接平齐、焊接好，并加焊加强块。孔口钻杆接长见图 4.3-21，跟管套管孔口焊接接长见图 4.3-22。

图 4.3-21　孔口钻杆吊装、接长

图 4.3-22　跟管套管孔口对接、焊接接长

（6）潜孔锤钻进至设计墙底标高位置后，即停止钻进，提出潜孔锤钻具，再采用 450 型单夹持振动锤起拔套管，具体见图 4.3-23；当起拔套管至对接位置时，采用氧焊切割焊缝，再采用振动锤起拔套管，具体见图 4.3-24。

4. 带截齿抓斗成槽、修槽、清槽

（1）地下连续墙经分序引孔后，槽壁上残留少量硬岩齿边，此时采用我司带截齿的抓斗抓槽、修槽，成槽采用德国宝峨 GB80S 抓斗机。

图 4.3-23 振动锤起拔套管

图 4.3-24 氧焊切割起拔套管对接口

（2）将液压抓斗原有的抓土结构卸除，以 4cm 钢板作为截齿镶嵌胎体，镶嵌角度选择 36°，制作成带截齿的地下连续墙成槽机液压抓斗（图 4.3-25）。

（3）在抓斗抓槽、修槽过程中，控制好压力，当遇到槽壁硬岩齿边时，通过反复张合抓斗，使得硬岩齿边清除。

（4）施工过程中，始终调整好泥浆比重和黏度，保持槽壁稳定，并定期现场测定泥浆指标；同时，通过成槽机操作室观察成槽机可视化数字显示屏，控制垂直度，确保抓槽、修槽质量。现场抓槽、修槽施工见图 4.3-26。

图 4.3-25 带截齿的地下连续墙成槽机液压抓斗

图 4.3-26 带截齿抓斗成槽、修槽、清槽

5. 钢筋网片制安、灌注导管安装

（1）地下连续墙的钢筋网片按设计图纸加工制作，制作场地硬地化处理，主筋采用套筒连接，接头采用工字钢，钢筋网片一次性制作完成；钢筋网片制作完成后，检查所有钢筋型号及尺寸、预埋钢筋、预埋件、连接器等的规格、数量及位置，并报监理工程师

验收。

（2）钢筋网片采用吊车下入，最大吊装量超过30t，吊装前编制专项吊装方案，报专家评审通过后实施；现场吊装采用1台150t、1台80t履带吊车多吊点配合同时起吊，吊离地面后卸下80t吊车吊索，采用150t吊车下放入槽。吊放钢筋笼见图4.3-27。

图4.3-27　钢筋网片吊放

（3）钢筋网片安放后，及时下入灌注导管；灌注下入2套导管同时灌注，以满足水下混凝土扩散要求，保证灌注质量；灌注导管下放前，对其进行泌水性试验，导管安装下入密封圈，确保导管不发生渗漏。

6. 气举反循环清理槽底沉渣

（1）在灌注混凝土前，测量槽底沉渣，如沉渣厚度超过设计要求，则采用气举反循环进行二次清孔。

（2）导管下放至距沉渣面300～400mm，高压风管下放深度以气浆混合器至泥浆面距离与孔深之比的0.55～0.65来确定；开始送风时先向孔内送浆，清孔过程中注意补浆量，严防因补浆不足（水头损失）而造成塌孔；当孔底沉渣较厚、块度较大，或沉淀板结时，可适当加大送风量，并摇动导管，以利排渣。

（3）在清渣过程中，同时进行槽段换浆，保证泥浆的指标和沉渣满足设计要求；清渣完成后，检测槽段深度、厚度、槽底沉渣硬度、泥浆性能等，并报监理工程师现场验收。现场二次清孔见图4.3-28。

图4.3-28　灌注前气举反循环二次清孔

7. 水下灌注混凝土成槽

（1）为保证做好初始灌注达到0.5～1.0m的埋管深度，开始灌注前在导管内放置隔水球胆，并在灌注料斗底口设置隔水盖板；当料斗内混凝土放满时，打开盖板，通过混凝土自重和隔水球胆将导管内泥浆排净，同时连续灌注混凝土。

（2）灌注时，两套导管同时下料，并保证导管处的混凝土表面高差不大于0.3m。

（3）灌注混凝土过程中，始终保持连续进行；每次导管拆除提升前，采用测绳测量混凝土面高度，确保导管在混凝土的最小埋深不小于2m。灌注混凝土成槽见图4.3-29。

图4.3-29 灌注混凝土成槽

4.3.7 材料与机具设备

1. 材料

本工艺所使用材料分为工艺材料和工程材料。

（1）工艺材料：主要是成槽护壁所需的泥浆配置材料，包括：中黏钠基膨润土、CMC（羧甲基纤维素）、NaOH（火碱）等。

（2）工程材料：主要是商品混凝土、钢筋、电焊条等要求。

2. 设备

本工艺主要机械设备配置见表4.3-1。

主要机械设备配置表　　表4.3-1

设备名称	型号尺寸	生产厂家	数量	备注
潜孔锤钻机	SH180	自制	1台	钻进引孔，扭矩180kN·m
潜孔锤钻头	ϕ760	自制	2个	滑块式与非滑块式钻头
单夹持振动锤	450	浙江	1台	激振力45t
管道切割机	CG2-11C	广东	1个	切割套管底，与管靴结构焊接
空压机	KAISHAN	济南开山	1台	压力1.8MPa，排气量35m^3/min
	1070SRH	美国寿力 sullair	1台	压力1.7MPa，排气量30.3m^3/min
	780VH	美国寿力 sullair	1台	压力1.7MPa，排气量22.1m^3/min
履带式起重机	150t/80t	日本	2台	现场吊装
挖掘机	HD820	日本	1台	挖土、清土
泥浆泵	3PN	上海	3台	清孔
钢套管	内径816mm	自制	200m	护壁
带截齿抓斗	800mm	自制	1台	抓槽、修孔
电焊机	ZX-700	山东	6台	焊接、加工

4.3.8　质量控制

1. 成槽

（1）严格控制导墙施工质量，重点检查导墙中心轴线、宽度和内侧模板的垂直度。

（2）潜孔锤引孔至设计墙底标高位置时，报监理工程师、勘察单位岩土工程师确认，以正确鉴别入岩岩性和深度，确保入岩深度满足设计要求。

（3）抓斗成槽、修槽时，严格控制垂直度，如发现偏差及时进行纠偏；成槽过程中，选用优质膨润土配置泥浆，保证护壁效果；抓斗抓槽提离导槽后，槽内泥浆面会下降，此时及时补充泥浆，保证泥浆液面满足护壁要求。

（4）当槽底沉渣超过设计要求时，采用气举反循环进行二次清渣，确保槽底沉渣厚度满足要求。

（5）清孔完成后，对槽段尺寸进行检验，包括槽深、厚度、岩性、沉渣厚度等，各项指标必须满足设计和规范要求。

2. 钢筋笼制安

（1）钢筋网片制作按设计和规范要求制作，严格控制钢筋网片加工尺寸，以及预埋件、插航图、接驳器等位置和牢固度，防止钢筋笼入槽时脱落和移位。

（2）钢筋网片制作完成后进行隐蔽工程验收，合格后安放；钢筋网片采用2台吊车起吊下槽，下入时注意控制垂直度，防止剐撞槽壁，满足钢筋保护层厚度要求；下放时，注意钢筋笼入槽方向，并严格检查钢筋笼安装的标高；入槽时用经纬仪和水平仪跟踪测量，确保钢筋安装精度；检查符合要求后，将钢筋笼固定在导墙上。

（3）在吊放钢筋笼时，对准槽段中心，不碰撞槽壁壁面，不强行插入，以免钢筋网片变形或导致槽壁坍塌；钢筋网片入孔后，控制顶部标高位置，确保满足设计要求。

3. 灌注混凝土成槽

（1）槽段混凝土采用水下回顶法灌注，采用商品混凝土，设2台套灌注导管同时灌注；初灌时，灌注量满足埋管要求；灌注过程中，严格控制导管埋深2～4m，防止堵管或导管拔出混凝土面。

（2）每个槽段按要求制作混凝土试块，严格控制灌注混凝土面高度并超灌80cm左右，以确保槽顶混凝土强度满足设计要求。

（3）施工过程中，严格按设计和规范要求进行工序质量验收，派专人做好施工和验收记录。

4.3.9　安全措施

1. 潜孔锤引孔

（1）本工艺潜孔锤钻机设备重量大、桩架高，施工前对工作面进行铺垫厚钢板防止施工过程中出现地下连续墙变形、坍塌、作业面沉降等。

（2）潜孔锤钻进过程中，加强对导墙稳定的监测和巡视巡查，发现异常情况及时处理。

（3）振动锤沉入套管时，振动锤作业半径内严禁站人，禁止在振动时和尚未完全停止工作时在锤下进行操作。

（4）潜孔锤引孔作业时，空压机派专人操作，高压风管连接紧固，防止漏气造成伤人。

2. 抓槽、修槽施工

（1）抓斗成槽过程中，注意槽内泥浆性能及泥浆液面高度，避免出现清水浸泡、浆面下降导致槽壁坍塌现象发生。

（2）抓斗出槽泥土时，转运的泥头车按规定线路行驶，严格遵守场内交通指挥和规定，确保行驶安全。

（3）钢筋网片一次性制作、一次性吊装，吊装作业成为地连墙施工过程中的重大危险源之一，施工中进行重点监控，并编制吊装安全专项施工方案，经专家评审后实施。

（4）吊装钢筋网片时，检查吊车的性能状况，确保正常操作使用；在吊装过程中，设专门司索工进行吊装指挥，作业半径内人员全部撤离作业现场。

（5）成槽后，及时在槽口加盖或设安全标志，防止人员坠入。

4.3.10 环保措施

1. 潜孔锤引孔

（1）潜孔锤引孔钻进过程中，空压机超大风压将钻渣携出，为防止渣土、粉尘污染，在潜孔锤钻具设置专门的串筒式伸缩降尘防护罩。

（2）孔口堆积的泥渣集中清理、外运。

（3）潜孔锤空压机启动时噪声大，严格选择低噪声设备进场，现场采取适当的降噪措施，并且根据工序要求合理安排好施工时间，严禁噪声扰民。

2. 成槽

（1）本工艺抓斗成槽采用泥浆作业，且泥浆使用量大，现场做好泥浆系统的规划，做好泥浆循环、净化处理工作。

（2）采用移动式泥砂分离机对槽段泥浆泥砂分离，避免过多的细砂和污泥进入沉淀池，造成沉淀池淤积。

（3）抓斗成槽时抓取的泥土出槽时含水量大，直接采取自卸泥头车转运至现场指定位置堆放，晾晒处理后集中外运。

（4）场地内四周设置排水沟、集水井和三级沉淀池，及时排除场地内积水；对作业场地进行全覆盖，防止扬尘污染。

（5）槽段灌注混凝土时，废浆采用专门的泥浆运输车辆，废渣外运所使用的泥头车严格按规定要求持二牌二证进场运输，按规定装运至专门的弃浆点。

（6）场地进出口设专门的洗车池，配置高压水枪和三级沉淀池，外出车辆均冲洗干净，严禁车辆带泥出场污染市政道路。

第5章　潜孔锤地基处理、锚固施工新技术

5.1　潜孔冲击高压旋喷水泥土桩及复合预制桩施工技术

5.1.1　引言

装配式建筑物因其可实现产业化、标准化，可充分发挥节能环保，降低环境污染，缩减建设工期，提高建设质量等优势，国内外均在大力发展装配式设计和施工技术。其中桩基础的装配式难度较大，影响因素多，目前主要在软土地区采用预制桩的方式，对于硬塑—坚硬的黏土、中密—密实的粉土和砂土、碎石土、残积土风化岩以及岩溶等场地，因成桩阻力大，采用静压或锤击施工时容易导致桩身损坏、效率低，因此很少应用，这大大限制了预制桩的使用范围，不利于绿色装配式构件的推广。

在深厚块石填土地层中进行地基处理加固，常用的施工方法有强夯法或强夯＋高压旋喷桩工艺等。其中强夯法是一种处理填土的有效手段，但对于深厚填土地层的场地处理深度不够。常规高压旋喷桩工艺在大空隙、大颗粒块石填土等复杂地层中进行地基处理时，需采用其他设备引孔，然后再喷射高压浆，因增加引孔工序将导致施工效率降低，且引孔设备提出孔外时孔壁极易坍塌，再下入注浆管难度大；在无地下水的大空隙深厚填土地层中喷浆，注入地层中的水泥浆液极易沿空隙流失；在具有动水环境的深厚填土地层中喷浆，注入地层的浆液易被地下动水冲蚀，均无法有效控制注浆范围，成桩质量均不可靠。

潜孔冲击高压旋喷技术（DJP工法）将潜孔冲击工艺与高压旋喷工艺进行有机组合，有效适用于上述厚度较大的块石填土地基和硬塑—坚硬的黏土、中密—密实的粉土和砂土、碎石土、残积土、风化岩以及岩溶地基等，在解决施工难题的同时，节约造价。在各类复杂地层中，可采用潜孔锤成孔，高压旋喷形成大直径水泥土外桩，再同心植入预制桩，形成复合地基或桩基，由此可解决成孔难题，并可消除普通灌注桩可能出现的缩颈、离析、桩底沉渣等问题，也有利于桩身的抗腐蚀，能充分发挥预制桩的优势，符合国家的绿色装配式建筑发展趋势，扩大了预制桩的应用范围。

5.1.2　工艺特点

1. DJP水泥土桩技术特点

（1）DJP工法通过潜孔锤与喷射器有机结合，可同步解决复杂地层条件下的钻进与喷浆成桩难题，一套设备完成全部施工工作，即钻进、喷浆一体完成，工序减少一半，工效提升一倍以上。

（2）本项技术采用的钻头具有主动冲击能力，钻进效率高，对坚硬块体、岩石、硬地

层（卵石地层）通过能力强，成功解决了在软硬相间的复杂地层中的应用问题。尤其适用于杂填土、抛石填土、碎石土、残积土、基岩等坚硬地层，也可适用于素填土、黏性土、粉土、砂土等一般地层。

（3）DJP 工法设备采用上下双动力进行钻进，潜孔锤牵引导向性可保证施工过程中的垂直度不断修正，钻杆刚度大，钻机自稳能力强，垂直度偏差可控制在±0.5%，比其他工艺提升一倍以上；在成桩直径方面，DJP 工法钻进过程中喷射的水流与提升过程中喷射的浆液均压力较高，前者充分切削土体，加大影响范围，后者通过二次高压将浆液与四周土体进行混合，加之潜孔锤底不断输出的高压气聚集形成的微气爆，可以通过挤压、渗透进一步扩大成桩直径，从而形成大直径、均匀性较好的水泥土固结体。

（4）DJP 工法具有 RC 系列添加剂，其具有降低液流动度、提高浆液抗冲蚀性等特点，特别适用于具有动水条件的卵砾石层、块石填土层以及潮汐作用的人工填海地层等复杂场地条件，有效保证了在以上复杂地层中水泥土桩成桩质量。

（5）DJP 工法的基本原理为加固而非置换，水泥浆可充分充填到地基土中，水泥利用率高于其他旋喷工艺，返浆量得到有效控制，可显著降低水泥用量，节约造价；同时，减小废弃水泥浆的排放，降低对环境的影响和后续的二次处理费用。

2. DJP 复合桩技术特点

（1）水泥土桩采用 DJP 工法，扩大了复合桩的应用范围，对于巨厚块石填土、碎石土、残积土、风化岩以及岩溶等复杂地层，具有较强的攻坚性能；对于桩端持力层基岩坡度较大的地层，能够实现桩端嵌岩。

（2）潜孔锤释放的高压气体对浆液与土体的翻搅作用，所形成的水泥土固结体强度比较均匀，克服了传统旋喷工艺“中心低、四周高”的问题，芯桩-水泥土界面的侧摩阻力值较高。

（3）由于水泥土与芯桩共同作用，水泥土外桩提供更大的侧向刚度。

（4）DJP 工法在冲击钻进过程对桩周土产生振密作用，可以提高桩间土密实度，为桩基抗震性能的提高提供了保证。

（5）水泥土桩对芯桩的包裹，减小了地下水对芯桩的腐蚀，增加基桩使用寿命。

（6）施工工艺为非取土工艺，且无需泥浆护壁，减少材料消耗，无土方和废弃泥浆外运处理的费用，节约工程造价。

（7）流水施工、效率高，且符合建筑业大力倡导的预制装配式发展趋势。

5.1.3 适用范围

适用于抛石填土、杂填土、碎石土、残积土、风化岩等坚硬地层，适用于素填土、黏性土、粉土、砂土等一般地层，适用于止水帷幕、坝体防渗加固、地基处理、基础桩、基坑支护、隧洞超前加固等工程领域。

5.1.4 工艺原理

DJP 工法是利用位于钻杆下方的潜孔锤冲击器在钻进过程中产生的高频振动冲击作用，结合冲击器底部喷出的高压空气对土体结构进行破坏；同时，冲击器上部高压水射流切割土体；在高压水、高压气、高频振动的联动作用下，钻杆周围土体迅速崩解，处于流塑或悬浮状态；此时喷嘴喷射高压水泥浆对钻杆四周的土体进行二次切割和搅拌，加上垂直高压气流的微气爆作用，使已成悬浮状态的土体颗粒与高压水泥浆充分混合，形成直径较大、混合均匀、强度较高的水泥土桩。

DJP 复合桩技术是先采用潜孔冲击高压旋喷技术（DJP 工法）形成水泥土外桩，然后在水泥土外桩内同心植入预制芯桩，最后形成 DJP 复合桩。芯桩承担了大部分的桩顶荷载，通过水泥土固结后对芯桩的握裹力，将桩身轴力传递给桩周的水泥土，水泥土进一步通过其自身强度，将桩身轴力继续传递给桩周土，实现了荷载的有效传递。桩周土则以侧阻力和端阻力的形式，为复合桩提供承载力。由于水泥土桩对芯桩的包裹，减小了地下水对芯桩的腐蚀，延长了芯桩寿命。

1. 成孔机理

在钻机就位后，开动大功率动力头旋动钻杆，向钻杆底部的冲击器提供高压空气（空气压力不低于 2.0MPa），潜孔锤在高压空气驱动下开始产生冲击效能；同时，由高压泵向喷嘴提供高压水，冲击器上部四周的喷嘴在≥25MPa 的压力下水平喷射高压水流。如地层为粉土、黏土，喷射的高压水流可切割软化四周的土体；如地层为砂土，高压水流和高压空气可使四周砂土悬浮；如遇到碎石、卵石或块体时，则直接冲击破碎。此外，潜孔锤的高频振动冲击和高压空气的联合作用也会在锤底空间内产生“微气爆”效果，进一步加强对黏土、粉土和砂土的冲击破坏能力，对卵石、块石地层通过振动、气爆调整块石位置，打开通道，利于后续水泥浆进入被加固区域。

2. 成桩机理

成孔完成后，提钻开始注浆。此时，将高压水切换为高压水泥浆，同时提升喷射压力至 25～40MPa，由喷射器侧壁的喷嘴向周围土体进行高压喷射注浆；此时，已成流塑或液化状态的土体被喷射器四周喷射的高压浆充分搅拌、混合；同时，锤底喷射的高压气可加大搅拌混合力度，并将浆液往四周挤压，沿着气爆打开的孔隙和通道注入被加固的土体，从而形成均匀的水泥土混合物。这种喷射注浆方式要比普通的旋喷注浆产生的压力更大，效果更好，可形成的桩径也更大。

DJP 水泥土桩成孔示意见图 5.1-1，DJP 水泥土桩成桩示意见图 5.1-2。

图 5.1-1　DJP 水泥土桩成孔示意图

图 5.1-2　DJP 水泥土桩成桩示意图

3. DJP 复合桩

水泥土桩完成后，采用静压或锤击工艺同心植入预制混凝土桩，形成 DJP 复合桩。预制桩植入过程对水泥土产生侧向挤压力，使桩侧水泥土更加密实，增加水泥土桩与桩周土的侧阻力。预制桩植入过程施加压力小于正常土层工作压力，对桩身质量影响小。

DJP 复合桩成桩示意见图 5.1-3。

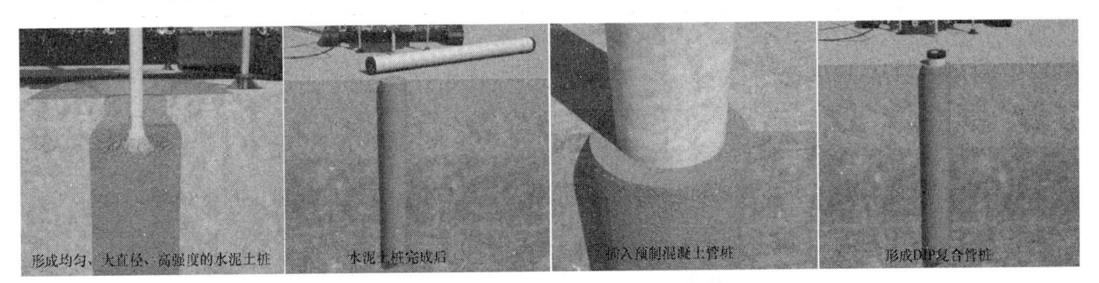

图 5.1-3 DJP 复合桩成桩示意图

5.1.5 施工工艺流程及参数

1. DJP 工法施工工艺流程

DJP 工法施工工艺流程见图 5.1-4。

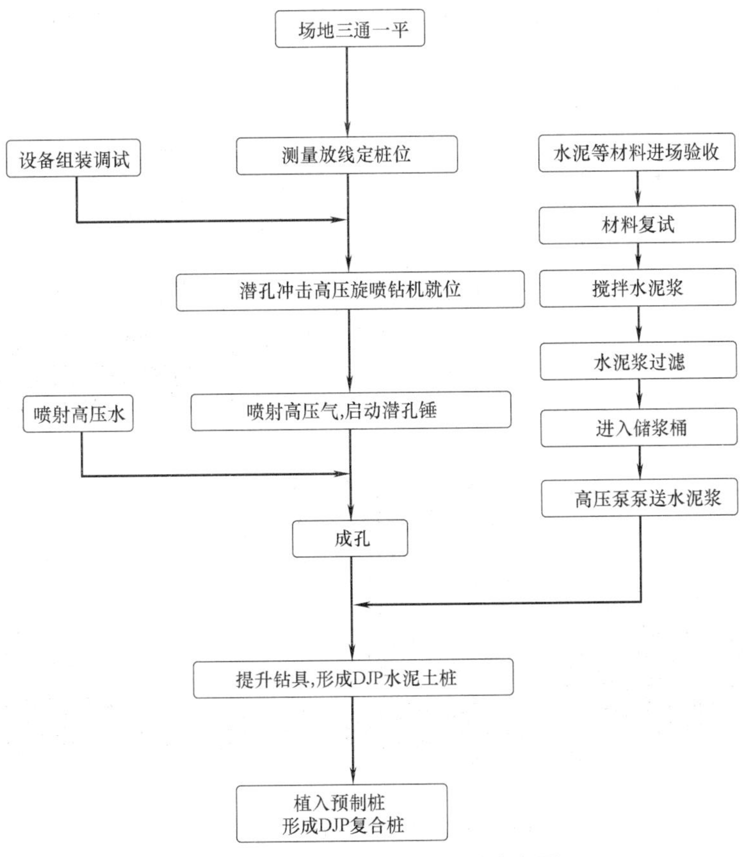

图 5.1-4 DJP 工法施工工艺流程图

2. DJP 水泥土桩施工工艺参数

DJP 水泥土桩施工工艺参数见表 5.1-1。DJP 工法止水帷幕桩施工应符合下列规定：钻具喷射注浆时的提升速度不宜大于 800mm/min；喷射水泥浆的水灰比为 0.7～1.4；水泥土桩的水泥掺量≥15%，水泥土桩桩身强度等级宜≥1.0MPa。

DJP 水泥土桩施工工艺参数　　　　**表 5.1-1**

介质	参数	取值
水	压力(MPa)	5～40
	喷嘴数量(个)	1～2
	喷嘴直径(mm)	1.5～4.5
气	压力(MPa)	0.7～2.3
	流量(m^3/min)	6～30
	喷气方式	水平及锤底竖向喷气
浆	压力(MPa)	5～40
	流量(L/min)	80～300
	密度(g/cm^3)	1.4～1.7

5.1.6　机具设备

DJP 复合桩施工技术是由北京荣创岩土工程股份有限公司自主研发的核心技术，其设备组成包括：DJP 钻机、高压注浆泵、自动化搅浆设备、空压机及预制桩施工钻机。DJP 钻机将旋喷技术与潜孔锤进行有机组合，可应对各类复杂地层的施工难题。目前，潜孔冲击钻具直径为 180～700mm，水泥土成桩直径最大可达 2.5m。DJP 复合桩施工设备见图 5.1-5，DJP 钻机参数见表 5.1-2。

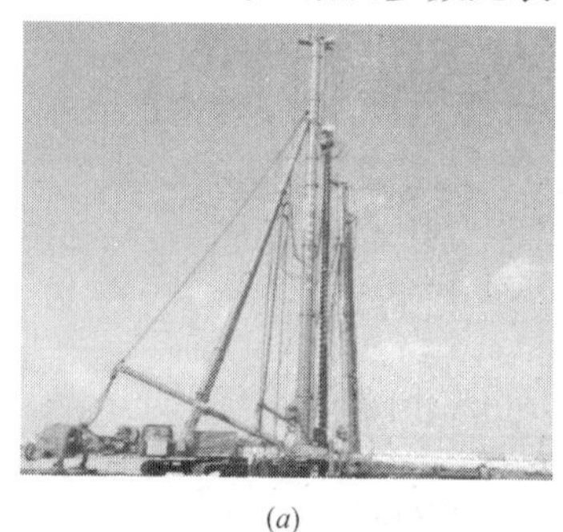

(*a*)

(*b*)

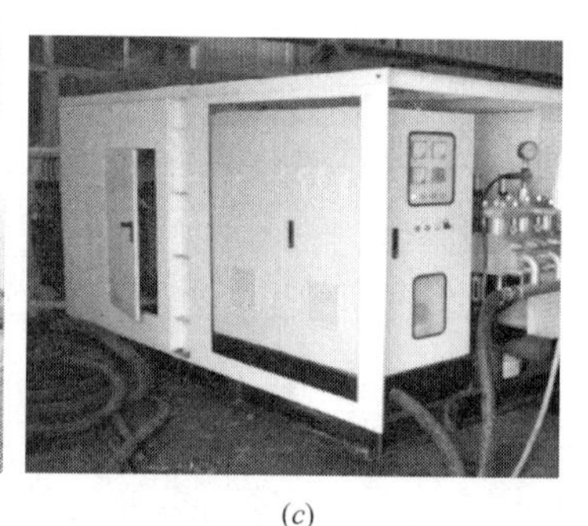

(*c*)

(*d*)

(*e*)

(*f*)

图 5.1-5　DJP 复合桩施工设备

(*a*) DJP 钻机；(*b*) 自动化搅浆设备；(*c*) 高压注浆泵；(*d*) 空压机；
(*e*) 锤击桩机；(*f*) 静压桩机

DJP 钻机参数 **表 5.1-2**

设备型号	DJP-180	DJP-120	DJP-90
设备施工深度(m)	42	36	28
垂直度偏差	≤0.5%	≤0.5%	≤0.5%
设备长宽高(m)	14×7.0×45	12×6.4×38	11×7.5×30
提拔力(kN)	1000	800	640
设备扭矩力(kN·m)	500	200	50
设备自重(t)	约 130t	约 92t	约 75t

5.1.7 工序操作要点

1. 场地三通一平

正式施工前，施工现场进行通水、通电、通路和平整场地。

2. 测量放线定桩位

根据设计桩位图纸进行桩位测放，并做好标记。

3. 设备组装调试

（1）将进场的设备进行组装并调试，确保设备运作正常。

（2）设备组装完成后进行试运转并验收。

4. 潜孔冲击高压旋喷钻机就位

（1）将 DJP 钻机移至定好的桩位位置，并调整垂直度。

（2）钻机主塔和钻杆垂直度靠钻机自身配备的垂直度监测系统进行调整，并用经纬仪进行双控，垂直度偏差≤0.5%。DJP 钻机垂直度监测系统具体见图 5.1-6。

5. 材料制备

（1）按照设计水灰比对水、水泥重量进行计量，在搅浆桶里搅拌均匀后，经 60 目筛过滤，放入储浆桶中。

（2）储浆桶对水泥浆进行不间断搅拌，防止水泥浆沉淀；注浆泵泵头用细目纱网罩罩住，防止吸入粗颗粒物而堵塞钻头喷嘴。

（3）结合项目地基处理范围内地下水条件，可选择性添加 RC-1、RC-2 型添加剂，保证水泥土桩的成桩质量，降低喷出后浆液的流动度，提高其抗冲蚀能力。

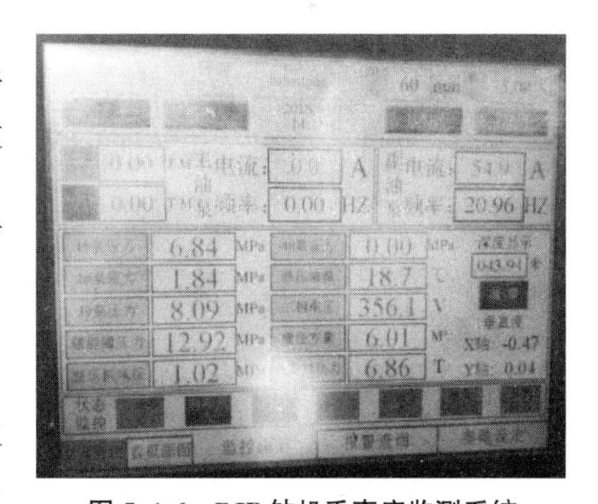

图 5.1-6 DJP 钻机垂直度监测系统

6. 喷射高压气、启动潜孔锤

DJP 钻机就位后，启动空压机喷射高压气，以启动潜孔锤。

7. 喷射高压水

在启动空压机喷射高压气的同时，启动注浆泵、喷射高压水。

8. 成孔

（1）开动动力头旋动钻杆，动力头驱动钻杆旋转，DJP 钻具在高压气、高压水驱动

图 5.1-7　钻机成孔

下，一边破坏土体一边下沉钻进。

（2）钻进过程实时监控电子显示屏，观察钻进垂直度情况，一旦偏差>0.5%，则及时停止钻进进行修正。

9. 提升钻具，形成 DJP 水泥土桩

（1）钻进达到设计深度后，启动高压注浆泵，边提升钻杆边喷射高压水泥浆液。

（2）按设计提升速度提升钻具，控制高压注浆泵压力，工程桩喷至设计桩顶标高以上 500mm。

10. 植入预制桩形成 DJP 复合管桩

水泥土外桩施工完成后立即进行管桩施工，可采用静压桩机或锤击桩机进行沉桩，下面详述静压桩机工作要点。

（1）放线定位：根据设计桩位进行桩位测放。

（2）静压桩机就位：静压桩机根据确定的桩位进行对位。

（3）吊装喂桩：静压预制桩桩节长度在 15m 以内，可直接用压桩机上的工作吊机自行吊装喂桩，也可以配备专门调机进行吊装喂桩。当桩被运到压桩机附近后，一般采用单点吊法起吊，采用双千斤（吊索）加小扁担（小横梁）起吊可使桩身竖直进入夹桩的钳口中。吊装喂桩见图 5.1-8。

图 5.1-8　吊装喂桩

（4）桩身对中调直：当桩被吊入夹桩钳口后，夹紧桩身，微调压桩机使桩尖对准桩位，并将桩压入土中 0.5～1.0m，暂停下压，再从桩的两个正交侧面校正桩身垂直度，当桩身垂直度偏差小于 0.5%时才可正式压桩。

（5）压桩：压桩是通过主机的压桩油缸伸程的力将桩压入土中，压桩油缸的最大行程因不同型号的压桩机而有所不同，一般 1.5～

2.0m，所以每一次下压，桩入土深度约为 1.5～2.0m，然后松夹具—上升—再夹紧—再压，如此反复进行，方可将一节桩压下去。当一节桩压到其桩顶离地面 40～50cm 时，接桩至设计标高。

（6）送桩：送桩器采用圆形钢管送桩器，送桩器采用“六方头”快速接头，上节送桩器起吊后直接插入下节送桩器六方孔内，两侧插入钢销固定。

送桩器见图 5.1-9，送桩流程见图 5.1-10。

图 5.1-9 送桩器

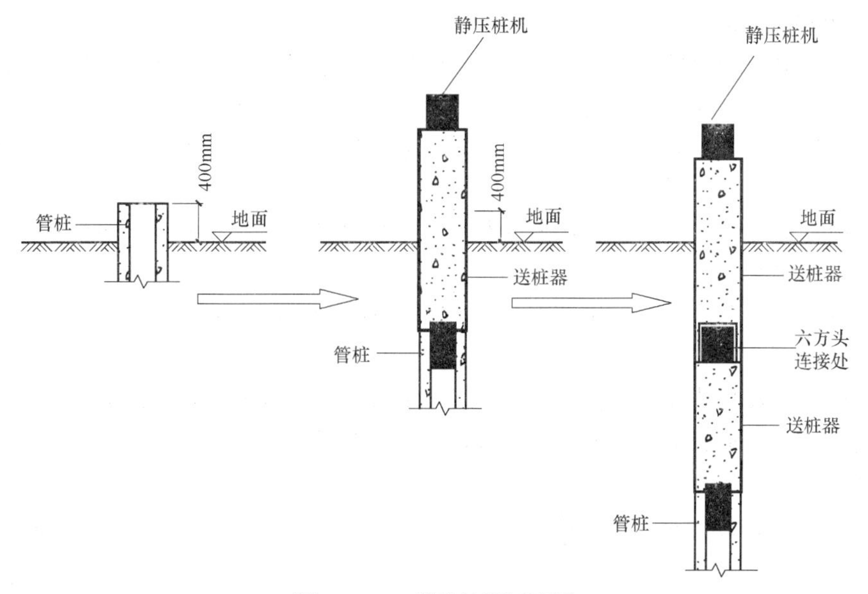

图 5.1-10 送桩流程示意图

（7）送桩器的拔出：采用静压桩机将第一节送桩器拔出地面 1.0m 后，将第一节送桩器拆除；再用静压桩机第二节送桩器，将第二节送桩器拔出地面 1.0m 后，将第二节送桩器拆除；持续此步骤直至送桩器全部拔出。

5.1.8　质量控制

1. 施工质量保证措施

（1）由专职测量人员负责测量放线及桩位的定位。

（2）桩机必须端正、稳固、水平，用经纬仪监测垂直度。

（3）浆液配制必须按规定的配合比进行配制。

（4）采用“高压旋喷”工艺，保证桩体成桩均匀性。

（5）按要求控制好下沉、提升速度，若出现堵管、断浆等现象，应立即停止，查找原因进行处理，待故障排除后将钻具下放 1.0m 重复旋喷搅拌注浆后再下钻，防止断桩。

2. 施工技术措施

（1）减慢下沉速度、减少偏位。

（2）钻进过程中钻机主塔和钻杆垂直度靠钻机自身配备的垂直度监测系统进行调整，垂直度偏差≤0.5%。

（3）适当提高浆液的水灰比，延长搭接处旋喷搅拌体初凝时间，减少钻杆偏位。

（4）派专人利用经纬仪观测钻杆的偏向，如发现严重偏位时，则提杆重新旋喷。

（5）开挖沟槽及清障时，控制好沟槽两边尺寸，以便设备的就位。

（6）桩架下的路基箱铺设平整、地基土密实，以防钻进时桩架倾斜。

（7）搅浆系统保持完好，准备好备用泵等设备。

5.1.9　安全措施

1. 安全技术措施

（1）施工组织设计必须贯彻安全第一的思想，根据工程特点、施工工艺、劳动组织和作业环境，对施工全过程安全生产做出预测，提出具有可行性、针对性的安全技术措施。

（2）工程开工前，项目经理和技术负责人必须到现场，将工程概况、施工工艺、安全技术措施等情况向全体项目管理人员交底。

（3）项目安全员应针对工程安全技术交底内容写出书面具体要求，并在工程开工前向全体施工人员交底。

（4）各班组每天要根据施工工艺要求和作业环境及人员状况进行班前交底，并做好记录。

（5）对新工人要进行公司、项目、班组三个层次的安全教育，否则不许上岗；对各工序间的交叉转移，制定相应安全技术措施，提出安全操作要求，对施工人员进行安全交底和安全培训。

（6）项目部不定期进行安全检查，掌握安全生产情况，调查研究生产中的不安全问题，及时进行改进。

（7）进入施工区域的所有人员必须戴安全帽，凡从事 2m 以上、无法采取可靠防护措施的高处作业人员必须系安全带，特种作业人员必须持证上岗，并佩戴相应的劳保用品。

2. 安全施工措施

（1）施工现场内设安全标志，危险地区设警示牌，且不得随意移动；障碍物、井设置明显标志，孔口要加盖，槽边设护栏；施工作业面严禁住人，严禁吸烟和随地大小便。

（2）施工现场的道路、材料堆放、临时和附属设施等平面布置，符合安全、卫生、防火要求，并加强管理，做到安全、文明生产。

（3）施工人员按操作规程使用设备机具，严禁违章操作，非专职人员不得擅自使用、拆卸和修理设备、机具。因违章操作造成事故的，根据规定处以行政、经济处罚，造成严重后果构成犯罪者，由司法部门依法追究刑事责任；施工设备、机具应由专人定期进行安全检查，并做好检查记录。

（4）施工现场发生安全事故后，工程项目部立即组织抢救并保护好现场；同时，立即上报公司质量安全部，严禁故意破坏现场、拖延上报、谎报或隐瞒不报。

（5）施工组织设计审批后，任何涉及安全的设施和措施不得擅自更改，如需要更改，必须报公司主管部门重新审批。

5.1.10 工程应用实例

1. 抛填石地层旋喷桩应用案例

（1）工程概况

湖北某项目原始地貌为丘陵沟谷相间分布，四周山体、中部夹沟谷，沟谷呈树枝状、宽度 30～85m 不等，两岸山体坡度 25°～40°；后经开山切坡，高挖低填的方式逐步整平形成，基础形式为柱下独立基础。

场地地层自上而下为：①素填土（Q_4^{ml}）、②粉质黏土（Q^{al+pl4}）、$③_1$ 强风化片岩、$③_2$ 中风化片岩。本场地无稳定地下水位，在填土层底部局部含有少量地下水，属上层滞水，没有统一地下水位。地层剖面图见图 5.1-11。

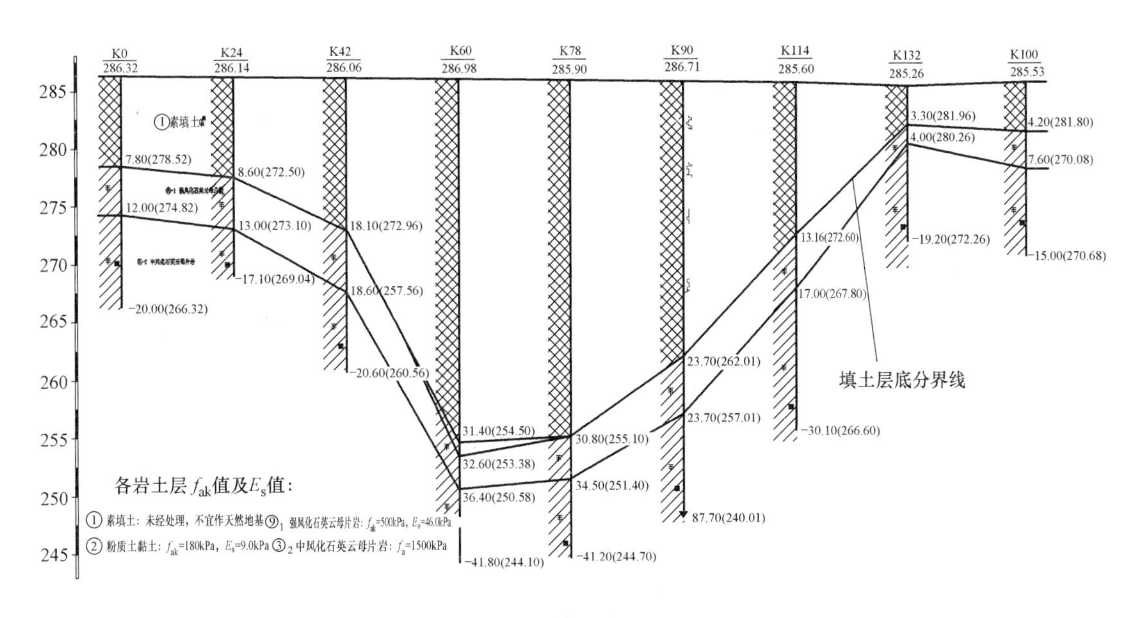

图 5.1-11 典型地层剖面图

（2）设计方案

采用分级强夯+DJP桩复合地基方案，场地先进行强夯，后施工DJP桩进行加固。设计DJP水泥土桩直径为1000mm，桩长10.0～42.5m，DJP水泥土桩桩体强度≥1.2MPa，复合地基承载力为200kPa，沉降允许值不大于80mm。由于注入地层的水泥净浆流失非常严重，因此采用在水泥粉煤灰浆液中掺入自主研发的RCYT-1添加剂，以增加浆液稠度，改善浆液流动度。

（3）施工参数

施工参数见表5.1-3。

施工参数表　　**表5.1-3**

项目	参数	项目	参数
水灰比	0.7	水泥掺量	≥20%
水泥粉煤灰浆液相对密度	1.65	水泥土抗压强度	≥1.2MPa
喷水压力	≤5MPa	注浆压力	15～30MPa
水泥强度等级	P.O42.5	提升速度	25～35cm/min
粉煤灰等级	二级	转速	16～21r/min

（4）DJP水泥土桩检测

DJP水泥土桩成桩直径检测见图5.1-12，取芯效果见图5.1-13，单桩和复合地基静载试验曲线见图5.1-14。设计桩径为1000mm的DJP水泥土桩，实际开挖直径≥1000mm，满足设计桩径要求。通过对水泥土桩取芯，实测水泥土强度值≥6.8MPa，满足水泥土桩强度≥1.2MPa的设计要求。对DJP水泥土桩进行单桩和复合地基静载荷试验，单桩静载荷试验Q-s曲线较平缓，最大加载值为2000kN，对应的沉降为31.73mm，回弹量为5.13mm，占总沉降量的16%。复合地基静载荷试验最大加载值为400kPa，对应的沉降为6.8mm，表明单桩及复合地基质量好，满足设计要求。

图5.1-12　水泥土桩成桩效果

图5.1-13　DJP水泥土桩取芯效果

2. 岩溶地区桩基础应用案例

（1）工程概况

广东肇庆某岩溶地区桩基础项目，建筑面积为162299m^2，拟建住宅区。本场地地层自上而下为：①素填土、②$_1$粉质黏土、②$_2$淤泥质土、②$_3$粉质黏土、②$_4$淤泥质土、②$_5$粉

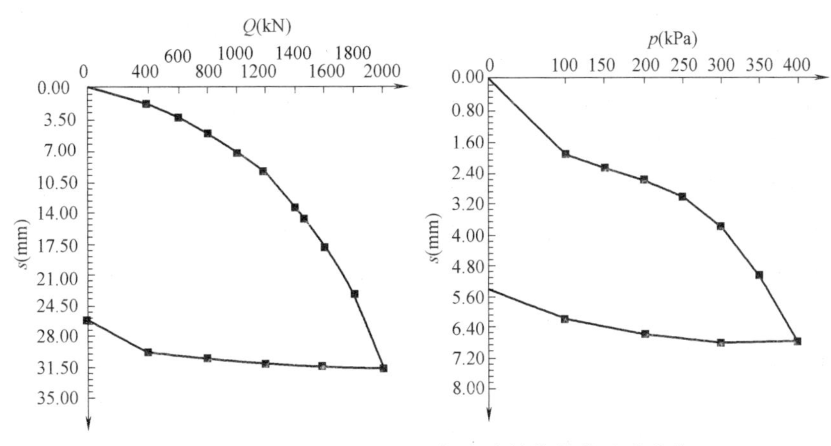

图 5.1-14 单桩竖向抗压及复合地基静载荷试验曲线

砂、②$_6$ 粗砂、②$_7$ 卵石、②$_8$ 含砾粉质黏土、②$_9$ 含砾粉质黏土、③微风化石灰岩。地层剖面图见图 5.1-15。

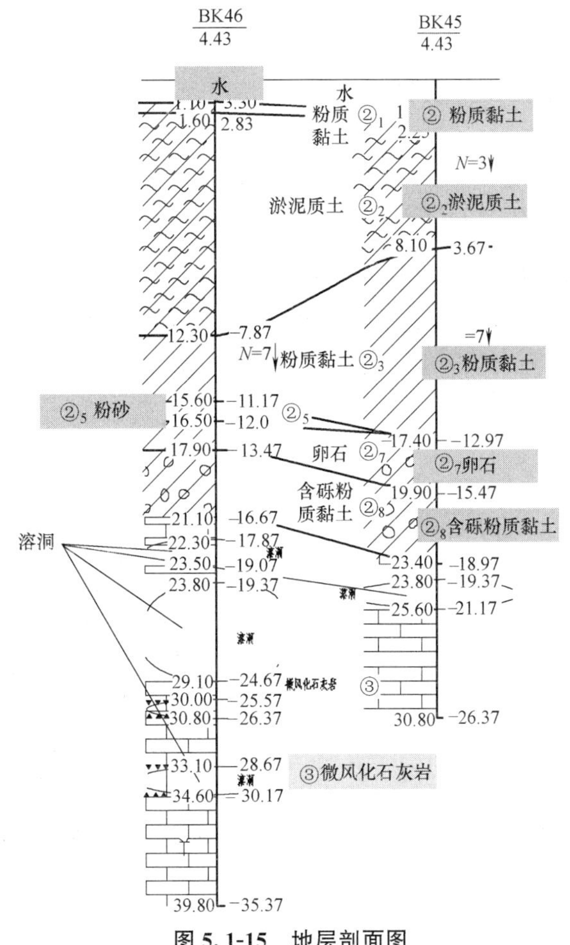

图 5.1-15 地层剖面图

本场地的不良地质作用为岩溶，最大溶洞洞高 16.30m，部分溶洞为串珠状溶洞，最多的为4～5个溶洞形成串珠状。溶洞内大部分呈全充填状态，充填物为粉质黏土，个别为砂卵石，部分溶洞为空洞。场地内地下水类型主要有上层滞水、孔隙水、基岩裂隙水及岩溶水，稳定水位埋深0.50～2.10m，标高3.73～4.88m，地下水水量相对丰富。

（2）桩基础设计方案

本工程采用DJP工法植桩工艺，设计单桩承载力为4900kN，桩基沉降变形允许值为50mm。DJP水泥土外桩直径700mm，芯桩为UHC 600-II-130-C105超高强混凝土管桩，桩径为600mm；桩端持力层为③层微风化石灰岩，桩端进入持力层不小于1.2m（2d，d为管桩外径），桩长约23.0～41.0m。

（3）桩基础施工工艺及施工参数

采用DJP工法引孔，引孔至设计桩端标高后喷浆1min，再边上提钻杆边旋喷浆液，喷至桩顶标高后再植入管桩。具体施工参数见表5.1-4。

DJP水泥土桩施工参数表　　表5.1-4

项目	参数	项目	参数
水灰比	0.7	水泥土抗压强度	≥1.2MPa
水泥浆液相对密度	1.65	注浆压力	≥10MPa
喷水压力	≤5MPa	提升速度	0.4m/min
水泥强度等级	P.O42.5	转速	21r/min
水泥掺量	≥20%		

（4）桩竖向抗压承载力检测

对73[#]桩进行单桩竖向抗压承载力检测，Q-s曲线、s-lg$t$曲线见图5.1-16。Q-s曲线为平缓光滑的曲线，s-lg$t$曲线呈平缓规则排列，单桩竖向抗压极限承载力为9800kN，单桩竖向抗压承载力特征值为4900kN，对应的沉降小于40mm，回弹量为16.2mm，占总沉降量的40.5%，均满足设计要求。

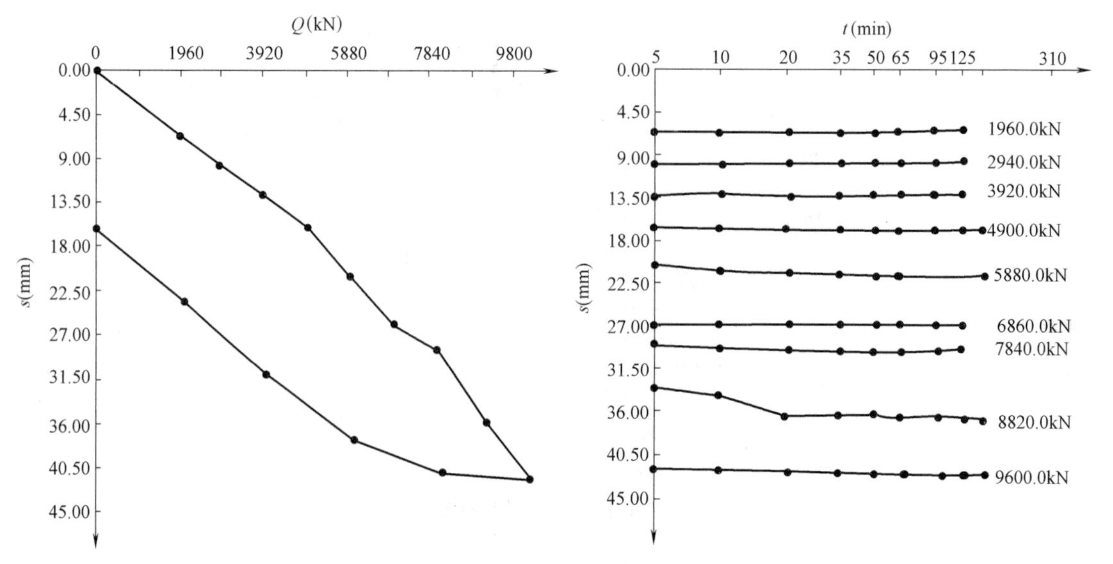

图5.1-16　单桩竖向抗压静载试验曲线

3. 抛填石地区桩基础应用案例

（1）工程概况

本工程位于舟山市某抛填石地区，建设面积约 20km^2，主要功能分区为：环形基础、廊道及仓内地坪（堆煤区）。本场地地层自上而下为：

①$_1$ 冲填土、①$_4$ 人工填土、②$_2$ 淤泥质粉质黏土、②$_7$ 碎石、③$_1$ 粉质黏土、③$_2$ 粉质黏土、③$_3$ 含砾粉质黏土、④$_1$ 粉质黏土、④$_2$ 含砾粉质黏土、⑤$_1$ 全风化凝灰岩、⑤$_2$ 强风化凝灰岩、⑤$_3$ 中风化凝灰岩。场地地下水为孔隙潜水，地下稳定水位埋深 0.50～6.40m，水位高程－0.72～4.37m。地质剖面见图 5.1-17。

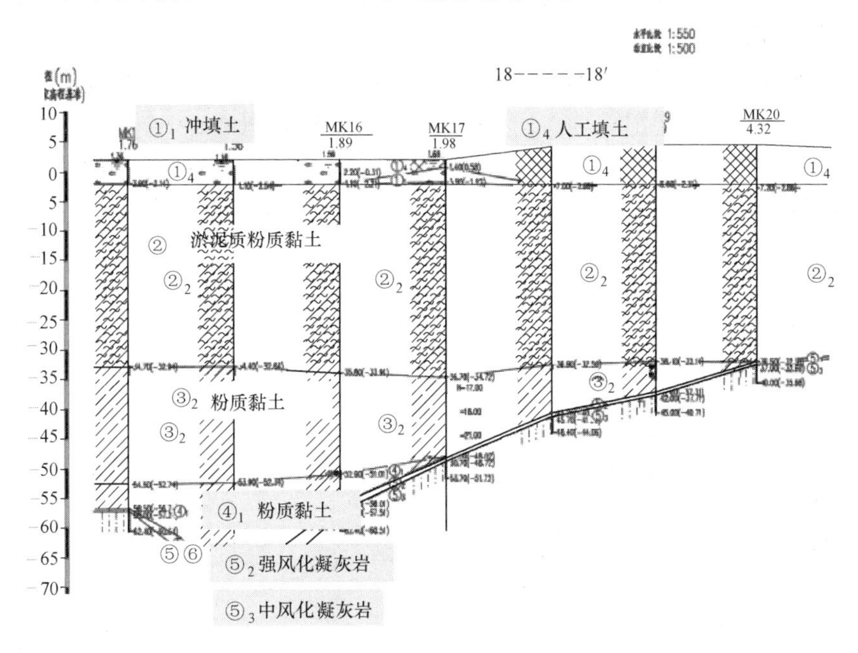

图 5.1-17　地质剖面图

（2）设计方案

本项目设计方案为 DJP 复合管桩，水泥土桩径为 1000mm，管桩型号为 PHC 500 AB 125。管桩桩端持力层为⑤$_3$ 层中风化凝灰岩，设计复合地基承载力特征值为 580kPa，单桩承载力特征值 2700kN，沉降变形允许值为 50mm。具体设计参数见表 5.1-5。

DJP 复合管桩参数表　　　　**表 5.1-5**

区域	PHC 桩 桩长（m）	水泥土桩长（m）	桩径（mm）	有效桩顶标高（m）	桩数（根）
挡 墙 一	9.5	至⑤$_3$ 层中风化凝灰岩	水泥土桩 1000mm 管桩 PHC 500 AB 125	96.950	405
挡 墙 二	45.9				
挡 墙 三	24.7				

（3）施工参数

该项目 DJP 水泥土桩的施工参数见表 5.1-6。

DJP 水泥土桩施工参数表　　　　**表 5.1-6**

项目	参 数	项目	参 数
水灰比	0.7	水泥土抗压强度	≥1.2MPa
水泥浆液相对密度	1.65	注浆压力	≥20MPa
喷水压力	≤5MPa	提升速度	≤0.30m/min
水泥强度等级	P.O42.5	转速	21r/min
水泥掺量	≥20%	喷嘴直径	5.1mm

（4）单桩、复合地基检测及成桩效果

施工过程中采用软取芯法，对桩孔中的水泥土进行取样制作试块，标准养护 28d 后，实测水泥土强度值≥3.3MPa。

DJP 复合管桩单桩和复合地基静载荷试验曲线分别见图 5.1-18。所检测的 DJP 复合管桩桩长为 19.0m，单桩竖向抗压极限承载力为 5400kN，则单桩竖向抗压承载力特征值为 2700kN，满足设计要求。DJP 复合管桩复合地基，承压板面积 4.84m^2，最大加载值为 1160kPa，则复合地基承载力特征值为 580kPa，满足设计要求。DJP 复合管桩成桩效果见图 5.1-19。

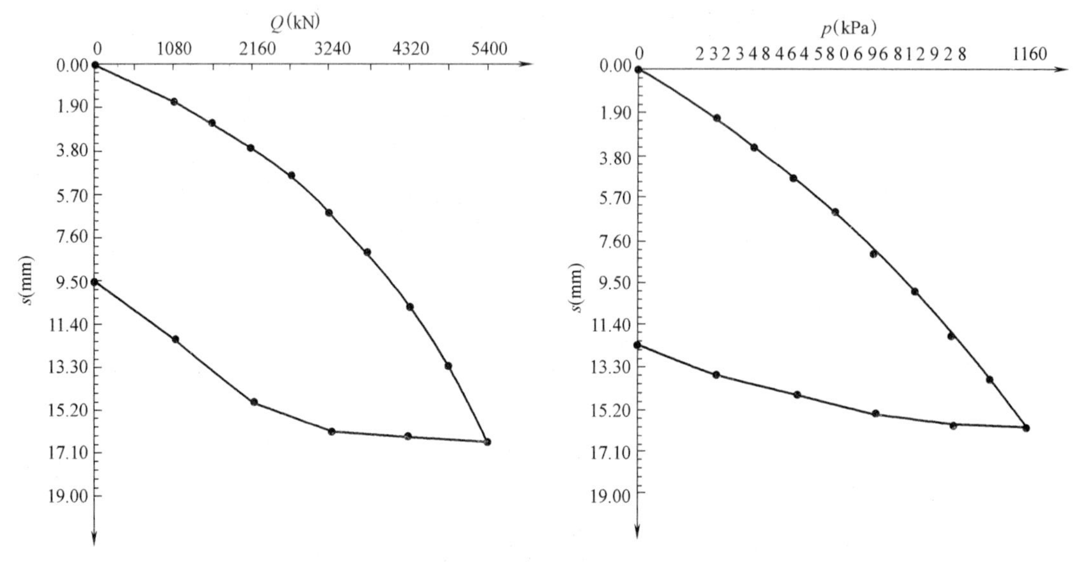

图 5.1-18　DJP 复合管桩单桩及复合地基静载荷试验曲线

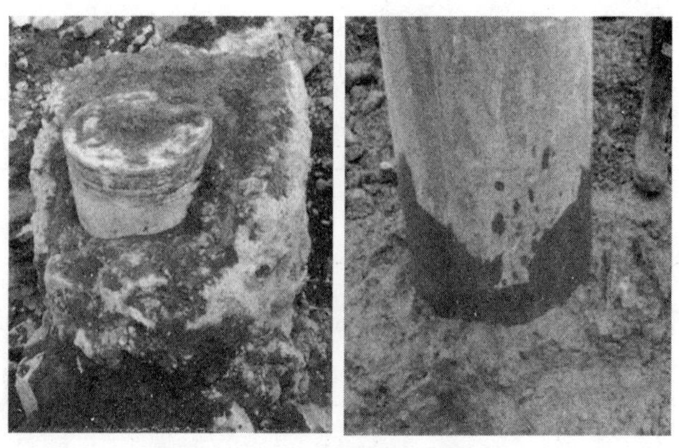

图 5.1-19　DJP 复合管桩成桩效果

（撰稿：唐恒森、张有祥、刘宏运、李林洋、王沙沙、郇盼、戴斌）

5.2 松散地层抗浮锚杆潜孔锤双钻头顶驱钻进施工技术

5.2.1 引言

在地下结构抗浮设计的选择中，抗浮锚杆因其施工简单、快速、经济等特点而被广泛应用。抗浮锚杆施工工序主要包括成孔、锚杆制安、注浆等，锚杆制安、注浆都是通常的操作，不受外界环境条件的影响，而锚杆成孔则受场地地层条件影响极大，如钻孔时遇填土、淤泥质土、粉土、砂性土、砾砂层、卵石层、碎石层等松散易塌地层时，由于抗浮锚杆成孔通常多采用潜孔锤钻机钻进，孔底岩层受冲击成粉状后与水经高风压空气混合成浆液向孔外喷出，对孔壁产生较大的冲刷，容易造成孔壁坍塌，导致锚杆成孔困难。如何解决因抗浮锚杆施工对孔壁产生较大的冲刷而导致的锚杆成孔困难，急需在施工工艺、机械设备、技术措施等方面寻找突破口。

对于松散易塌地层抗浮锚杆成孔困难问题，我公司课题组开展了“松散地层地下结构抗浮锚杆双钻头顶驱钻进成孔施工技术”的研究，在抗浮锚杆成孔时，采用内、外直径不同的钻头依次钻进，外钻头为筒式钻头带套管护壁钻进，内钻头为全合金潜孔锤钻头，内、外钻头分别承担钻进破碎地层、护壁功能和作用。经过一系列现场试验、工艺完善、机具调整，以及总结、工艺优化，最终形成了完整的施工工艺流程、技术标准、操作规程，顺利解决了因传统锚杆施工造成孔壁坍塌，抗浮锚杆顺利成孔，取得了显著成效，实现了质量可靠、施工安全、高效经济目标，达到预期效果。

5.2.2 工艺特点

1. 高效成孔

采用外钻头（套管）全套管钻进护壁，外套管进入岩面，可在内钻头钻进过程中提供全套管护壁，确保松散地层的稳定，可快速成孔，确保了成孔质量。

2. 操作简单

采用了排渣头将外钻头、内钻头依次连接于一端，可快速进行内外钻头的施工转换，连接、拆卸钻杆便利，操作简单、安全、可控。

3. 移动方便

为提高该锚杆钻机的移运效率，在钻机上专门配备了一台小型柴油机，以便在钻机不方便接电时能完成自行移动。

4. 节能环保

所使用 BHD 系列锚杆钻机为电动力，使钻机更节能、更环保。

5. 综合成本低

施工过程中所需配套设备除钻具外均能沿用传统抗浮锚杆的施工设备，外套管、外钻头、内管、内管钻头等施工用具均能通过加工制作，施工过程中的正常维修和保养也较简便、快捷，加之成孔效率高，其综合施工成本低。

5.2.3 适用范围

适用于松散易塌地层（如填土、淤泥质土、粉土、砂性土、砾砂层、碎石层等）抗浮锚杆成孔施工；适用于松散易塌地层预应力锚索、锚杆施工。

5.2.4　工艺原理

抗浮锚杆双钻头施工的关键技术主要分两部分，即：外钻头（套管）护壁、内钻头（内管）钻进双层钻头封闭钻进成孔技术和内外钻头嵌套式排渣头连接、排渣技术。

1. 外钻头（套管）护壁、内钻头钻进双层钻头封闭顶驱钻进成孔工艺

（1）外钻头（套管）、内钻头结构

本工艺使用顶驱动力头，使内、外直径不同的钻头依次钻进，外钻头为筒式钻头带套管护壁钻进，内钻头为全合金潜孔锤钻头破碎钻进，内、外钻头承担不同的钻进功能和作用。

外钻头为敞开式筒式带套管钻头，前端为合金环状钻头，钻头与护筒相连，外钻头其实就是外套管的一部分，主要承担前端先导钻进作用，外钻头将钻进岩层，在钻进过程中外钻头不破碎地层，主要为内钻头钻进时起到成孔护壁作用。外钻头外径150mm、内径130mm，筒式钻头壁厚10mm，套管间用丝扣连接。

内钻头外径70mm、内径50mm、壁厚10mm，内管钻杆接ϕ115mm全合金潜孔锤钻头，其在空压机的作业下起钻进破碎渣土及入岩的作用。

外钻头（套管）、内管钻头依次与动力头端装设的排渣头相连，内、外钻头及与排渣头连接见图5.2-1～图5.2-4。

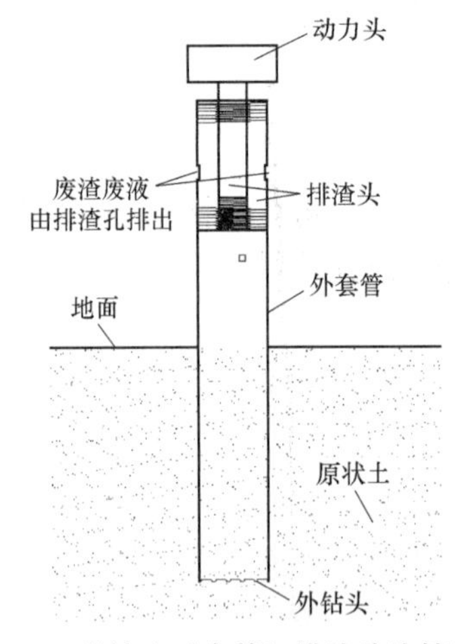

图5.2-1　外钻头（套管）排渣头连接示意图

图5.2-2　外钻头（套管）

（2）外钻头（套管）钻进工艺

1）钻进前，先将第一节外钻头（套管）通过与动力头连接的排渣头前端丝扣连接上。

2）开动钻机，外钻头（套管）先行开始环向钻进；如遇地下水丰富，地下水由外套管底部上至排渣口，携带钻渣由排渣头排出。

3）随着钻进孔深加长，松开排渣头处第一节外套管，不断加长外套管的长度，循环钻进直至设计深度。

外钻头（套管）钻进及排渣情况见图5.2-5、图5.2-6。

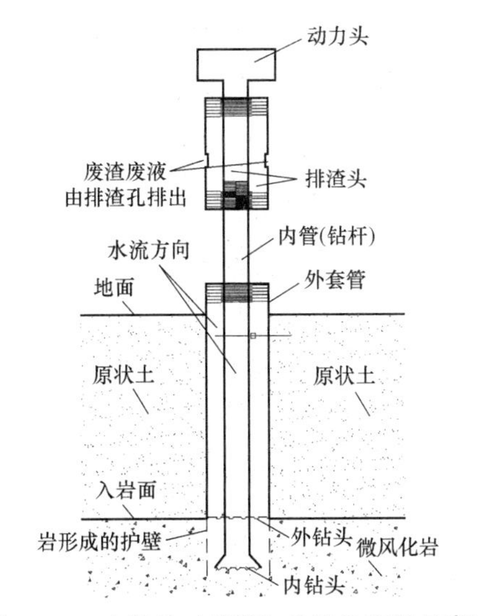

图 5.2-3 内钻头（套管）排渣头连接示意图

图 5.2-4 内钻头（潜孔锤钻头）

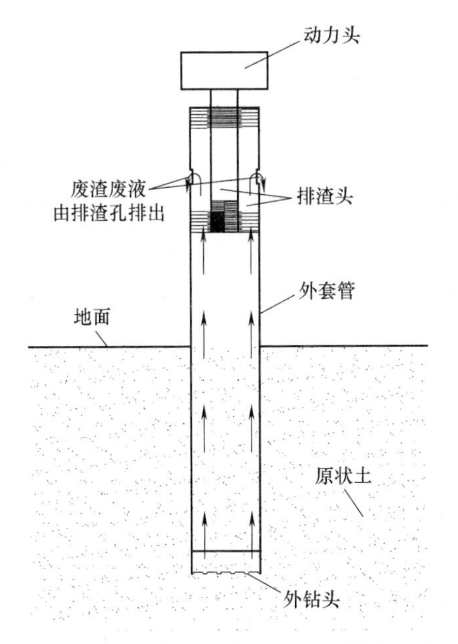

图 5.2-5 外钻头（套管）钻进排渣示意

图 5.2-6 外钻头（套管）钻进过程返渣情况

2. 内钻头钻进工艺

（1）松开外套管与排渣头处的连接，将内钻头（内管）与排渣头连接，并开动钻机同时注入清水开始内钻头的钻进。

（2）内管钻头在外钻头护壁作用下进行环向破碎钻进，高压清水由内钻头钻杆的内管进入至孔底，并携带钻渣由内管与外套管间空腔上返，由外套管排渣头排出。

（3）随着钻进孔深加长，松开排渣头处第一节内管，不断加长内管的长度，循环钻进直至钻至设计需入岩的深度。

锚杆双钻头带水钻进返渣示意图见图 5.2-7、图 5.2-8。

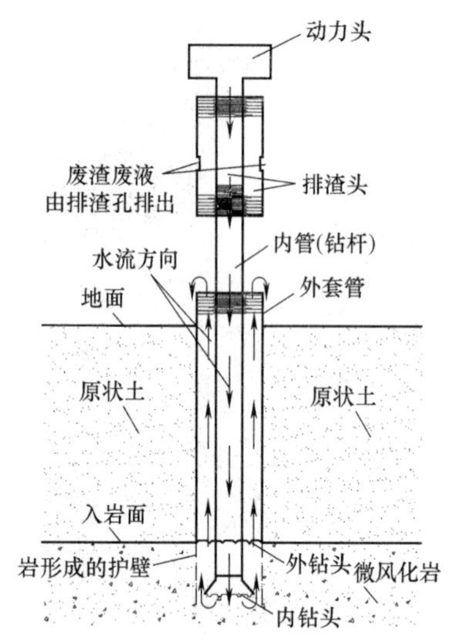

图 5.2-7 内钻头钻进返渣示意图

图 5.2-8 内钻头钻进过程返渣情况

3. 内钻头、外钻头排渣原理

本工艺设计了专门的嵌套式排渣头，采用排渣头将内钻头、外钻头依次内外层连接。排渣头长 60cm，周身局部开有小口作为排渣出口；排渣头内设丝扣，一端连接动力头，一端依次连接外钻头（套管）、内钻头（内管）。

外钻头（套管）和内钻头钻杆两端均设有丝扣，一端与排渣头连接，一端与相对应钻杆连接。外钻头（套管）工作时，如有地下水，水由外套管底部上返至排渣口，携带钻渣由排渣头排出。内钻头（内管）破碎钻进时，水由内管钻杆进入，上返携带出的钻渣由内管钻杆与外套管间间隙返回，从外套管管口排出。

排渣头示意图见图 5.2-9。

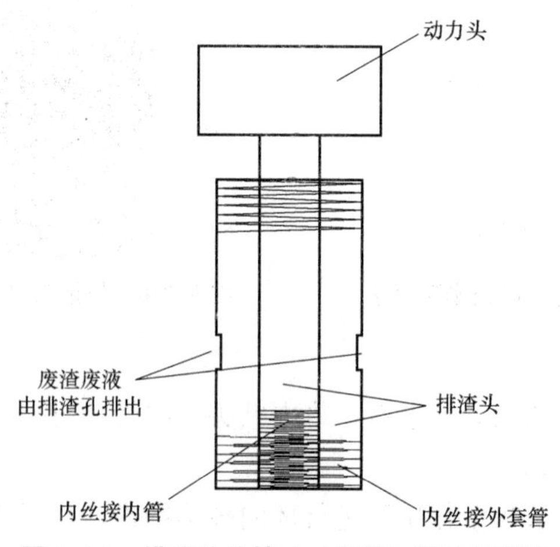

图 5.2-9 排渣头外钻头（套管）连接示意图

5.2.5 施工工艺流程

松散地层地下结构抗浮锚杆双钻头顶驱钻进成孔施工工艺流程见图 5.2-10。

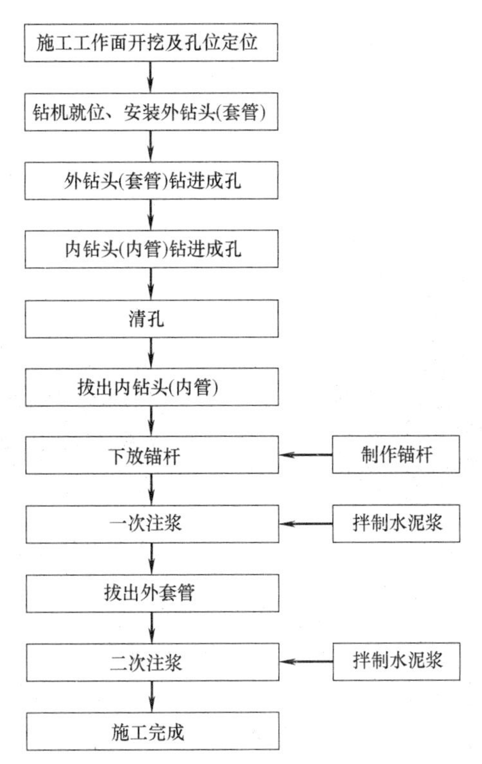

图 5.2-10 松散地层地下结构抗浮锚杆双钻头顶驱钻进成孔施工工艺流程图

5.2.6 工序操作要点

1. 施工工作面开挖及孔位定位

（1）抗浮锚杆施工前，利用挖机对即将施工的场地进行开挖、整平，根据施工需要，施工工作面需高于底板标高面 0.2～0.3m，测量员利用水准仪控制工作面标高。

（2）修整工作面的同时需在无锚杆区域挖出一个集水池并沿锚杆水平方向挖出一段沟槽，利于锚杆施工时的水循环使用。

（3）测量员定出锚杆施工孔位，并在地面标记见图 5.2-11。

2. 施工钻机就位、安装外套管钻具

（1）采用 BHD-150 型多功能全液压锚杆钻机。

（2）钻机到达指定位置后，将排渣头连接于钻机动力头位置，将第一节外套管（带外钻头）连接至排渣头。

（3）调整钻机机架臂的竖向位置，使外套管和套管夹具对准孔位，调整方位和垂直度符合设计要求，见图 5.2-12。

3. 双钻头依次钻进成孔

（1）开动钻机，外钻头先行钻进，外钻头（套管）钻头环向钻进；如遇地下水丰富，地下水由外套管底部上至排渣口，携带钻渣由排渣头排出。

（2）如钻进成孔遇块石，则根据块石大小调整钻进方式，对于较小的块石直接用合金环状钻头进行破碎处理，对于较大的块石则采用潜孔锤引孔。

图 5.2-11　钻机就位

图 5.2-12　安装外钻头（套管）

（3）随着钻进孔深加长，松开排渣头处第一节外钻头（套管），不断加长外套管的长度，循环钻进直至设计岩面。松开排渣头处与外套管连接。

（4）将内钻头钻杆与排渣头连接（见图 5.2-13），开动钻机同时注入清水进行内钻头（内管）破碎钻进，高压清水由内管进入排至孔底，携带钻渣由内管与外套管间空腔返回，由外套管管口排出。

（5）随着钻进孔深加长，松开排渣头处第一节内管，不断加长内管的长度，循环钻进直至钻至设计需入岩的深度。

4. 清孔

当钻进达到设计锚杆深度时，高压水泵继续泵水，将上下抽动内管（钻杆）用水清渣（见图 5.2-14），水清后停止泵水，并将内管（钻杆）全部取出。

图 5.2-13　内钻头（内管）

图 5.2-14　高压水清孔

5. 下放锚杆

（1）清孔完成后，立即将按设计要求制作好的锚杆下放入孔内，见图 5.2-15；安放时防止杆体扭转、弯曲，并下放至设计孔深，孔口预留 0.6m 长度。

（2）钢筋上若粘有泥块或铁锈要清理干净，再放入孔内。

（3）下放锚杆时，通知监理工程师旁站。

图 5.2-15　下放锚杆

6. 注浆

（1）一次常压注浆：锚杆下放完成后，开动注浆泵，通过一次注浆管向孔内注入拌制好的水泥浆。

（2）水泥采用 P. O42.5R 型普通硅酸盐水泥，水灰比控制在 0.45～0.50，注浆压力约 0.8MPa，待返出浆液的浓度与拌制浆液的浓度相同时停止一次注浆，完成后拔除外套管；待外套管全部拔出后，通过一次注浆管对孔内进行补浆，直至孔口返浆。

（3）二次高压劈裂注浆：在一次注浆体初凝后、终凝前，常温下约在 2.5～3h，对孔内进行二次高压劈裂注浆，以便能冲开一次常压灌浆所形成的具有一定强度的锚固体，使浆液在高压下被压入孔内壁的土体中；二次注浆压力 2.0～3.0MPa，待孔口返浆停止注浆，见图 5.2-16。

图 5.2-16　抗浮锚杆注浆

5.2.7　机具设备

本工艺主要机械设备配置见表 5.2-1。

主要机械、设备配置表 表5.2-1

机械、设备名称	型号尺寸	生产厂家	数量	备注
锚杆钻机	BHD-150	廊坊秋田机械	1台	成孔
外套管	长2m,外径 ϕ150mm	加工	18根	护壁
内钻杆	长2m,外径 ϕ70mm	加工	20根	钻进
外钻头	合金环状钻头	廊坊秋田机械	2个	成孔
内钻头	合金潜孔锤钻头	廊坊秋田机械	2个	成孔
潜水泵	50WQ25-32-5.5	广州海珠	1台	成孔、清孔
搅浆机	GD50-30	广州羊城	1台	制浆
注浆泵	BW-150	衡阳广达	1台	注浆
砂轮切割机	GJZ-400	滕州威特	1台	切割钢筋
电焊机	BX1-500	凯尔仕	1台	焊接钻头

5.2.8 质量控制

1. 原材料

(1) 对施工所用的材料(如钢筋、水泥等),进场时检查其出厂合格证明。

(2) 材料进场后进行有见证送检,检测合格后方可投入使用。

2. 锚杆加工

(1) 钢筋清除油污、锈斑,严格按设计尺寸下料,每根钢筋的下料长度误差不大于50mm。

(2) 钢筋平直排列,沿杆体轴线方向每隔1.0~1.5m设置一个隔离架,注浆管与杆体绑扎牢固,绑扎材料不宜采用镀锌材料。

(3) 杆体制作完成后尽早使用,不宜长期存放。

(4) 制作完成的杆体不得露天存放,宜存放在干燥清洁的场地,避免机械损伤杆体或油渍溅落在杆体上。

(5) 对存放时间较长的杆体,在使用前必须严格检查。

(6) 在杆体放入钻孔前,检查杆体的加工质量,确保满足设计要求。

(7) 安放杆体时,防止扭曲和弯曲。注浆管随杆体一同放入钻孔。

3. 成孔

(1) 施工前测量放出孔位,并做好标注。

(2) 根据孔位布置钻机,确保钻机水平稳固,调整钻杆垂直度,使之满足设计要求。

(3) 钻进过程中,定时复测钻孔垂直度,如偏差过大及时调整。

(4) 钻进完成后,通过尺量所用钻杆长度,确定孔深是否满足设计要求。

(5) 钻进完成后,及时用高压水进行清孔,直至孔口流出清水方可停止。

4. 注浆

(1) 注浆材料根据设计要求确定,不得对杆体产生不良影响。

(2) 注浆浆液搅拌均匀,随搅随用,并在初凝前用完,严防石块、杂物混入浆液。

(3) 注浆设备有足够的浆液生产能力和所需的额定压力,采用的注浆管能在1h内完成单根锚杆的连续注浆。

（4）当孔口溢出浆液浓度与注入浆液浓度一致时，可停止注浆。

（5）注浆后不得随意敲击杆体，不在杆体上悬挂重物。

5.2.9 安全措施

1. 锚杆钻进

（1）进场的锚杆钻机、挖掘机进行严格的安全检查，机械出厂合格证及年检报告齐全，保证机械设备完好。

（2）锚杆钻机使用前，进行试运转，检查各部件是否完好；钻进作业中，保持钻机液压系统处于良好的润滑。

（3）锚杆钻机撑脚处需垫设钢板，保证钻进时钻机稳固安全。

（4）锚杆钻机设安全可靠的反力装置。

（5）在有地下承压水地层中钻进，孔口安设防喷装置，当发生漏水、漏砂时能及时堵住孔口。

（6）潜孔锤高压管道连接牢固可靠，防止软管破裂、接头断开导致浆液飞溅和软管甩出的伤人事故。

2. 防护措施

（1）作业人员、进入现场人员必须进行安全技术交底及三级安全教育，按规定佩戴和正确使用劳动防护用品。

（2）临时开挖的集水池四周设置防护措施或围挡，并悬挂警示牌。

5.3 海上平台斜桩潜孔锤锚固施工技术

5.3.1 引言

近年来，随着我国海域经济的高速发展，大量沿海城市正兴建众多高桩多功能泊位码头，码头及其构筑物多采用海上桩基础。为满足桩基础承压、抗拔、抗剪和垂直要求，提高桩基稳定性和泊位码头安全性，同时又考虑经济合理的要求，多数桩基础部分设计采用钢管斜桩内设置嵌岩锚杆的新工艺。传统的地质钻机或锚杆钻机，虽然设备简单，但当遇到岩石较硬的情况往往钻进比较困难，施工效率比较低，而且在斜桩内施工成孔位置和斜度的控制难以满足规范和设计要求。

2016年，我公司承接了广东惠州港燃料油调和配送中心码头桩基础工程，针对项目现场条件、设计要求，结合实际工程项目实践，我司课题组开展了“海上平台斜桩潜孔锤锚固施工技术研究”，采用步履式泵吸反循环多功能钻机、泵吸反循环工艺清除钢管斜桩内土层，结合潜孔锤加套管工艺进行嵌岩锚固施工，并用导正圈进行辅助导向定位的新工艺。经过一系列现场试验、工艺完善、机具调整，以及总结、工艺优化，最终形成了完整的施工工艺流程、技术标准、操作规程，顺利解决了海上平台斜桩嵌岩锚固施工的难题，取得了显著成效，实现了质量可靠、施工安全、文明环保、高效经济目标，形成了施工新技术，达到预期效果。

5.3.2　工程应用实例

1. 项目概况

广东惠州港燃料油调和配送中心码头工程位于马鞭洲附近东侧海域，码头设计吞吐能力2150万t/a，建设一个30万t级油装卸船码头和三个2万t级燃料油出运码头以及相应配套设施。

先期施工的30万t码头工程建设规模为30万t级码头泊位及接岸引桥1座，码头包括1个工作平台、4个靠船墩和6个系缆墩。墩台间通过钢联桥连接（钢联桥有2座60m、2座45m、2座66m、4座14m）。引桥总长度728m，包括8个引桥墩，1个接岸墩，墩台间通过钢引桥连接，其中钢引桥由8座78m以及1座50.4m钢引桥组成。

燃料油调和配送中心码头工程项目平面分布及位置见图5.3-1。

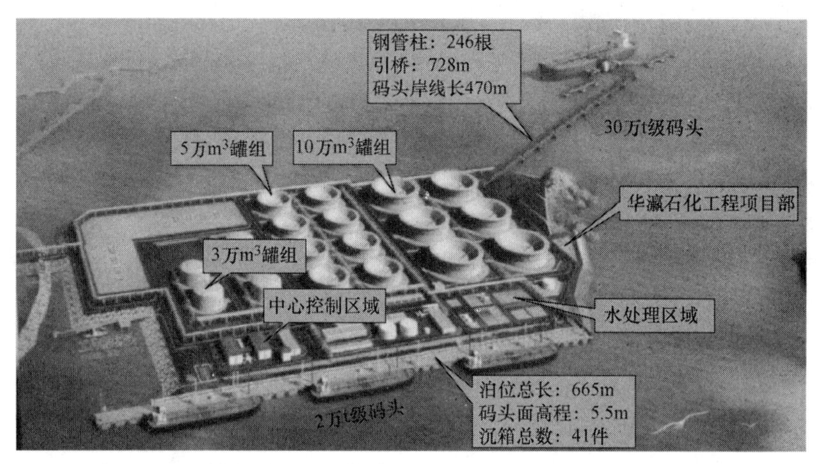

图5.3-1　燃料油调和配送中心码头工程项目平面分布及位置

2. 嵌岩灌注桩简述

本工程码头结构桩基础设计为普通直立钢管桩和钢管斜桩，钢管桩设计直径1.2m，钢管壁厚22mm，引桥钢管桩68根，码头钢管桩178根，共计246根，其中钢管斜桩共232根，59根钢管斜桩内要求采用锚杆嵌岩工艺，锚杆直径340mm，嵌入中风化花岗岩5m。

锚杆嵌岩斜桩结构见图5.3-2、图5.3-3。

钢管桩均先期利用打桩船将直径1.2m、壁厚22mm的钢管打入，进入强风化花岗岩层，随后采用钻机进行嵌岩锚杆施工，最后再在钢管斜桩内浇筑封底锚固混凝土。海上钢管桩施工见图5.3-4。

3. 施工情况

项目于2016年9月进场，2017年2月结束全部桩基施工。通过对设计文件进行研究分析结合现场实际情况，优化选择了“海上平台斜桩潜孔锤锚固施工工艺技术”，即采用步履式泵吸反循环多功能钻机先清除钢管斜桩内的土层，然后结合潜孔锤加套管工艺进行嵌岩锚固施工，并用导正圈进行辅助导向定位的新工艺的施工方法，有效解决了施工的关键技术难题，不但施工效率高，而且施工质量也得到了很好保证，形成了完备、可靠、成熟的施工工艺方法，形成了独有的新技术，达到了良好的效果。

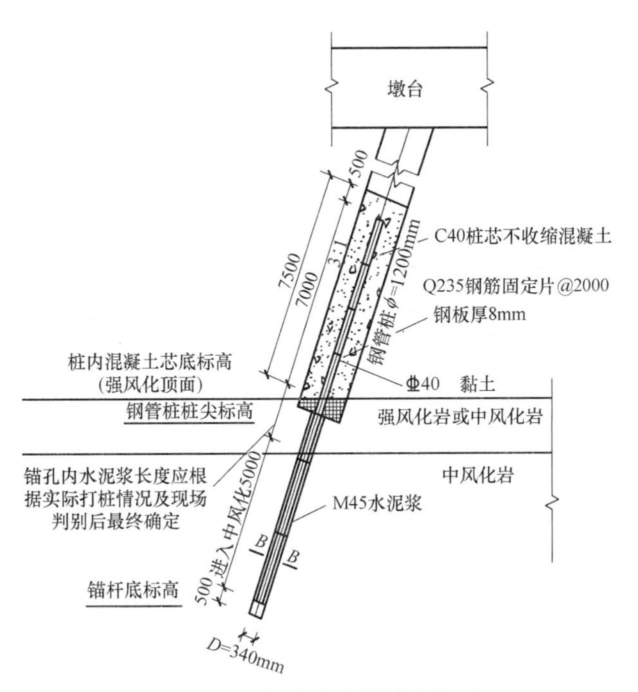

图 5.3-2 锚杆嵌岩斜桩结构图

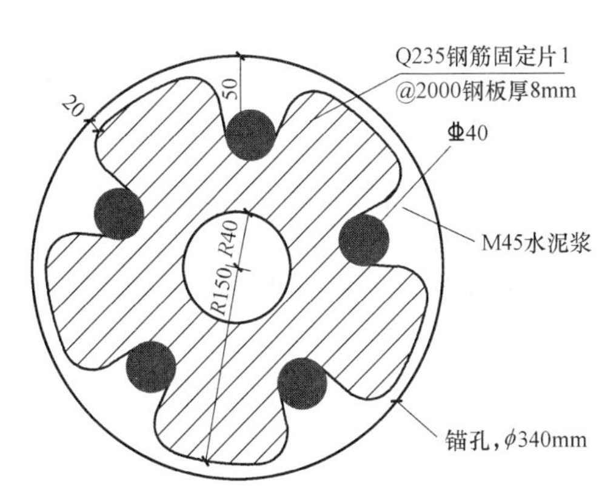

图 5.3-3 锚杆锚筋断面图（B-B 剖面）

图 5.3-4 海上钢管桩施打现场

海上桩基施工情况见图 5.3-5。

图 5.3-5　海上斜桩施工现场

5.3.3　工艺特点

1. 施工效率高

（1）与常规的钻机钻进泥浆循环成孔工艺相比，泵吸反循环工艺对钢管斜桩内的泥土清理速度快、效果好，平均每小时可钻进 10m 以上。

（2）嵌岩锚杆要求入岩深度较深，而且岩石较硬，采用常规的钻机成孔效率低，成孔后需要进行专门的清孔；本工艺采用潜孔锤硬岩成孔，速度快、效率高，高风压将冲击破碎的岩屑在成孔过程中直接携带出孔，不需要进行二次清孔。

（3）钢管斜桩内土层清理以及嵌岩锚杆钻进使用同一机械，只需更改个别辅助配件，无需另外调用其他机械设备，有利于钻孔成孔、清渣的快速进行，提高了施工工效。

2. 成桩质量有保证

（1）泵吸反循环工艺最大的突出特点为清孔速度快、效率高、清孔效果好，采用此工艺清理钢管斜桩内的泥土明显会比其他工艺的施工质量更有保障。

（2）潜孔锤钻进时配备大功率的空压机，高风压将钻进的岩屑、渣土吹出孔口，可保证孔底无沉渣，从而保证嵌岩锚杆的质量。

3. 综合施工成本低

（1）施工前需搭建海上施工平台，步履式泵吸反循环多功能钻机设备质量轻，整机重约 8t，对施工平台承载力要求相对低，可优化平台搭设，大大降低了平台搭建成本。

（2）斜桩清土以及锚杆嵌岩施工均采用同一台钻机，无需另外进场潜孔锤钻机即可实现嵌岩锚杆施工，减少了机械设备进场和操作人员的费用。

（3）潜孔锤结合套管钻进可将岩屑、渣土清理干净，锚杆成孔后无需二次清孔即可进行锚杆安放、注浆等后续工序施工，大大提高了施工效率，降低施工综合成本。

4. 钻机轻便、工艺操作简单、节能环保

步履式泵吸反循环多功能钻机设备简单，施工工艺成熟，泵吸反循环泥浆系统利用邻近设计无嵌岩锚杆的钢管斜桩作为泥浆沉淀池，可实现节能环保。

5.3.4　适用范围

适用于海上斜桩、直立桩土层和锚杆嵌岩成孔、成桩。

5.3.5 工艺原理

海上平台斜桩潜孔锤锚固成桩施工关键技术主要分为三部分，即：泵吸反循环回转清土钻进技术、潜孔锤嵌岩锚固技术、斜桩灌注成桩技术。

其工艺原理主要包括：

1. 泵吸反循环回转钻进

采用步履式泵吸反循环多功能钻机进行钢管斜桩内上部土层的清理。首先，将钻机移至作业平台，根据斜桩的斜率调好角度并固定，然后启动自带的真空泵，抽净管路中的真空后形成泵吸反循环，再用三翼钻头回转钻进，结合泵吸反循环工艺对斜桩内的海底淤积土层进行清理，直至强风化基岩面。

步履式泵吸反循环钻机设备轻便，整机重约 8t，可前倾 18°后背 18°，泵吸电机 75kW，动力头为 2 个 35kW 电机。钻机钻杆直径 220mm、内径 180mm，钻头采用三翼钻头。钻机吸浆泵连直径 8 寸硬塑料泥浆管，在邻近设计无嵌岩锚杆的钢管斜桩内配套设置 3 台 3PN 泥浆泵抽吸，每台泥浆泵连接一根 3 寸的黑色橡胶泥浆管。三翼钻头回转切削产生的浆渣液受钻机上泵吸电机产生的抽排力而顺着钻杆内腔向上流，最后经排渣管排向泥浆池，同时泥浆池内设置的 3 台 3PN 的泥浆泵将泥浆抽入钢管斜桩内，以满足补充循环携渣的泥浆液。泵吸反循环系统以邻近的杠杆斜桩桩孔作为泥浆池组成泥浆循环系统，具体情况见图 5.3-6。

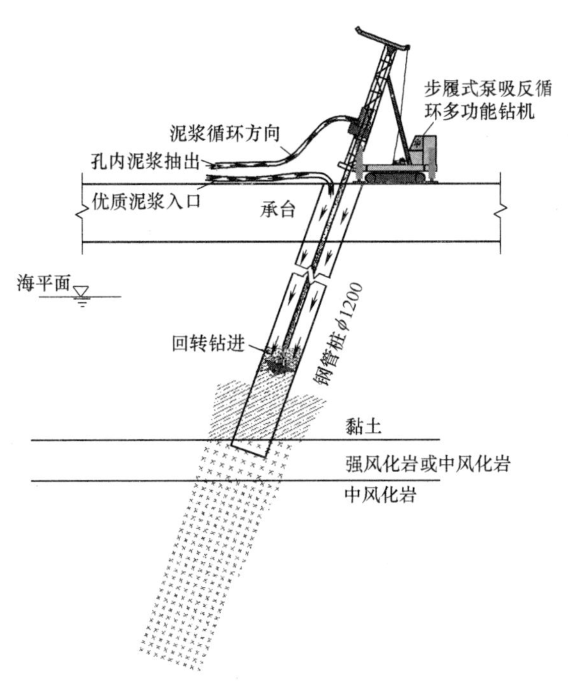

图 5.3-6 泵吸反循环钻清土钻进示意图

2. 潜孔锤嵌岩锚固技术原理

常规的潜孔锤钻机比较重，一般整机重量约 70t 左右，对操作场地或平台要求比较高，而且需要的作业空间也比较大。本工艺的潜孔锤嵌岩锚固工艺，是通过对步履式泵吸反循环多功能钻机进行改造实现的，现场将钻机吸浆泵的叶轮腔改为进风口连接空压机风管，配套空压机采用 XHP1170 型空压机，其额定功率 403kW，排气量 33.1m^3/min，大功率空压机可满足深桩钻进和清孔的需求。

对深桩斜孔中钻进斜度和位置控制难的问题，通过采用在套管外设置导正圈进行辅助导向定位的方法即可顺利解决。嵌岩锚杆直径 340mm，潜孔锤采用 10 寸的锤头，在钻杆外设置直径 350mm 的套管，套管每节 2～6m，通过在斜桩底部约 6m 位置和最上面一节套管外分别设置一个导正圈进行辅助定位，加上钻杆本身亦具有一定的刚度，就可以顺利实现锚固钻孔中设计所要求的斜度和位置，该方法简单易行、操作方便。

此外，套管还有另一个作用，就是确保将潜孔锤冲击破碎的岩屑、渣土通过钻杆和套管之间的空隙中顺利吹出至孔外，保证孔底基岩面沉渣满足设计要求，缩短清底时间，提高施工效率。潜孔锤嵌岩钻进工艺原理见图 5.3-7。

嵌岩锚杆成孔后，进行锚杆安放、注浆及养护，达到龄期后再进行锚杆抗拔试验检测。

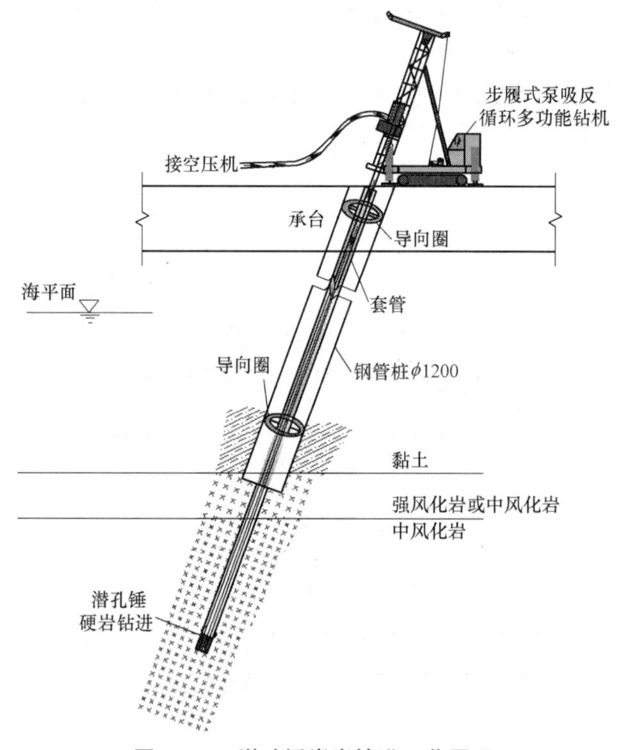

图 5.3-7　潜孔锤嵌岩钻进工艺原理

3. 斜桩灌注成桩技术

锚杆抗拔试验检测合格后，利用混凝土泵送船灌注钢管斜桩内的混凝土至设计标高。完成后的嵌岩锚杆斜桩见图 5.3-8。

5.3.6　施工工艺流程

海上平台斜桩潜孔锤锚固施工工艺流程见图 5.3-9。

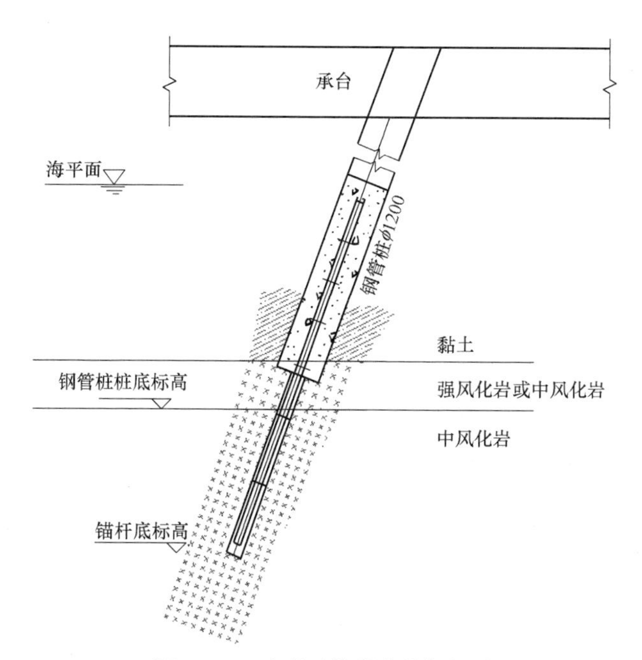

图 5.3-8　完成后的嵌岩锚杆斜桩

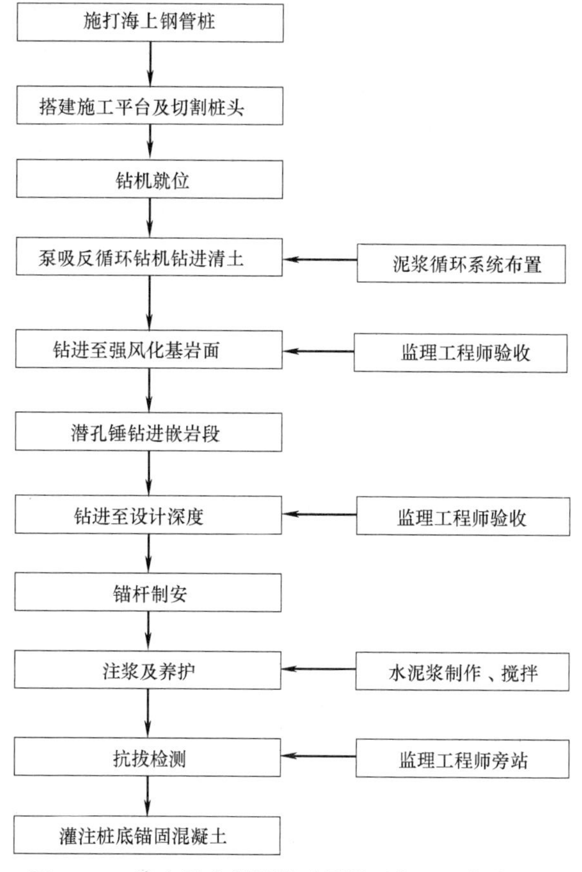

图 5.3-9　海上平台斜桩潜孔锤锚固施工工艺流程图

5.3.7　工序操作要点

1. 施打海上钢管桩

海上钢管桩由总包单位利用打桩船进行施工，前期已全部施工完毕。

2. 搭建海上施工平台及切割钢管桩桩头

（1）本工程施工位于海面以上，需搭建海上施工平台，码头面高程5.5m，为保证良好的施工条件，施工平台高程搭建在5.0m位置。

（2）钻孔平台利用已施工好的钢管桩作为支撑，上加焊钢牛腿做支撑，平台主要由槽钢和钢板组成，施工作业平台主要放置施工用的钻机、空压机，提供堆场和加工场地等。

（3）施工平台搭建前，根据施工计划计算平台荷载，根据荷载进行设计平台结构，本工程平台承载力为300kg/m^2，平台易装、易拆。

海上工作平台见图5.3-10。

图5.3-10　海上桩基作业平台

图5.3-11　泵吸反循环多功能钻机

3. 钻机就位

（1）本工程钢管斜桩直径为1.2m，采用步履式泵吸反循环多功能钻机，钻机见图5.3-11。

（2）机械设备通过船运输到操作平台，然后在平台上安装。

（3）所有桩机设备安装完成后，报监理工程师验收；所有机械设备使用前认真检修，并进行试运转，确保桩机各项指标正常。

（4）钻机到达指定位置后，根据斜桩的斜率调好钻进角度。

4. 泥浆循环系统布置

（1）泥浆循环系统包括泥浆池、泥浆泵、泥浆输送管、泥浆入口管等。

（2）利用邻近未施工的无嵌岩锚杆的钢管桩孔作为

循环系统的泥浆池，可满足施工要求。

（3）钻机本身设置一个 35kW 的吸浆泵，连接一根 8 寸的硬塑管；循环桩孔泥浆池内设置 3 台 3PN 的泥浆泵，每台泥浆泵连接一根 3 寸的泥浆管，用于往钻进的斜桩内输送泥浆。

海上平台泥浆循环系统见图 5.3-12、图 5.3-13。

图 5.3-12　海上平台泥浆循环系统

图 5.3-13　海上平台钢管泥浆循环池

5. 钻机钻进清土

（1）机械调试正常，泥浆循环系统安装完毕，开始采用泵吸反循环工艺对钢管斜桩内的土层进行钻进清理。

（2）采用三翼单腰带钻头钻进，钻杆直径 220mm，内径 180mm。具体见图 5.3-14。

（3）钻进过程更换钻杆时，注意检查钻杆内有无石块或其他杂物卡住，否则及时进行清理。

（4）当钻至强风化基岩面时，捞取岩样判断，并通知监理工程师进行检查验收。

6. 潜孔锤钻进嵌岩段

（1）将吸浆泵的叶轮腔改为进风口连接空压机风管，同时将三翼钻头更换为 34cm 的潜孔锤锤头连接钻机钻杆，即可实现潜孔锤钻进施工。潜孔锤钻进见图 5.3-15。

（2）在潜孔锤钻杆外侧设置直径 350mm 的套管，在底节套管距离钢管斜桩孔底约 6m 位置设置一个导向圈，同时在斜桩孔口位置的第一节套管处同时设置导向圈，进行锚杆辅助导向定位，以控制嵌岩锚杆斜度和准确位置。

（3）潜孔锤钻进产生的岩屑、渣土通过钻杆和套管之间的空隙经高压风吹出孔外，钻至设计深度后可保持孔内沉渣厚度满足要求，无需进行二次清孔。

（4）钻至设计深度后，报监理工程师验收。

图 5.3-14　三翼钻头土层回转钻进

图 5.3-15　潜孔锤锚固钻进

7. 锚杆制安

（1）锚杆采用直径 40mmHRB400 的热轧钢筋制作。

（2）锚杆束内各根锚杆的净距不小于 5mm，各根锚杆的水泥浆净保护层不小于 50mm。

（3）锚孔直径 340mm，锚杆束设置有 5 根钢筋，锚杆束钢筋通过 Q235 钢筋固定片固定，固定片每 2m 设置一个。

（4）注浆管通过钢筋固定片的预留孔穿入并扎牢固定。

（5）锚杆用配套的锚杆连接器连接，各锚杆连接处相互错开 50%。

（6）嵌岩锚杆设计要求进入中风化岩 5m，上部锚入钢管斜桩底部强风化底面以上 7.5m。考虑到锚杆施工完毕后需在作业平台上进行抗拔检测试验，故为满足抗拔试验的要求，锚杆需要高出钢管斜桩顶部 1.5m 左右，以利于抗拔设备的安装。

（7）锚杆制作完毕后，会同业主、监理单位对该项进行隐蔽工程验收，合格后方可进行安放。

锚杆制作见图 5.3-16。

8. 注浆及养护

（1）锚杆下放完成后，随即进行注浆。

（2）注浆设计采用纯水泥浆，水泥浆 28d 最小特征值强度为 45N/mm^2，并加入认可的膨胀剂，试验配合比产生 5%的膨胀量。

（3）采用 BW-100/5 型砂浆注浆泵压力注浆。

（4）为保证注浆效果，水泥浆注浆量通过计算理论体积乘以 1.2 的扩散系数进行控制，注浆压力控制在 1.8MPa 左右，注满浆后稳压 2～3min。

（5）注浆完成后自然养护至浆体强度达到设计要求，养护期间严禁碰撞锚杆。

图 5.3-16　海上平台锚杆制安

海上平台注浆后台及注浆情况见图 5.3-17、图 5.3-18。

图 5.3-17　注浆后台

图 5.3-18　注浆压力表

9. 抗拔检测

（1）锚杆养护至龄期后，进行抗拔检测试验。

（2）抗拔检测分两种，一种抗拔验证性试验，每个系缆墩不少于 2 根，每个靠船墩不少于 3 根，荷载取锚杆抗拔力设计值的 1.2 倍；另一种是超载试验，每个墩台选取 1 根，试验荷载取锚杆抗拔力设计值的 1.5 倍。

（3）抗拔检测严格设计和规范要求逐级进行加载试验，试验现场见图 5.3-19。

图 5.3-19　现场抗拔检测试验

10. 灌注桩底锚固混灌注

（1）嵌岩锚杆抗拔检测合格后方可进行封底混凝土灌注。

（2）钢管桩孔底锚固混凝土采用 C40 不收缩混凝土。

（3）混凝土要求进行配合比及体积收缩性试验，合格后方可使用。

（4）桩内抽干水后方能灌注不收缩混凝土。

（5）灌注混凝土前，采用灌注导管对孔底进行泵吸反循环清孔，孔底沉渣满足设计要求后进行隐蔽工程验收。

（6）混凝土搅拌船运输到施工平台附近，然后通过泵送完成浇筑，混凝土浇筑至强风化顶面以上 7.5m，确保锚杆与钢管斜桩的锚固效果，现场浇灌桩底混凝土见图 5.3-20。

（7）每根桩留 1 组混凝土试块（每组 3 块），并养护 28d 龄期后送指定试验室测试。

图 5.3-20　海上混凝土搅拌船浇筑桩底混凝土

5.3.8 机具设备

本工艺主要机具设备见表5.3-1。

施工主要机械设备配置表 表5.3-1

名称	型号、尺寸	产地	数量	备注
多功能钻机	8t	自制	2台	成孔
潜孔锤直锤钻头	10寸	自制	4个	嵌岩钻孔
空压机	XHP1170	斗山	2台	潜孔锤钻进
泥浆泵	3PN	广州	6台	泥浆循环
船吊	100t	中山	1艘	材料及设备吊运
运输船	500t	中山	1艘	运输
混凝土搅拌船	500t	中山	1艘	混凝土搅拌站
砂浆灌注泵	BW-100/5	山东中探	2台	锚杆注浆
灰浆搅拌机	5kW	广东江菱	2台	水泥搅拌
砂轮切割机	J3G2-400	浙江	2台	维修
直流电焊机	ZX7-250GS	上海	1台	焊接

5.3.9 质量控制

1. 材料管理

(1) 施工现场所用材料（水泥、钢筋、混凝土）提供出厂合格证、质保书，材料进场前按规定向监理工程师申报。

(2) 水泥、钢筋进场后，进行有见证送检，合格后投入现场使用；混凝土进场前，提供混凝土配合比和材料检测资料，现场使用前检验坍落度指标；灌注混凝土时，按规定留取混凝土试块。

2. 钻孔方向和位置控制

(1) 根据钻孔的桩位和倾斜角度，调整好钻机及倾角，确保钻机水平稳固，且保证钻杆方向与钢管斜桩中心线方向一致。

(2) 钻进过程中，采用套管外设置间隔连续导向圈进行辅助定位导向，导向圈在钢管斜桩底部套管约6m和最上部一节套管外分别设置一个，如果桩长太长可在中间位置增加导向圈。

3. 孔深控制

(1) 根据基准点引测高程，由测量员提供孔口标高，并由当班施工员记录在成孔报表上。

(2) 钻至中风化岩时，捞取岩样报监理工程师见证确认，并准确记录其标高和深度。

(3) 终孔时准确量测钻具长度，确保成孔深度满足设计要求。

4. 锚杆制安

(1) 锚杆严格按照设计图纸制作。

(2) 为满足抗拔试验的要求，锚杆需高出钢管斜桩顶部1.5m左右，以利于抗拔设备的安装。

（3）锚杆用配套的锚杆连接器连接，各锚杆连接处相互错开。

（4）锚杆钢筋和钢筋固定片通过焊接连接，钢筋固定片每隔2m设置一个。

（5）锚杆下放前，检查钢筋固定片是否有松动或脱落。

（6）吊放钢筋锚杆时，现场安排专人指挥，控制下放速度，同时注意避免注浆管被挤压破坏。

5. 锚杆注浆及养护

（1）水泥浆液加入膨胀剂，试验配合比产生不小于5%的膨胀量。

（2）注浆量通过流量计控制，实际注浆量按不少于理论注浆量的1.2倍控制。

（3）采用压力注浆，锚孔注满浆后保持稳压2～3min，确保注浆充实饱满。

（4）注浆完成后自然养护至浆体强度达到设计要求，养护期间严禁碰撞锚杆。

6. 抗拔检测

（1）锚杆养护到龄期后，按设计要求进行抗拔检测试验。

（2）抗拔检测委托具有资质的第三方进行，检测过程严格按照规范和设计要求分级张拉。

7. 灌注斜桩封底混凝土

（1）钢管斜桩底部锚固混凝土采用C40不收缩混凝土，按要求进行配合比及体积收缩性试验。

（2）导管进场后必须试压试拼，确保拼接好的导管密封性良好。

（3）混凝土浇筑过程中加强对混凝土标高的测量控制。

（4）每根桩留1组混凝土试块（每组3块），并养护至28d龄期后送指定试验室测试。

5.3.10　安全措施

1. 成孔

（1）施工平台面铺设的钢板要求平顺，防止人员绊倒受伤；平面四周设安全扶栏，并设警示标志。

（2）桩机安装完成后，经验收合格后方可投入使用。

（3）锚杆钢筋加工过程中，不得出现随意抛掷钢筋现象。

（4）起吊钢筋锚杆时，做到稳起稳落，安装牢靠后方可脱钩，严格按吊装作业安全技术规程施工。

（5）吊车作业时，在吊臂转动范围内，不得有人走动或进行其他作业。

（6）导管对接时，注意手的位置，防止手被导管夹伤。

（7）灌注混凝土桩时，施工人员分工明确，统一指挥，做到快捷、连续施工，以防事故的发生。

（8）灌注混凝土时，吊具稳固可靠，混凝土罐装箱缓慢下放，专人控制下放位置。

2. 防护措施

（1）作业人员乘专用船只登平台，身体不佳时严禁出海。

（2）吊车提升拆除导管过程中，各现场人员注意吊钩位置。

（3）施工现场人员必须佩戴安全帽、救生衣。

（4）六级及以上台风或暴雨，停止现场作业。

（5）在施工全过程中，严格执行有关机械的安全操作规程，由专人操作，并加强机械维修保养。

（6）机械作业前，检查各传动箱润滑油是否足量，各连接处是否牢固，泥浆循环系统（泥浆泵等）是否正常，确认各部件性能良好后，才开始作业。

（7）机械移动期间设专人指挥和专人看管电缆线，以防机械压坏电缆。

第 6 章　潜孔锤绿色施工新技术

6.1　灌注桩潜孔锤钻进串筒式叠状降尘防护施工技术

6.1.1　引言

灌注桩采用大直径潜孔锤钻进时，以空气压缩机提供的高风压作为动力，高风压进入潜孔锤冲击器驱动潜孔锤钻头高速往复冲击作业，被潜孔锤破碎的渣土、岩屑随潜孔锤钻杆与孔壁之间的空隙，由高风压携带排出并散落至地面。当潜孔锤在土层段钻进时，渣土喷出在孔口无规则四溅，灰尘飘散，孔口喷出大量的岩渣岩屑外，并夹杂着较大的粉尘，造成现场文明施工条件差，尤其施工现场邻近市政道路时对行驶车辆和行人造成困扰，见图 6.1-1～图 6.1-3。

图 6.1-1　潜孔锤土层段钻进喷出的尘渣

图 6.1-2　潜孔锤岩层段钻进喷出的岩屑粉尘

图 6.1-3　潜孔锤紧邻市政道路钻进施工

为解决潜孔锤钻进过程中孔口产生的渣土、岩屑和粉尘，一般采用在孔口派专人喷水，以控制孔口产生的污染，但往往难以达到好的效果，见图 6.1-4、图 6.1-5。

图 6.1-4 潜孔锤钻进时设置喷水降尘

图 6.1-5 钻进时产生岩渣土渣

2019 年 5 月，深圳市城市轨道交通 13 号线 13101 标段（白芒站）项目围护结构工程开工，本项目支护采用地下连续墙施工，由于该项目紧邻市政道路，且岩层较浅，地连墙（约 12 幅）下部分布 12m 厚的硬岩层，采用潜孔锤对地下连续墙引孔施工时产生大量岩渣和土渣，造成市政道路上车辆和行人不便。为解决以上潜孔锤钻进时孔口渣土、岩屑、粉尘对施工现场环境造成的不良影响，确保现场绿色文明施工条件，经过一系列现场试验、工艺完善、过程优化、现场总结，研制了一种便捷有效的可伸缩串筒式降尘防护罩，在潜孔锤钻进过程中可有效控制岩渣粉尘污染，现场文明施工得到了显著提升。

6.1.2 工艺特点

1. 防渣防尘效果好

本工艺直接采用防护罩将潜孔锤钻杆、钻杆与孔壁的间隙及孔口完全遮挡罩住，将在孔口喷出的渣土、岩屑、粉尘收纳在防护罩范围内，避免了渣土和粉尘无规则喷散；且因为防护罩全包裹钻杆，无论出土口位置高低，均可达到防尘防渣效果，有效提升了现场文明施工水平。

2. 制作安装简便

防护罩采用薄钢板分节制作，设计为串筒式钢筋绳分节连接，轻便易安装；防护罩单体叠套连接的数量，可根据钻孔深度、钻杆长度等调节配置。

3. 操作安全可靠

本工艺设计的防护罩单节重量轻，组装操作便利；连接采用钢丝绳，伸缩和展开牢靠，整体操作安全可靠。

4. 综合成本低

本工艺使用的防护罩在普通的潜孔锤钻机上安装即可使用，不需要设置额外更多的辅助系统；防护罩采用不锈钢制作，表面耐冲击，喷射的岩渣不会对其造成损坏，能重复利用，总体综合使用成本低。

6.1.3　适用范围

本工艺适用于灌注桩潜孔锤钻进施工，尤其适用于施工现场处于城市中心、市政道路附近对文明施工要求高的项目。

6.1.4　工艺原理

1. 技术路线

灌注桩潜孔锤成孔钻进过程中，被潜孔锤破碎的渣土、岩屑、粉尘随着超高风压，通过潜孔锤钻杆与形成孔壁之间的空隙上升，随后从孔口喷出。本工艺的技术路线就是拟利用一种防护罩结构，将潜孔锤钻进钻杆、钻杆与孔壁的间隙及孔口完全遮挡罩住，将在孔口无规则喷出的渣土、岩屑、粉尘收纳在防护罩下有限范围内，以解决目前潜孔锤钻进工艺施工中存在的空气污染和现场文明施工差的问题。

2. 市场调研

由于受施工场地周边环境条件的影响，潜孔锤钻进作业时需要采取防护措施，避免对道路行车和行人造成影响。为此，项目组对潜孔锤防护技术进行了广泛调研，收集出了相关的资料，进行了大量的分析，并进行了相关试验。

通常潜孔锤钻进时，国内、国外多采用帆布式防护措施，有固定式、伸缩式迭套结构类型，有圆筒状、方形结构，还有临时性遮挡防护等。具体主要类型结构见图 6.1-6～图 6.1.8。

图 6.1-6　潜孔锤圆筒状防护罩

3. 材料选择

考虑到轻便性，选择防护罩材料时最先采用了帆布，按使用要求进行了制作，具体见图 6.1-9、图 6.1-10。但在实际使用过程中，潜孔锤钻进高风压携带出的钻渣上返能力强、冲击力大，反复对防护罩的冲击作用，造成防护罩的经常性破损；加上防护罩为伸缩型设计，连接处常出现脱落，需要反复进行修复，使用效果不佳。

经过现场多次试验、总结，最后提出采用薄钢板制作防护罩，既轻便、操作便利，又防冲击、耐用，达到了使用效果。

图 6.1-7 固定式防护罩

图 6.1-8 帆布临时遮挡防护

图 6.1-9 帆布防护罩安装在潜孔锤钻机上

4. 工作原理

本工艺的主要工作原理为：

利用固定式钢丝绳相互连接多个单节锥形防护罩，根据钻进深度的需要将若干个单节防护罩组合形成叠套结构，通过拉伸式钢丝绳自由伸缩而形成串筒式防护罩，其环绕钻杆和钻具安装，所形成的空间完全覆盖潜孔锤钻具和孔口一定范围的位置，有效地遮挡住高风压从孔口携带出的渣土、岩屑、粉尘。

图 6.1-10　帆布防护潜孔锤钻进过程中破损修复

本工艺所使用的防护罩最上部为单体固定式防护罩，其与钻机顶部动力头相连接，最下部的单体防护罩通过拉伸式钢丝绳垂放至离地面 30～50cm 处，形成一个围绕钻杆方向的外套防护罩结构；潜孔锤高风压作业时携带上升的渣土、岩屑、粉尘喷出孔口后，继续向上喷射，被防护罩结构遮挡，再随着风压减弱和喷出物自重影响，渣土、岩屑全部在孔口附近堆积。

防护罩布设及施工现场作业布置见图 6.1-11，其工作原理见图 6.1-12。

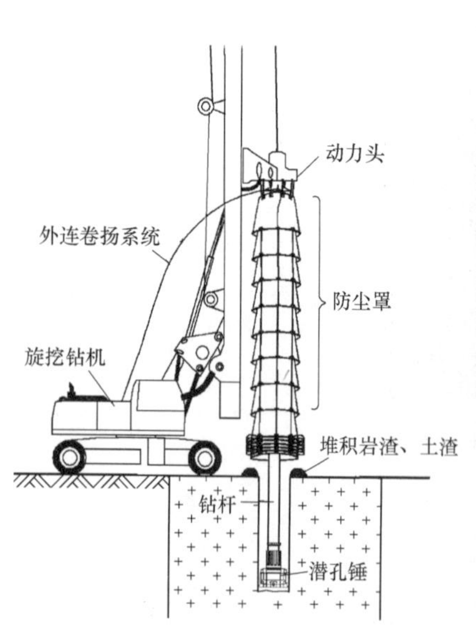

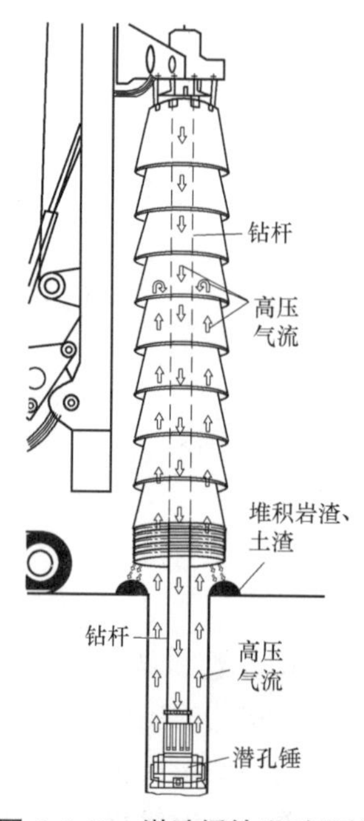

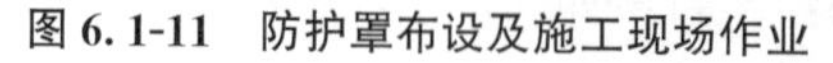

图 6.1-11　防护罩布设及施工现场作业

图 6.1-12　潜孔锤钻进时防护罩工作原理图

6.1.5　施工工艺流程

灌注桩潜孔锤钻进降尘防护施工工序流程见图 6.1-13。

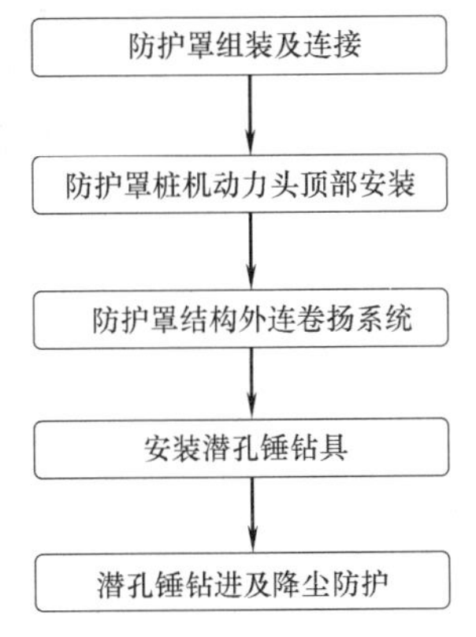

图 6.1-13　潜孔锤钻进降尘防护工序流程图

6.1.6　工序操作要点

1. 防护罩结构组装及连接

（1）防护罩材质

防护罩功能是阻挡高风压吹出的渣土、岩屑，采用不锈钢板制作，钢板厚度 2mm，以确保罩体自身足够的强度，具体见图 6.1-14。

图 6.1-14　不锈钢板制作的防护罩

（2）单体防护罩结构及特征

单体防护罩由筒体、连接吊耳、提升吊耳组成，单体防护罩间使用钢丝绳连接固定和伸缩。单体防护罩筒体厚 2mm，高 1020mm，罩壁底部直径 1200mm，顶部直径 950mm；连接吊耳设于筒体底部位置，共 3 个，用于给固定式钢丝绳绑扎；提升吊耳设于筒体底部位置，共 2 个，沿筒体底部对称布置，可通过拉伸式钢丝绳实现对筒体的提拉或放下。单体防护罩模型见图 6.1-15，实物见图 6.1-16。

（3）防护罩固定连接

将各防护罩上下相互叠套，上下筒体的连接吊耳相互对应，各防护罩之间通过三条长度为 750mm 的固定式钢丝绳连接上下两个防护罩的连接吊耳，形成沿竖向方向的防护罩组合结构；防护罩在相互连接时处于叠套状态，固定式钢丝绳连接完毕后处于卷曲状态，见图 6.1-17。

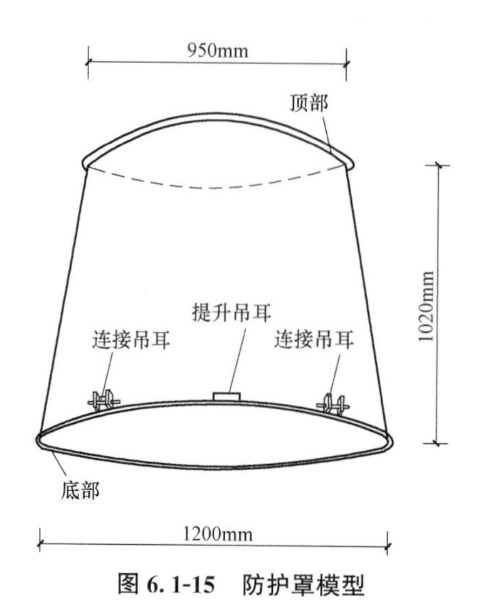

图 6.1-15　防护罩模型

图 6.1-16　防护罩实物

（4）防护罩拉伸连接

用两条拉伸式钢丝绳连接最底部防护罩的提升吊耳，然后通长穿过上部所有单个防护罩的提升吊耳，见图 6.1-18。在叠套状态下，如果放松拉伸式钢丝绳，则防护罩呈串筒式展开。

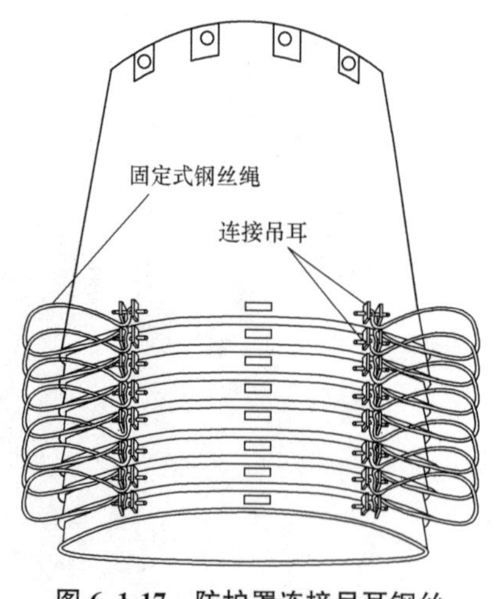

图 6.1-17　防护罩连接吊耳钢丝绳固定连接示意图

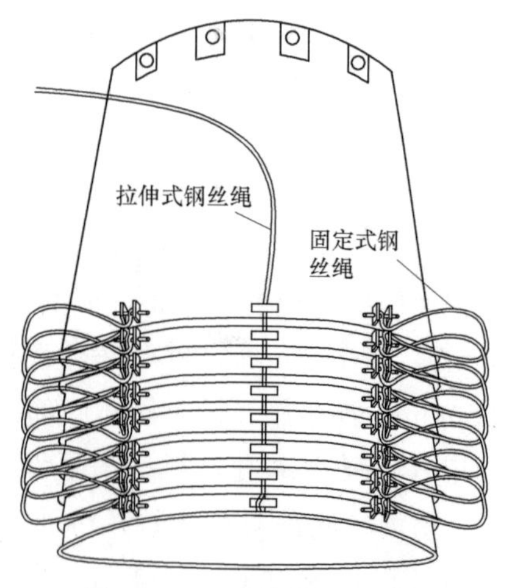

图 6.1-18　防护罩提升吊耳钢丝绳连接示意图

2. 防护罩桩机动力头顶部安装

（1）潜孔锤钻机就位，控制其钻杆对准防护罩中心处。

（2）降下潜孔锤钻机动力头，将最上部防护罩顶部设置的 8 个吊耳通过 8 根钢丝绳与动力头上的 8 个吊耳固定连接，具体见图 6.1-19。

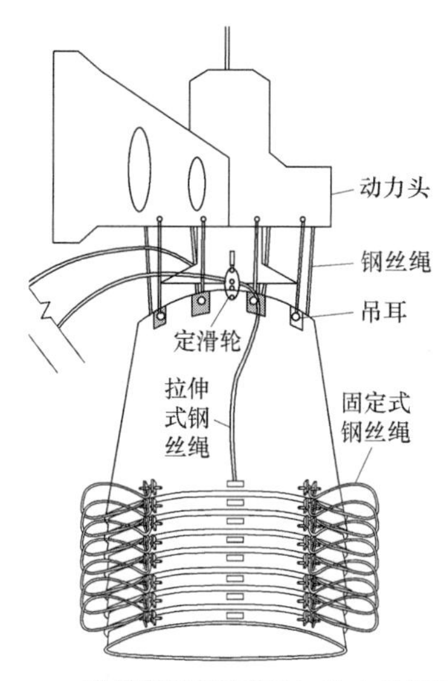

图 6.1-19 防护罩顶部吊耳与动力头固定连接

3. 防护罩结构外连卷扬系统

(1) 将两条拉伸式钢丝绳穿过潜孔锤钻机动力头上的定滑轮，再连接两套卷扬系统，具体见图 6.1-20。

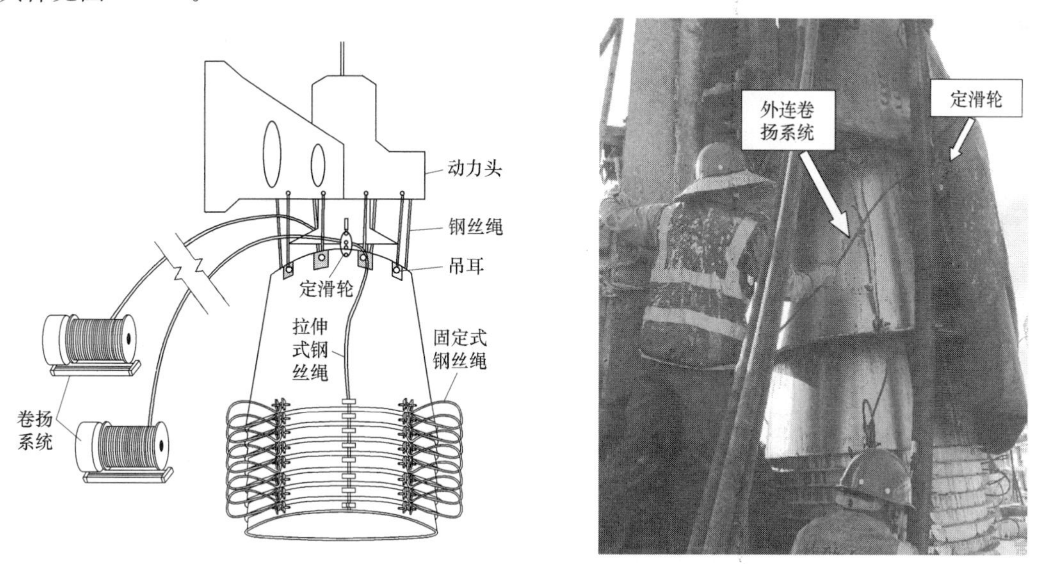

图 6.1-20 防护罩顶部拉伸式钢丝绳定滑轮外接卷扬系统连接

(2) 卷扬系统提拉和放松拉伸式钢丝绳可实现防护罩的叠套和展开，防护罩叠套和展开状态见图 6.1-21。若要从展开状态转变为叠套状态，控制卷扬系统同步提拉两条拉伸式钢丝绳，使下部的防护罩逐一提升，并逐渐与上部的防护罩相叠套，提拉过程见图 6.1-22；若卷扬系统放下拉伸式钢丝绳，则可实现从叠套状态到展开状态。

4. 安装潜孔锤钻具

(1) 提升潜孔锤钻机动力头，提升高度略大于单节钻具的长度（包括潜孔锤钻头、冲击器、钻杆的总长度）。

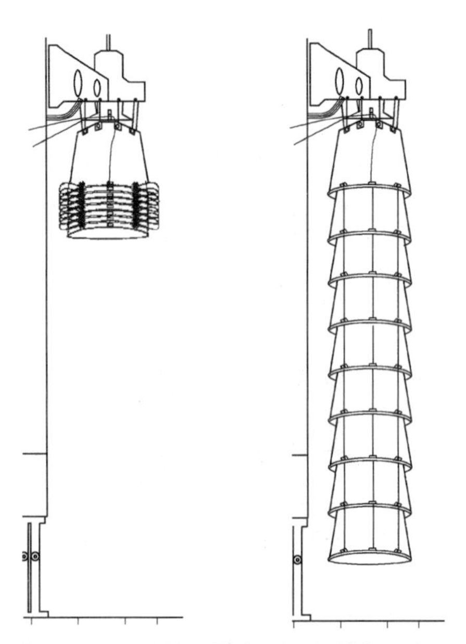

图 6.1-21　防护罩叠套至展开状态示意图

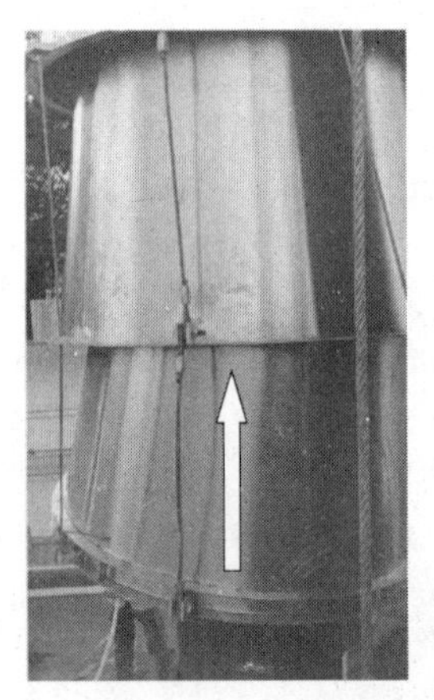

图 6.1-22　卷扬系统提拉拉伸式钢丝绳从展开状态至叠套

（2）潜孔锤钻机操作手在驾驶室控制两台卷扬机，使得它们同步提拉两根拉伸式钢丝绳，下部的防护罩逐一提升，并逐渐与上部的防护罩相叠套，防护罩结构由展开状态转变为叠套状态，提拉过程见图 6.1-23。

（3）提拉防护罩结构，使动力头的连接六方方筒露出，具体见图 6.1-24；此时再移入钻具，将钻具顶部的六方方头与动力头处的六方方筒对接，再插入两根销轴固定连接处完成钻具的安装连接。钻具顶部的六方方头见图 6.1-25，六方方头与六方方筒连接示意见图 6.1-26、图 6.1-27。

（4）再控制卷扬系统同步放下两根拉伸式钢丝绳，使得防护罩结构展开，防护罩结构达到作业前的准备状态，具体见图 6.1-28。

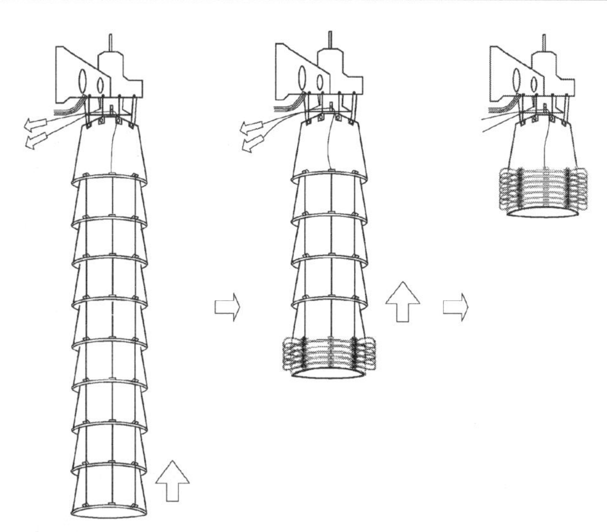

图 6.1-23 提拉拉伸式钢丝绳的防护罩结构变化示意

图 6.1-24 动力头连接钻具的六方方筒

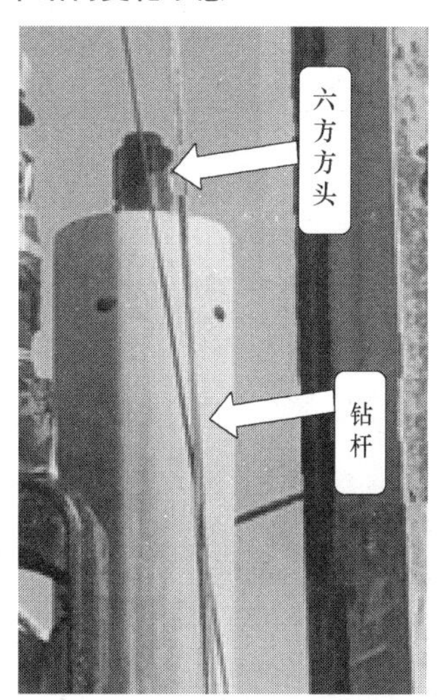

图 6.1-25 钻具顶部的连接六方方头

图 6.1-26 套筒与六方套头的连接

图 6.1-27 插销固定连接处

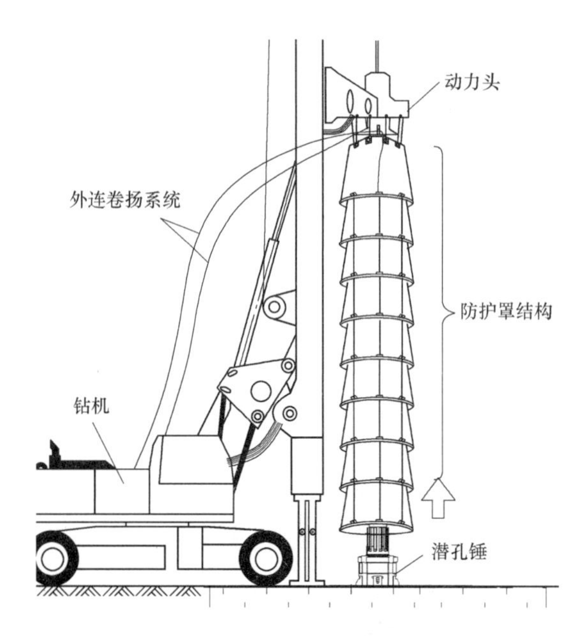

图 6.1-28 潜孔锤钻进及防护罩施工现场

5. 潜孔锤钻进及降尘防护

(1) 潜孔锤钻具安装就位后，开始潜孔锤钻进作业，随着潜孔锤向下钻进，下部防护罩逐渐在孔口处叠套，钻进过程及防护罩在孔口位置叠套见图 6.1-29。

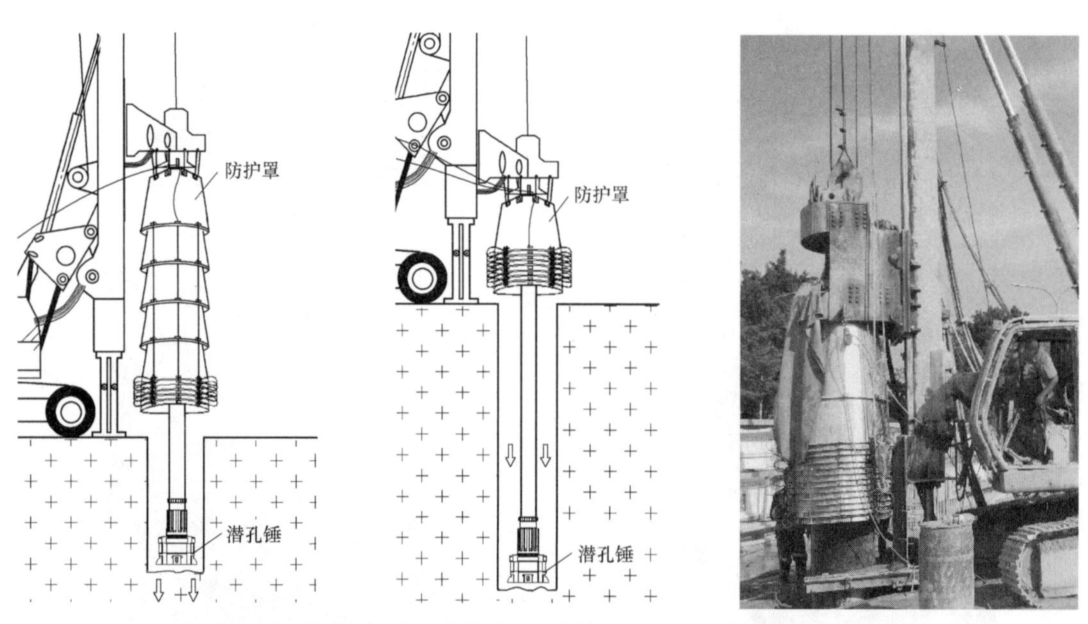

图 6.1-29 潜孔锤钻进及防护过程（防护罩由展开状态转变至叠套状态）

(2) 潜孔锤钻钻进过程中，潜孔锤振动破碎的岩渣土渣通过孔壁与钻杆的间隙上升，飞出钻孔后被防护罩结构阻挡，随着风压减小和自重作用下降，堆积于孔口地面上。

（3）随着潜孔锤钻进，钻杆逐渐下降，当钻杆即将伸入钻孔中时，停止潜孔锤钻进，解除钻杆与动力头的连接，将钻杆与潜孔锤置于钻孔中，重新提升动力头并提拉拉伸式钢丝绳使防护罩结构向上叠套，具体操作见图 6.1-30。

（4）将一节新的钻杆吊至孔口上端，其下部与置于孔中的钻杆相连接，其上部与动力头处六方接头连接，新钻杆吊入见图 6.1-31，新钻杆吊至孔口上端并连接孔中钻杆见图 6.1-32，新钻杆的上部连接动力头见图 6.1-33。

（5）放下防护罩结构包裹新的钻杆，继续潜孔锤钻进，后续再接入钻杆的操作步骤同上，接入钻杆的数量根据设计孔深合理配置。

（6）钻进至设计底标高后，结束潜孔锤钻进，提升动力头，并提拉防护罩结构使其向上叠套，一边提升动力头一边按顺序由上至下拆除钻杆，并最后拆除潜孔锤。

（7）在完成全部项目灌注桩成孔施工后，在钻杆及潜孔锤拆除完毕后，放下动力头，解除防护罩结构与动力头的连接，并拆分防护罩结构，对防护罩筒体进行洒水冲洗并检查其完整程度后运离现场。

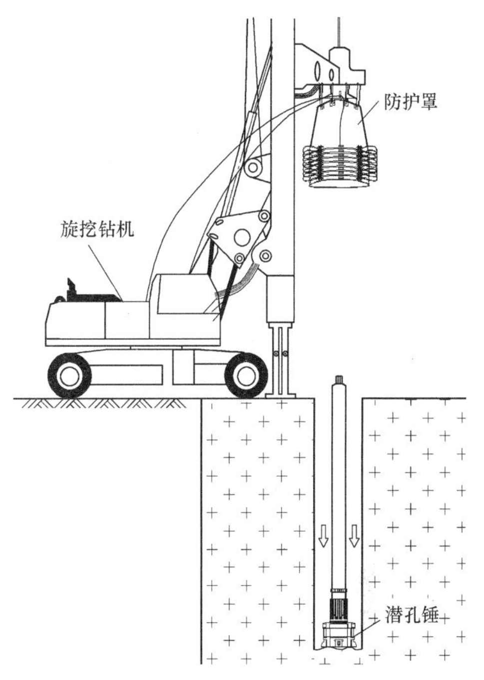

图 6.1-30　动力头与钻杆解除连接后再度提升后布置图

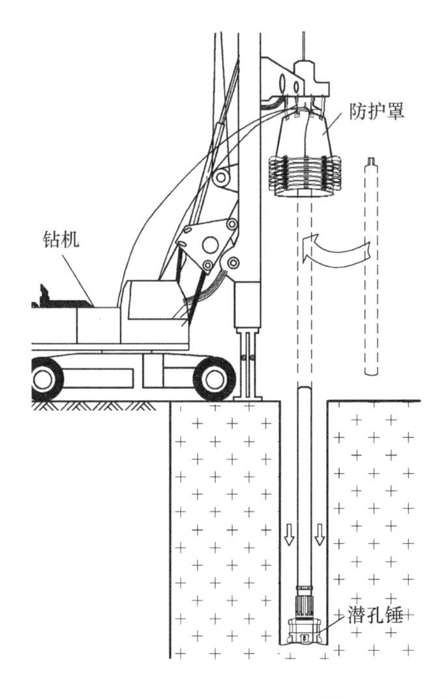

图 6.1-31　吊车吊入钻具

图 6.1-32　钻杆与孔口中的钻杆连接

图 6.1-33　钻杆与动力头接头连接

6.1.7　材料与机具设备

1. 材料

本工艺使用的主要材料有：防护罩不锈钢钢板、钢丝绳等。

2. 设备

本工艺所采用的主要设备有：潜孔锤桩机、潜孔锤、空压机、卷扬机等，详见表 6.1-1。

施工主要机械设备表　　表 6.1-1

序号	设备名称	型 号	备注
1	防护罩结构(防护罩、钢丝绳)	自制	防渣防尘
2	潜孔锤钻机	SWDM36	钻进设备
3	潜孔锤	SH(晟辉)系列	钻进
4	空压机	1070SRH、780VH	输送高风压
5	卷扬机	40t	控制拉伸式钢丝绳

6.1.8　质量控制

1. 防尘罩制作、组装、使用质量标准

（1）防尘罩不锈钢罩体厚度宜不小于 2mm，且不大于 2.5mm，罩体各部位厚度需保持一致（误差小于 10%）。

（2）罩体材料不锈钢钢板强度不小于 50MPa。

（3）防尘罩的高度、顶部宽度、底部宽度、固定式钢丝绳的长度误差需小于 10mm，保证防尘罩结构展开时能完全遮挡向上喷射的土渣和岩渣并且罩体之间有一定孔隙使得下降的土渣和岩渣能从中掉出。

(4) 罩体放置于水平地面时，顶部圆心和底部圆心形成的直线需垂直于水平地面（误差小于 2°），保证防尘罩结构重心位于其中心处。

(5) 防尘罩在组装时，连接固定式钢丝绳和拉伸式钢丝绳时保证绳体间不相互打岔和缠绕。

(6) 固定式钢丝绳破断拉力不小于 1t，拉伸式钢丝绳破断拉力不小于 2t，连接吊耳和提升吊耳与罩体的焊接强度不小于 40MPa。

2. 扬尘控制标准

(1) 施工场地扬尘排放控制项目为 PM2.5、PM10，安装专门的 TSP 扬尘监测仪现场检测。

(2) PM2.5、PM10 确定监测点浓度限值为：24h 平均浓度限值 75μg/m^3，TSP15min 平均浓度限值为 300μg/m^3。现场 TSP 安装及监控见图 6.1-34。

图 6.1-34 现场 TSP 监控

3. 质量控制措施

(1) 防尘罩进场前严格按设计要求进行验收，发现外形尺寸不符合的严禁使用。

(2) 防尘罩组装时，连接固定式钢丝绳和拉伸式钢丝绳应保证绳体不相互打岔和缠绕，连接完成后对绳体连接情况进行复核。

(3) 防尘罩结构组装完毕后，检查钢丝绳的连接，保证连接处牢固可靠，避免使用过程出现断开。

(4) 防尘罩与潜孔锤钻机组装完毕后，接上潜孔锤，先进行潜孔锤钻进试作业，检查防尘罩结构阻挡岩渣土渣情况，如可完全阻挡上升喷出的岩渣土渣，则可开始正常作业。

(5) 两个卷扬机提拉和放松拉伸式钢丝绳速率需保持一致，防尘罩提拉叠套过程中如出现叠套不对称的情况，则及时停止提拉，检查各卷扬机提拉速率。

(6) 结束一段成孔作业后，降下防尘罩结构，检查罩体、法兰、钢圈、吊耳、焊接处以及钢丝绳的使用程度，如出现裂缝则及时更换，并对防尘罩结构进行喷水冲洗，准备下一段钻进时的使用。

(7) 项目部组织专人及时清理堆积在孔口的渣土。

6.1.9 安全措施

1. 安全管理措施

(1) 对防尘罩的组装、使用进行安全技术交底。

(2) 在使用钢丝绳对防护罩进行固定和拉伸连接时，按安装和使用要求操作，避免过度操作。

(3) 停止钻进作业后，需等防尘罩结构降下后，施工及操作人员才可靠近防尘罩对其进行检查。并对地面堆载的渣土进行人工清理。

(4) 机械设备操作人员经过专业培训，熟练机械操作性能，经专业管理部门考核取得操作证后上机操作。

(5) 从事登高作业的工作人员必须身体健康良好，患有高血压、心脏病、严重贫血、癫痫病以及其他不适于高空作业的人员，禁止从事高空作业。

(6) 高空作业前对高空作业器具的有效性进行确认。

(7) 离地面2m以上的登高作业系上安全带。

2. 噪声控制

(1) 根据施工现场周边条件，合理安排施工时间，禁止中午和夜间（中午12时至下午2时，晚上11时至第二天早上7时）进行产生噪声的施工作业。

(2) 潜孔锤空压机选用低噪声或备有消声降噪装置的设备。

(3) 对于无法避免的施工噪声，采取隔声、吸声等有效降噪措施，将噪声控制在《建筑施工场界环境噪声排放标准》GB 12523—2011所规定的限值范围内。

3. 扬尘控制

(1) 严格按照扬尘防治6个“100%”要求做好相关工作，作业起尘区域设置雾炮设备，采用湿法作业，对现场裸露土体进行防尘覆盖。

(2) 现场设置车辆冲洗台，所有车辆冲洗干净后方可离场上路行驶。

(3) 孔口潜孔锤钻进防护罩收集在孔口附近的渣土及时清理外运。

6.2 灌注桩潜孔锤钻进孔口合瓣式防尘罩施工技术

6.2.1 引言

灌注桩采用潜孔锤钻进时，以空气压缩机提供的高风压作为动力，高风压进入潜孔锤冲击器驱动潜孔锤钻头高速往复冲击作业，被潜孔锤破碎的渣土、岩屑随潜孔锤钻杆与孔壁之间的空隙，由高风压携带排出并散落至地面。当潜孔锤在土层段钻进时，渣土喷出在孔口无规则四溅，灰尘飘散；当潜孔锤在岩层钻进时，孔口除喷出大量的岩渣岩屑外，并夹杂着较大的粉尘，造成现场文明施工条件差。

为解决以上潜孔锤钻进时孔口渣土、岩屑、粉尘对施工现场环境造成的影响，设计了一种灌注桩潜孔锤钻进时的孔口合瓣式防尘罩及防护方法，可有效控制钻进过程中的岩渣粉尘污染，取得了一定的环保效果。

6.2.2 工艺特点

1. 防渣防尘效果好

本工艺直接采用孔口防尘罩将孔口完全遮挡罩住，将在孔口喷出的渣土、岩屑、粉尘收纳在防尘罩范围内，避免了渣土和粉尘无规则喷散，有效提升了文明施工水平，拓展了潜孔锤钻机的使用范围。

2. 操作方便

本工艺采用合瓣式设计、螺栓固定，安装和拆卸便利；罩顶安装有提升吊耳，方便现场吊装。

3. 综合成本低

防尘罩采用钢板制作，表面耐冲击，高速喷射的岩渣不会对其造成损坏，可重复利用，总体综合使用成本低。

6.2.3 适用范围

本工艺适用于灌注桩潜孔锤钻进施工，适用于施工现场处于城市中心、市政道路附近对文明施工要求高的项目，尤其适用于干孔钻进。

6.2.4 工艺原理

本工艺采用一种合瓣式的孔口防护结构，用于阻挡被潜孔锤破碎的渣土、岩屑、粉尘随高风压从孔内喷出而污染环境，提升现场文明施工水平。

潜孔锤钻进过程中，被潜孔锤破碎的渣土、岩屑、粉尘随着高风压，通过潜孔锤钻杆与形成孔壁之间的空隙上升，随后从孔口喷出。本工艺通过采用一种孔口全封闭式的防尘罩结构，遮挡住从孔口上返喷出的渣土、岩屑、粉尘，将其收纳在防尘罩范围内，以解决目前潜孔锤钻进工艺施工中存在的空气污染和现场文明施工差的问题。

本工艺具体内容及原理为：

利用两个由厚度 2mm 不锈钢板制作的形状对称的孔口合瓣式防尘罩相互合拢，并用螺栓相互连接固定，形成圆柱状的孔口全封闭防尘罩结构，防尘罩结构上部开设有供潜孔锤钻具通过的圆形孔洞，孔口防尘罩形成的空间覆盖孔口周围，可完全遮挡住从孔口喷出的渣土、岩屑、粉尘。孔口防尘罩布设示意见图 6.2-1，防尘罩施工现场作业见图 6.2-2。

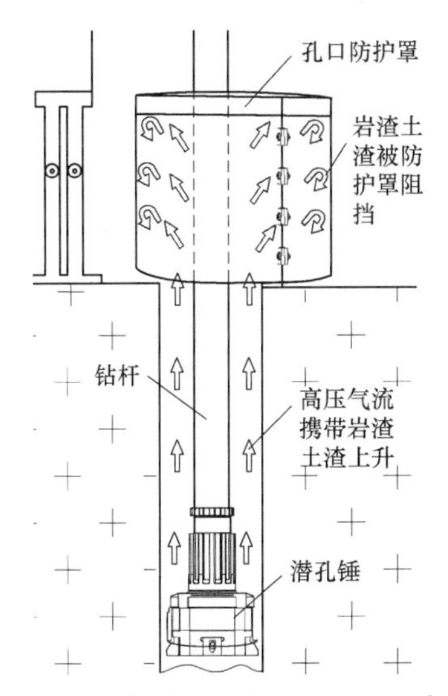

图 6.2-1 孔口防尘罩布设原理示意图

图 6.2-2 孔口防尘罩施工现场作业

6.2.5 孔口合瓣式防尘罩结构

孔口防尘罩的功能是阻挡高风压吹出的渣土、岩屑，防尘罩结构分为两瓣，两瓣形状沿结构中线相互对称，孔口防尘罩由合瓣式罩体、连接合瓣和罩顶提升吊耳组成。

1. 罩体

罩体由两个半合瓣式防尘罩拼装而成，由环绕钻杆的环状体和顶板组成。

(1) 合瓣体平面上为圆形，直径1500mm；在罩体顶板平面上设置有潜孔锤钻具通过的孔洞，孔洞大小根据潜孔锤钻具的直径大小确定，一般潜孔锤冲击炮衣和钻杆直径为910mm，考虑到潜孔锤冲击时振动的影响，孔洞稍微加大至930mm，罩体平面及孔洞设置见图6.2-3、图6.2-4。

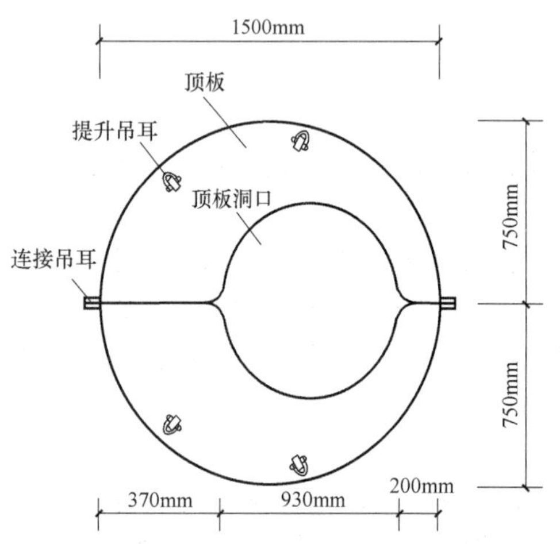

图6.2-3　罩体平面图顶板模型俯视图

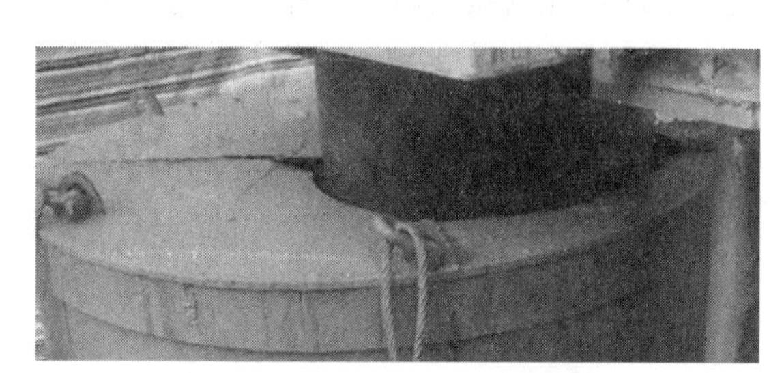

图6.2-4　罩体平面及钻杆孔洞

(2) 罩体立面为圆柱形，罩体高1600mm；罩体与上部顶板通过厚度2mm、高度100mm的侧向钢圈相互焊接连接，罩体立面示意见图6.2-5，罩体立面实物见图6.2-6。

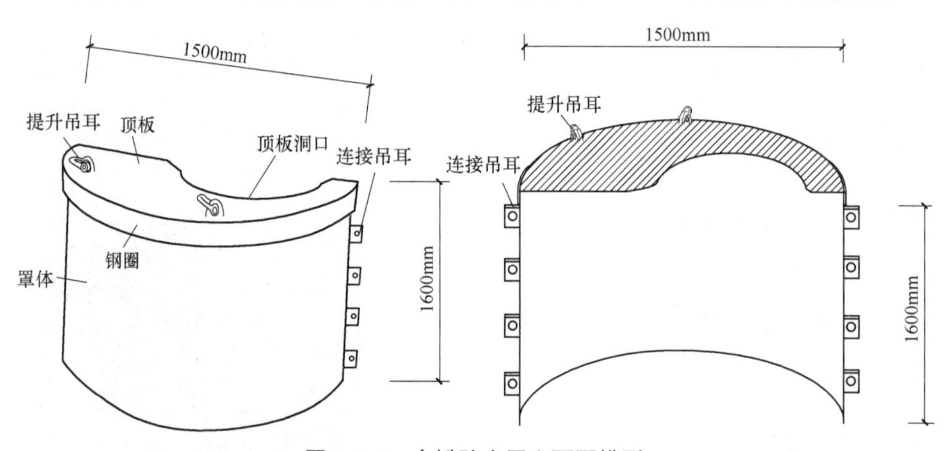

图6.2-5　合瓣防尘罩立面图模型

2. 罩体连接合瓣

(1) 罩体的两个合瓣侧边缘分别焊接有由上至下4个连接吊耳，连接吊耳见图6.2-7。

(2) 使用防尘罩时，将两个半合瓣式防尘罩在地面相互合拢，罩体侧边缘的连接吊耳相互对应后，用螺栓将其固定，具体见图6.2-8，合瓣连接后的合瓣式防尘罩见图6.2-9。

3. 顶板提升吊耳

(1) 在罩体两个半合瓣的顶板上，各设置有2个提升吊耳，供起吊安装使用。

图 6.2-6 孔口防尘罩立面实物

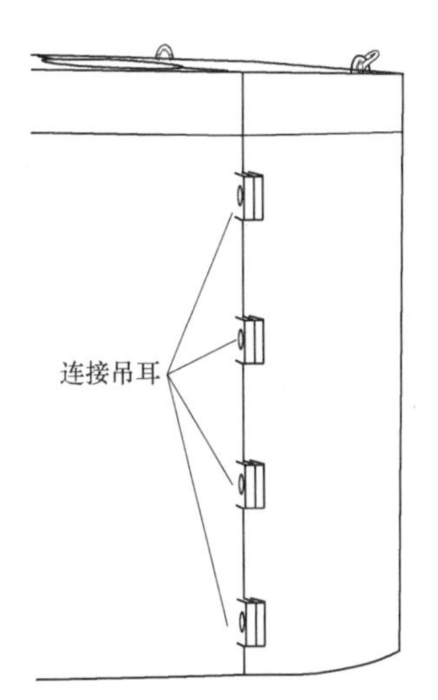

图 6.2-7 合瓣式防尘罩连接吊耳示意图和实物图

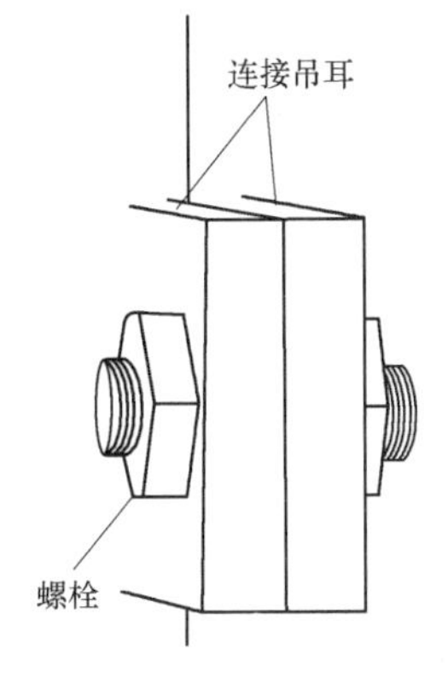

图 6.2-8 两个连接吊耳并拢后用螺栓固定

（2）顶板上的提升吊耳采用钢丝绳提升，具体见图6.2-10、图6.2-11，实际吊耳提升使用见图6.2-12。

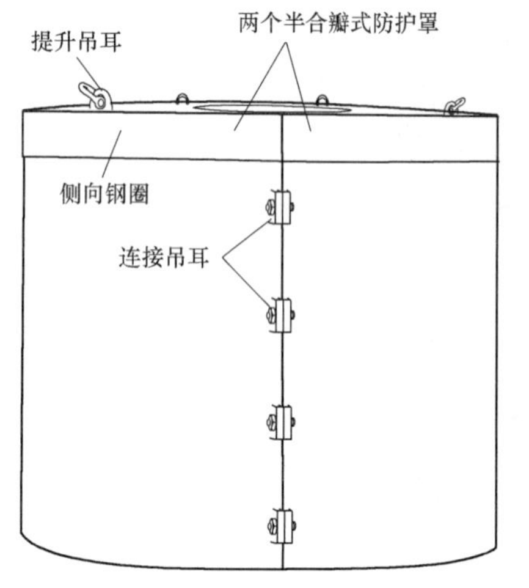

图6.2-9 两个相互合瓣连接的合瓣式防尘罩

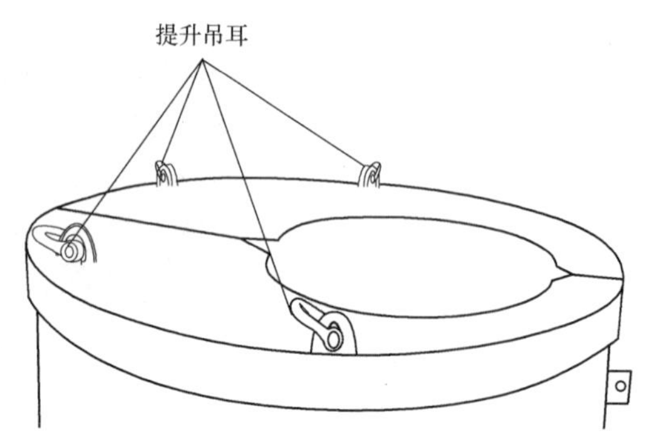

图6.2-10 合瓣式防尘罩提升吊耳位置示意图

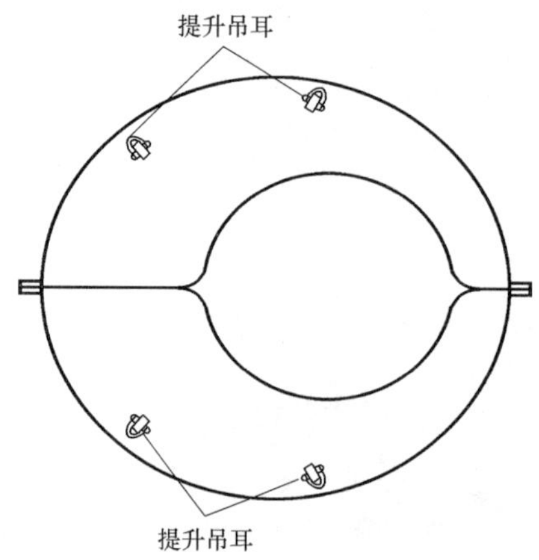

图6.2-11 合瓣式防尘罩提升吊耳平面位置示意图

图6.2-12 合瓣式防尘罩提升吊耳实物

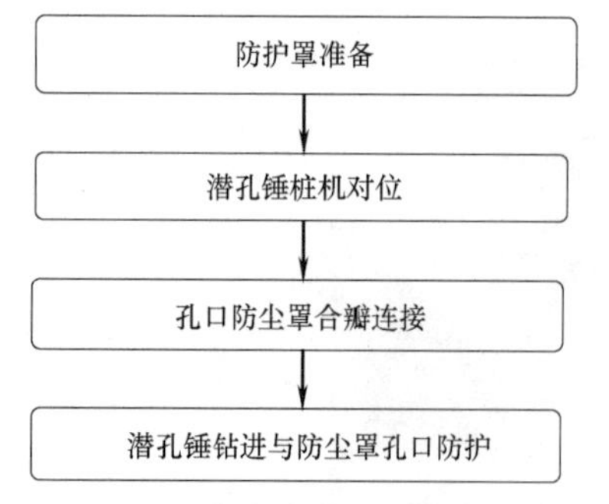

图6.2-13 灌注桩潜孔锤钻进孔口合瓣式防尘施工工序流程图

6.2.6 施工工艺流程

灌注桩潜孔锤钻进孔口合瓣式防尘施工工艺流程见图6.2-13。

6.2.7 工序操作要点

1. 防尘罩准备

（1）将一对合瓣防尘罩吊装入场，对称分开放置于孔口两侧，见图6.2-14。

（2）作业之前对罩体进行完整性检查。

图 6.2-14　合瓣式防尘罩准备

2. 潜孔锤桩机对位

（1）桩机进场后在钻杆上连接潜孔锤。

（2）潜孔锤钻机就位，潜孔锤钻头中心对准钻孔中心位置，见图 6.2-15。

3. 孔口防尘罩合瓣连接

（1）将相互合瓣的两个单瓣孔口防尘罩用吊车安放，并对称放置于潜孔锤钻杆两侧，以潜孔锤和钻杆作为顶板洞口中心进行相互合瓣。

（2）罩体侧边缘的连接吊耳相互对应后，人工用螺栓穿过两边的连接吊耳并将其固定，合瓣连接完成后孔口防尘罩结构进入准备作业状态。

4. 潜孔锤钻进与合瓣式防尘罩孔口防护

（1）开始潜孔锤钻进，钻进过程中潜孔锤振动破碎的岩渣土渣通过孔壁与钻杆的间隙上升，飞出钻孔后被孔口防尘罩结构阻挡，并堆积于孔口地面上。

（2）潜孔锤钻进到设计标高时停止钻进，人工松开打结的钢丝绳并卸下，拆开合瓣的连接固定螺栓，用吊车吊离孔口，随后控制桩机动力头提升钻杆，拔出潜孔锤，完成成孔及防护作业。

潜孔锤钻进与合瓣式防尘罩孔口防护见图 6.2-16。

图 6.2-15　潜孔锤就位

图 6.2-16　潜孔锤钻进与合瓣式防尘罩孔口防护

6.2.8　安全环保措施

1. 安全措施

（1）防护罩起吊时由专人指挥。

（2）两个半合瓣式防尘罩在孔口相互合拢后，将罩体侧边缘的连接吊耳固定牢靠。

（3）潜孔锤高风压高频冲击钻进时振动大，防护罩顶开设的孔洞须比钻具直径加大，防止钻具碰撞防护罩。

2. 扬尘控制

（1）由于孔口防护罩顶开设洞口与钻具有间隙，钻进时会有渣土、岩尘吹散，可以采用适当的软性织布对孔口进行遮盖，防止扬尘污染。

（2）孔口潜孔锤钻进防护罩收集在孔口附近的渣土及时清理外运。

6.3　灌注桩大直径潜孔锤气液钻进降尘施工技术

6.3.1　引言

采用传统的大直径潜孔锤钻进工艺在施工灌注桩时，施工现场布置有潜孔锤钻机、油雾器、储气罐和空压机组；高风压由空压机组输送至储气罐，随后经过油雾器，最后输送至潜孔锤集气室并从潜孔锤头喷出。该过程中，高风压驱动潜孔锤用于破岩并将岩渣携带出孔，油雾起到润滑潜孔锤冲击炮，从而提升锤头工作效率的作用。一般的潜孔锤钻进施工现场布置见图6.3-1。

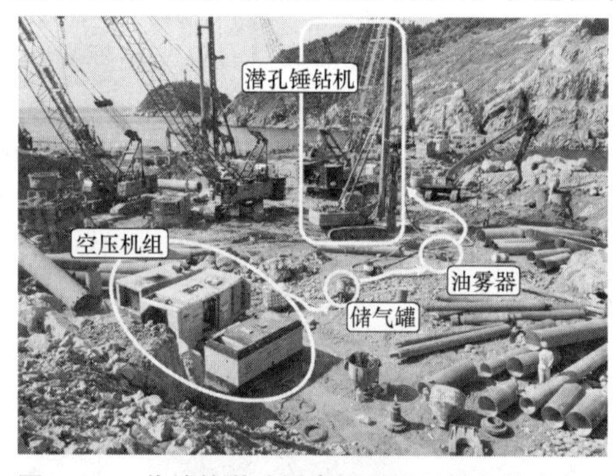

图6.3-1　传统的潜孔锤高风压现场施工管路布置

以空气压缩机提供的高风压作为动力时，高风压进入潜孔锤冲击器驱动潜孔锤钻头高速往复冲击作业，被潜孔锤破碎的渣土、岩屑随潜孔锤钻杆与孔壁之间的空隙，由高风压携带排出并散落至地面，在孔口喷出大量的土渣、岩屑，并夹杂着的较大的粉尘，造成现场文明施工条件差，具体见图6.3-2。为减轻粉尘对现场的影响，一般会采取在孔口喷水降尘的措施（见图6.3-3），实际现场降尘效果不佳，难以满足现场文明施工要求。

2019年9月，我司承担了深圳市城市轨道交通13号线13101标段（白芒站）项目围护结构地下连续墙施工，项目位于沙河西路、松白路与丽康路的交叉路口南侧，紧邻市政道路，现场地下连续墙引孔时，采用潜孔锤施工产生大量土渣及岩屑。为解决以上大直径潜孔锤钻进时孔口渣土、岩屑、粉尘对施工现场环境造成的不良影响，确保现场绿色文明施工条件，我公司经过一系列现场试验、工艺完善、过程优化、现场总结，研制了一种便捷有效的大直径潜孔锤气液降尘方法，即在空压机高风压驱动潜孔锤破碎钻进的同时，高风压将在管路中输入的液态水雾化，分散的微米级水雾有效覆盖并捕集喷出的岩屑、土尘，将高风压携带并飘浮在空气中的颗粒物、尘埃等迅速逼降至孔口，达到降尘净化空气的效果，取得了显著成效。

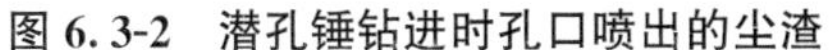
图 6.3-2 潜孔锤钻进时孔口喷出的尘渣

图 6.3-3 潜孔锤段钻进时孔口洒水降尘

6.3.2 工艺特点

1. 有效控制尘霾

锤头喷出的水雾颗粒极为细小，锤头喷出的水雾可被雾化到 30～200μm，与尘粒的凝结效率高，可将渣粒粉尘有效地包裹起来并增加重量，将其捕获逼降至地面，防止由高风压携带出孔口四处飘散，有效控制尘霾，达到有效的抑尘效果。

2. 安装操作简单

本工艺只是在传统的潜孔锤高风压钻进的管线布设中，增加了高压泵入水管线路，现场安装简单；钻进使用时，保持高压水泵的正常运转即可达到降尘效果，操作简单。

3. 文明施工效果好

本工艺通过微米级气液降尘，从源头上控制施工粉尘，气雾吸附能力强，水雾覆盖面积广，大大提升了现场文明施工。

6.3.3 适用范围

适用于灌注桩大直径潜孔锤钻进施工，尤其适用于施工现场处于城市中心、市政道路附近对文明施工要求高的项目。

6.3.4 工艺原理

1. 技术路线

灌注桩潜孔锤成孔钻进过程中，被潜孔锤破碎的渣土、岩屑、粉尘随着超高风压，通过潜孔锤钻杆与形成孔壁之间的空隙上升，随后从孔口喷出，在孔口喷出大量的土渣、岩屑，并夹杂着的较大的粉尘。本工艺的技术路线就是在传统管路中增设一台高压水泵用以输入液态水，通过高压气流将液态水雾化，从潜孔锤锤头喷出后与空气中的颗粒物、尘埃反应后将其逼降至孔口，实现大范围降尘，以解决目前潜孔锤钻进工艺施工中存在的空气污染和现场文明施工差的问题。

2. 工艺原理

传统大直径潜孔锤钻进作业时，空压机产生的高风压经过储气罐、油雾罐进入潜孔锤，完成钻进破岩。本工艺在上述管线和设施布置中，在油雾罐的出口处增设了一个支管，支管由一台高压泵输入液态水，高风压将水、油雾化后，三相物质共同输送至潜孔锤钻杆，并顺着钻杆输送至冲击器和潜孔锤锤头。潜孔锤气液钻进管路布设模型见图 6.3-4。

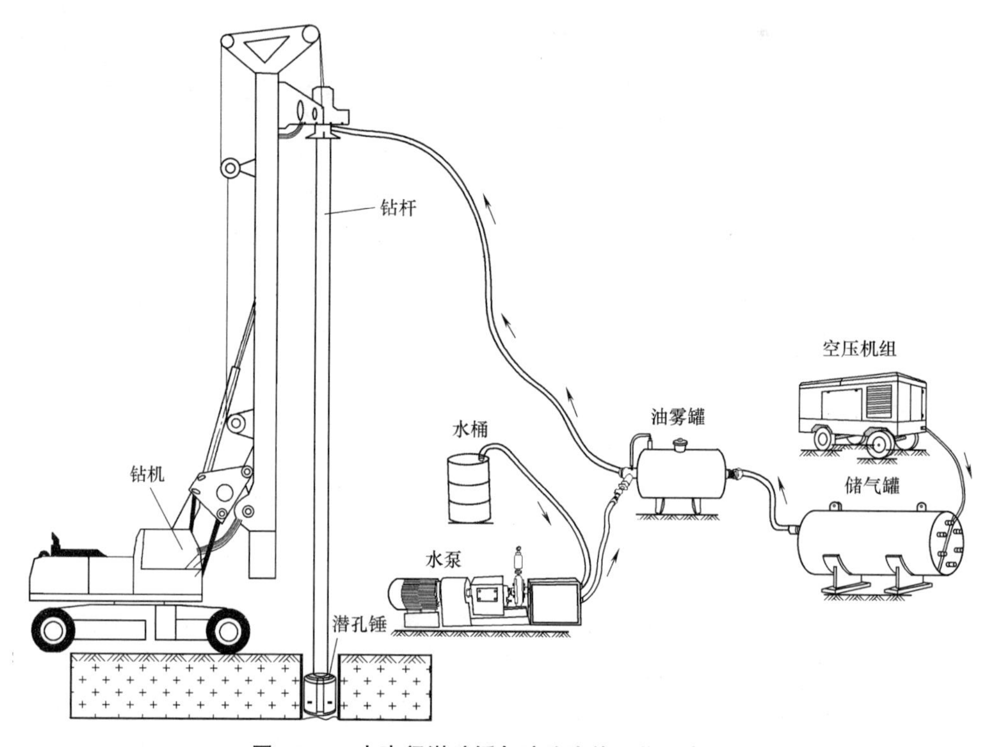

图 6.3-4 大直径潜孔锤气液降尘施工作业布置

本工艺降尘原理在于空压机产生的高速气流，将高压泵输入的液态水分散成微米级小液滴，雾化后的液态水雾在潜孔锤钻进过程中通过扩散的综合作用，惯性碰撞并拦截捕尘，不仅能湿润体积较大的岩渣及土屑，还能快速捕捉空气中悬浮的粉尘颗粒，将土渣、岩渣、粉尘等及其细小颗粒物迅速逼降。同时，由于从潜孔锤头高压喷出的水雾会携带较高的正负电电荷，有助于单颗水雾粒更有效的对微细粉尘进行捕集，可显著提高渣、尘的沉降率；另外，喷出的水雾颗粒质量轻，覆盖范围广，水雾可扩散至孔口地面甚至地面以上十多米处，实现大范围降尘。

雾化的水雾粒将岩渣土渣捕集并逼降至孔底的模型见图 6.3-5。

6.3.5 施工工艺流程

大直径潜孔锤气液钻进降尘施工工序流程见图 6.3-6。

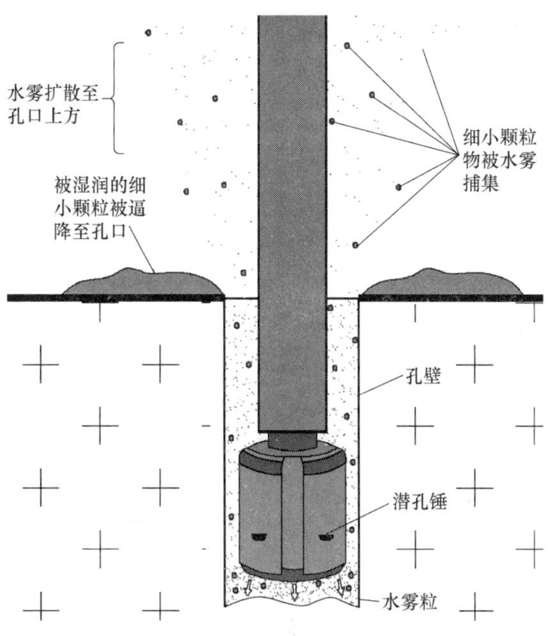

图 6.3-5 水雾粒将岩渣土渣捕集并逼降至孔口示意图

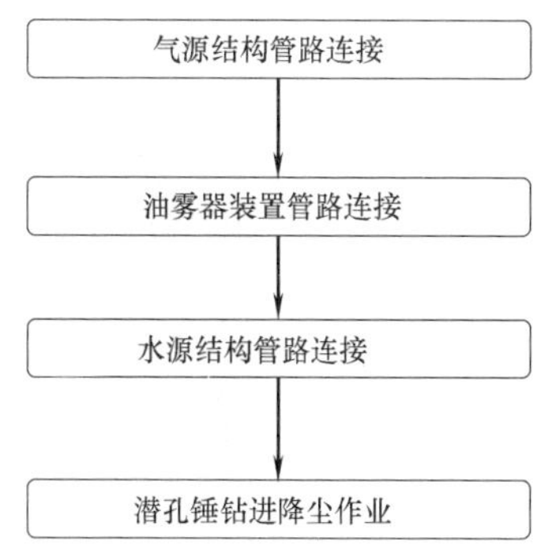

图 6.3-6 灌注桩大直径潜孔锤气液钻进降尘施工工序流程图

6.3.6 工序操作要点

1. 气源结构连接

（1）气源结构包括空压机及储气罐。

（2）空压机组根据潜孔锤钻进直径、桩深等确定空压机数量。

（3）空压机通过数条高压输气管将高压空气输送进储气罐，储气罐可提高输出气流的连续性及压力的稳定性，也可分离过滤压缩空气的水分、油污等杂质。

空压机组及储气罐见图 6.3-7、图 6.3-8。

图 6.3-7 空压机组

图 6.3-8 储气罐

2. 油雾器装置管路连接

（1）连接油雾器与外部装置时，油雾器内置高压气管与外部气管连接，进气端高压气管外接储气罐，储气罐再与空压机组连接；

（2）送气端高压气管与潜孔锤钻机的气管连接。

油雾器装置管路连接见图6.3-9。

图6.3-9　油雾器外部管路连接

3. 水源结构管路连接

（1）水源结构由高压水泵、水管及水桶组成。

（2）水泵选用DDTK150泥浆泵，其压力大，泵送效果好，现场DDTK150泥浆泵及水桶见图6.3-10，泥浆泵参数见图6.3-11。

图6.3-10　现场DDTK150泥浆泵、水桶

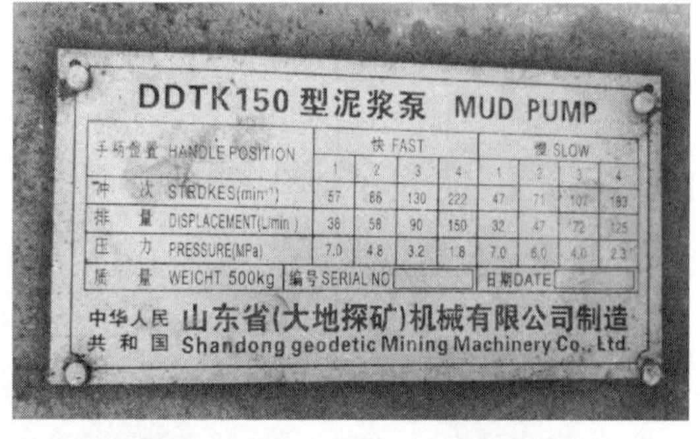

图6.3-11　DDTK150泥浆泵参数

（3）连接水源结构时，高压水泵的进水管与水桶相连，水泵的输水管与油雾器出口处的高压气管通过单向阀门连接，水桶中的水在水泵压力作用下被输送至高压气管中与高压空气混合，具体现场连接见图6.3-12，输水管与油雾器连接见图6.3-13。

（4）水泵的输水管与油雾器的连接接头处设单向阀门和开关。作用是只允许水流从出水管流向高压气管，阻止高压气管中的气流反向流入出水管中。单向阀门见图6.3-14。

4. 潜孔锤钻进降尘作业

（1）开动潜孔锤，空压机组持续输送高速气流，高风压将管路中输入的液态水及润滑油雾化，输送至潜孔锤冲击器并喷出，分散的微米级水雾覆盖并捕集喷出的岩屑、土尘，将高风压携带并飘浮在空气中的颗粒物、尘埃等迅速逼降至孔口。

图 6.3-12 水泵、水桶、油雾器管路现场连接

图 6.3-13 油雾器与输水管连接

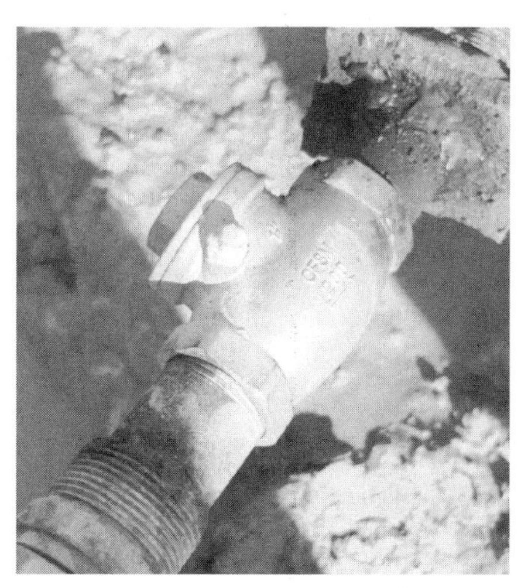

图 6.3-14 水泵与油雾器接头处的单向阀门和开关

(2) 钻进过程中，可调节水泵的压力，使其达到最佳的孔口降尘效果。

6.3.7　机具设备

本工艺使用的主要设备有：潜孔锤桩机、潜孔锤、油雾器、泥浆泵、空压机等，详见表 6.3-1。

主要机具设备表　　表 6.3-1

序号	设备名称	型号	备注
1	油雾器	自制	输送润滑油
2	潜孔锤钻机	SH180	钻进设备
3	潜孔锤	SHC(晟辉)系列	地层钻进
4	空压机	1070SRH、780VH	输送高风压
6	储气罐	自制	集气、供气
7	泥浆泵	DDTK150	泵送水源

6.3.8　质量控制

1. 储气罐、油雾器、水泵、水桶及管路安装与使用

（1）储气罐、水泵、油雾器进场后核对产品标识、型号、规格。

（2）检测储气罐及油雾器筒体内有无杂质残留，检查储气罐管口或安装口有无用堵头封堵。

（3）储气罐、油雾器筒体及焊接材料不低于 Q235-B，所使用材料需提供质量证明书。

（4）确认储气罐、油雾器外表面漆层厚度和色泽均匀，无气泡、划痕、龟裂和剥落等缺陷。

（5）高压气管、输水管、储气罐的接管法兰、接头螺纹表面、油雾器的气管接头和出油口、进油口、进水口不得有锈蚀和降低连接强度及密封可靠性的缺陷。

（6）储气罐及油雾器的焊缝及对接焊接接头进行 100%无损检测。

（7）作业前储气罐按设计压力进行耐压试验。

（8）储气罐内表面及高压气管内表面需做好防锈处理。

（9）水泵安装时避免承受外力，安装后进行对中调整和水平调整。

（10）检查水桶桶身有无裂缝，对裂缝处进行及时修补，检查水桶桶盖能否无缝盖紧，检查水桶内的水有无杂质，如存在杂质，则更换无杂质的清水。

2. 扬尘控制标准

（1）施工场地扬尘排放控制项目为 PM2.5、PM10，安装专门的 TSP 扬尘监测仪现场检测。

（2）PM2.5、PM10 标准确定监测点浓度限值为：24h 平均浓度限值 75$\mu g/m^3$，TSP15min 平均浓度限值为 300$\mu g/m^3$。

6.3.9　安全措施

1. 储气罐安全操作

（1）操作储气罐的人员熟知所操作容器的性能和有关安全知识、持证上岗，非本岗人员严禁操作。

（2）储气罐及安全附件检验合格，仪表需灵敏可靠，经质监部门检验合格并在有效期内使用。

（3）检查储气罐压力表的好坏与位置，当无压力时，压力表位置处于“0”状态，即限位钉处。

（4）作业前检查储气罐安全阀是否正常。

（5）每天检查储气罐压力表指示值，当发现压力有不正常现象，若失灵给予更换；其最高工作压力小于规定值，如果高于规定值，安全阀应自动打开，否则立即停止进气并给予检修。

（6）储气罐在运作过程中严禁有金属器械碰撞及敲打罐体，储气罐属高温、高压的容器附近绝不可有易燃、易爆体。

2. 油雾器安全操作

（1）作业前，检查油雾器桶壁有无裂缝，对裂缝处进行及时修补，必要时更换新的油雾器。

（2）作业时，随时检查油雾器的各阀门及其他地方是否有漏气现象，若有漏气要及时采取措施以保证储气罐符合生产要求。

3. 水泵安全操作

（1）水泵由熟悉和掌握水泵原理和机械操作规程及方法的专业人员操作，其他人员禁止操作水泵设备。

（2）水泵使用前检查水源、水位情况，进出水阀门开闭状态；检查水泵控制柜电压表、信号灯等仪表指示是否正常，检查水泵机组是否有空气，检查地脚螺栓是否松动。

4. 高压管路安全操作

（1）检查高压气管道的密封性，确保无异常后再将进气阀门打开；观察进气过程，管路有无泄漏，直到达到使用压力为止。

（2）作业时，每小时检查高压气管路、油雾器、储气罐的密封性，若有出现漏气现象应及时修补。

6.3.10　环保措施

1. 噪声控制

（1）根据施工现场周边条件，合理安排施工时间，禁止中午和夜间（中午 12 时至下午 2 时，晚上 11 时至第二天早上 7 时）进行产生噪声的施工作业。

（2）潜孔锤空压机选用低噪声或备有消声降噪装置的设备。

（3）对于无法避免的施工噪声，采取隔声、吸声等有效降噪措施，将噪声控制在《建筑施工场界环境噪声排放标准》GB 12523—2011 所规定的限值范围内。

2. 扬尘控制

（1）严格按照扬尘防治 6 个“100%”要求做好相关工作，作业起尘区域设置雾炮设备，采用湿法作业，对现场裸露土体进行防尘覆盖。

（2）现场设置车辆冲洗台，所有车辆冲洗干净后方可离场上路行驶。

（3）孔口潜孔锤钻进防护罩收集在孔口附近的渣土，并及时清理外运。

6.4 润滑潜孔锤冲击器自动虹吸油雾技术

6.4.1 引言

在潜孔锤钻进过程中，高风冲击器高频率往复运行，带动潜孔锤钻头冲击破碎钻进成孔，为了使潜孔锤锤头能长时间正常工作，必须对其气动元件进行润滑；由于气压本身不具备润滑作用，因此采用将油混合在高压空气中进行输送。目前，通常的气动元件主要靠油雾器来实现润滑，油雾器是一种特殊的注油装置，以压缩空气为动力，将润滑油喷射成雾状并混合于压缩空气中，使该压缩空气具有润滑气动元件的能力；其主要利用了空气的流动，向配管内输送雾状油，对各种气动元件实施润滑，以保证气压装置持续正常工作。

在潜孔锤钻进作业过程中，一般在潜孔锤输气管路中增设油雾器装置，给潜孔锤冲击器提供润滑用的油雾，保证冲击器及锤头高效运转。油雾器将润滑油通过导管输送至高压气管中，空压机输送的压缩空气流经时，将润滑油喷射成雾状，并随压缩空气一同沿潜孔锤锤头喷出，达到润滑的目的。

图6.4-1 常用储气罐及油雾器一体装置

现行常用的油雾器装置，一般与潜孔锤的储气罐相结合为一体，由上、下两罐体组成，上灌加油，下灌混气，见图6.4-1。下罐外接空压机及潜孔锤的管路，上罐采用加压装置并通过设置的管路使油渗流至下罐随气混合输出，过程未进行雾化作用，润滑效果不佳；同时，其结构呈窄长条形，受高压气流影响其整体稳定性较差；另外，其油气混合依靠机械及压力装置控制，使用寿命有限，且维修保养不便。

为此，提出一种采用物理自动虹吸雾化油雾器，其与储气罐相互独立，通过虹吸原理实现自动输油及油相雾化润滑。

6.4.2 工艺特点

本工艺创新点是利用高压气管与油雾器之间的高低气压差，利用虹吸效应将油雾器中的润滑油输送至高压气管中被高压空气所雾化，高压气管直接设置于油雾器内部，油雾器无需另外加压便可实现油相的输送、雾化、润滑。

本工艺主要工艺特点为：

1. 无动力自然雾化

高压气管直接从储油腔中穿过，两者之间仅通过细短管相连即可，不需另设额外的长管路，缩短了输油的路径；油雾器雾化功能由自然的虹吸现象实现，不需要任何机械作用和动力装置。

2. 雾化效果好

润滑油通过虹吸路径到达风管中被直接雾化，相比传统的油雾器，油相被雾化效率更高，粒径更小，随动性更强，随着高压气源到达元件的油雾更多。

3. 价格低

新型油雾器成本便宜，仅为传统油雾器价格的四分之一。

4. 耐久性高

储油腔采用高密性合成橡胶密封材料制作，不与润滑油相互作用而发生变形、硬化、软化等问题。

6.4.3 工艺原理

本工艺的目的在于解决长期持续性供油性能不佳、雾化效果不显著等一系列现有油雾器装置的问题，提供一种克服上述缺点的自动虹吸雾化油雾器装置。

本工艺原理是利用高压气管内外的气压差，使得润滑油因虹吸效应，由油雾器流至高压气管中，进而被高速气流雾化，并输送至潜孔锤冲击器起到润滑作用。

本工艺工作原理见图 6.4-2，图中高压气管中的压力为 p_1，储油腔中的压力为 p_2，因为高压气管中气流的快速流动使得气管中压力较储油腔中低，当 $p_1<p_2$，气管与储油腔之间形成气压差 Δp。另一方面，油雾器的导管在液面上部有一定高度 h，由物理学知识得知液体压强计算公式为：

$$p_{液}=\rho gh$$

式中，p 为液体压强；ρ 为液体密度；$g=9.8\text{N/kg}$；h 为液体高度。

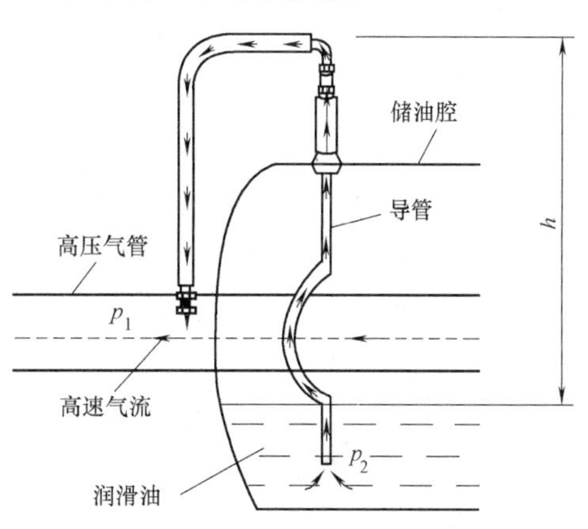

图 6.4-2 油雾器工作原理

当导管内充满润滑油时，导管内形成的液体压强为 $p_{油}=\rho_{油}gh$；当 $\Delta p>p_{油}$ 时，储油腔中的润滑油将沿着导管流入高压气管中雾化，雾化路径就此形成。

6.4.4 油雾器结构

新型油雾器结构由储油腔、高压气管、输油管及吸油管组成。

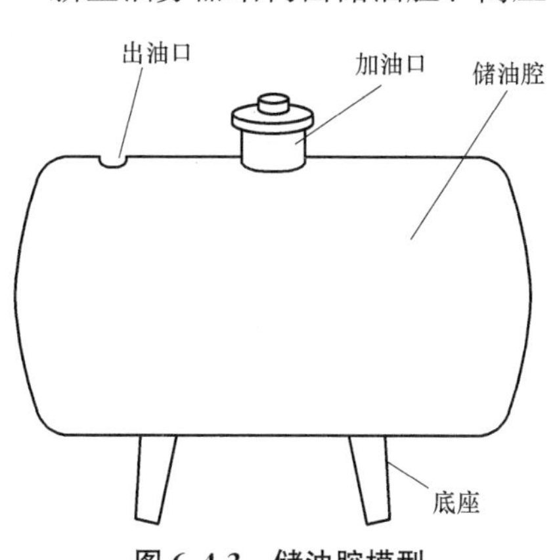

图 6.4-3 储油腔模型

1. 储油腔

储油腔为圆筒形，顶部设有加油口及出油接口，底部设有支撑底座，腔内储存润滑油。储油腔模型见图 6.4-3。

2. 高压气管

储油腔内设有高压气管，横向贯通储油腔，气管两端伸出储油腔，并设外露接头。送气端的高压气管外露端顶部设有进油口，侧面设有进水口，见图 6.4-4。

3. 输油管及吸油管

储油腔顶部的出油口，上接输油管，下接吸油管，吸油管竖向伸入油腔底部，其中间段适当弯曲避开横向高压气管；输油管另一头套接高压气管进油口，详细见图 6.4-5，油雾器现场实物见图 6.4-6。

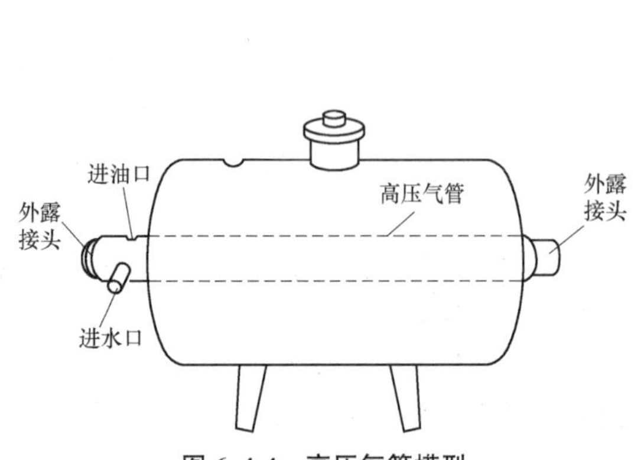

图 6.4-4 高压气管模型

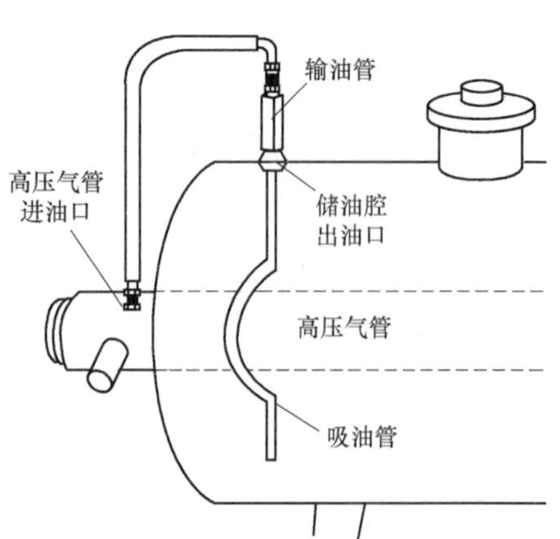

图 6.4-5 输油管及吸油管模型

图 6.4-6 施工现场油雾器

6.4.5 工序操作要点

1. 管路连接

（1）连接油雾器与外部装置时，高压气管与外部气管连接，进气端高压气管外接储气罐，储气罐再与空压机组连接。

（2）送气端高压气管与潜孔锤钻机的气管连接，外部输水管与高压气管进水口通过单向阀门连接，外部输水管另一头连接水泵及水桶。

油雾器管路连接模型见图 6.4-7，油雾器现场连接见图 6.4-8。

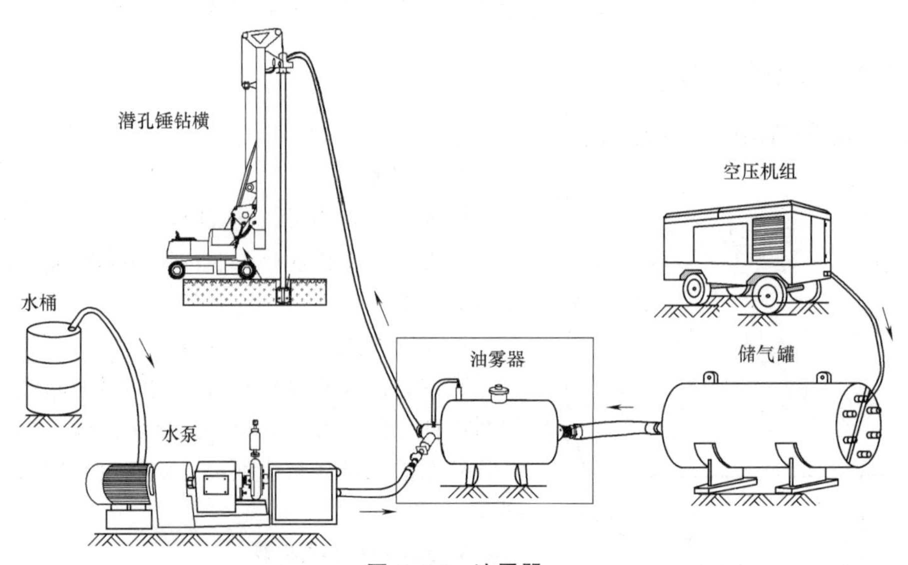

图 6.4-7 油雾器

图 6.4-8 油雾器外部管路连接

2. 油雾器雾化路径

上述储油腔、吸油管、输油管及高压气管形成雾化路径，管路连通后，开动潜孔锤，空压机组持续输送高速气流，气管内形成低气压环境，与储油腔之间形成高低气压差，在虹吸效应下，润滑油通过吸油管及输油管流至高压气管中，在高压气管中与水流一同被雾化成小粒径液滴，并输送至潜孔锤冲击器。雾化路径见图 6.4-9。

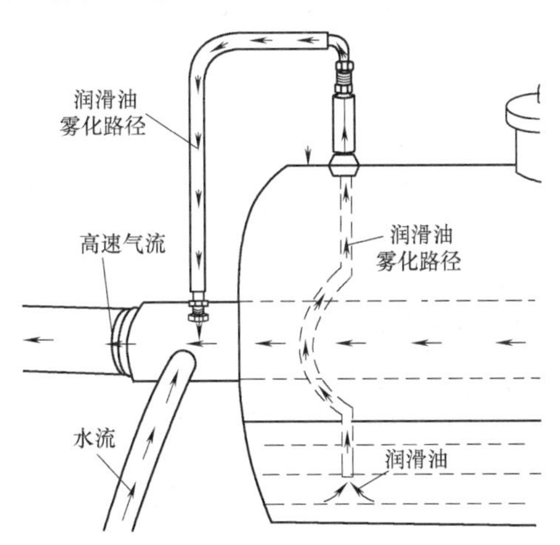

图 6.4-9 油雾器雾化路径

第7章　潜孔锤施工事故处理新技术

7.1　潜孔锤钻具活动式卡销打捞技术

7.1.1　引言

灌注桩采用潜孔锤钻进时，以空气压缩机提供的高风压作为动力，高风压经风管、钻杆内腔进入潜孔锤冲击器，驱动潜孔锤钻头高速往复冲击作业，被潜孔锤破碎的渣土、岩屑随潜孔锤钻杆与孔壁之间的空隙由高风压携带排出至地面。

潜孔锤冲击器与钻杆通过六方接头连接，六方接头由六方方头和六方方孔及其连接的2根插销组成，六方方头的上、下2个销孔位于正六面体的一组对称面上，插销通过六方方孔的孔洞插入固定于六方方头的销孔内，具体见图7.1-1～图7.1-4。在潜孔锤钻进时，尤其在深厚硬岩的地层中，由于冲击钻进时间长，钻凿伴随着剧烈的高频振动，常发生因固定插销长时间作业而发生疲劳折断，或插销松动脱落，或由于插销固定操作不规范等情况，从而导致孔内掉钻事故。

图7.1-1　六方方头

图7.1-2　六方方孔

图7.1-3　方头、方孔对接

图7.1-4　二插销固定

一般情况下，掉落的钻具包括潜孔锤钻头、冲击器，有时连同钻杆一同掉落。由于受钻孔中地下水和泥浆的影响，加之六方接头和钻具的特殊结构，钻具掉落位置在孔内较深位置时打捞难度非常大。

目前常用的打捞和处理方法主要有：

1. 吊钩起吊

尝试采用吊索或吊钩反复入孔，以钩挂住掉落的潜孔锤钻具，但因钻具与钻孔孔壁的间隙小，该方法成功概率较小、效率极低。

2. 潜水员入孔系绳起吊

派潜水员潜入孔内使用绳索系住钻具从而完成打捞也是常见的处理方法之一，但目前国内潜孔锤钻孔直径都较小，常见的大直径钻孔多为600～1000mm，受桩径过小的限制，潜水员入孔困难，操作安全风险极大，同时受接头结构的影响，系绳难度大。

3. 废弃

对桩孔进行设计变更，作废回填桩孔，掉落钻具不再打捞，并在桩位附近重新进行补桩（用两根桩代替），加大施工承台；该方法大大增加了施工成本，拖延工期，掉落的钻具经济损失大。

为了解决潜孔锤钻具打捞问题，经反复试验、完善，研制出一个利用活动式卡销代替原固定插销的打捞器，与掉落孔内的钻具重新建立有效连接，从而实现钻具的精准打捞，并形成了一种高效、经济、安全的打捞处理方法。

7.1.2 技术路线

潜孔锤钻具的掉落是由于连接钻具的固定插销发生断裂或脱落，导致六方接头的六方方头与六方方孔连接失效，造成钻具掉落事故，见图7.1-5。

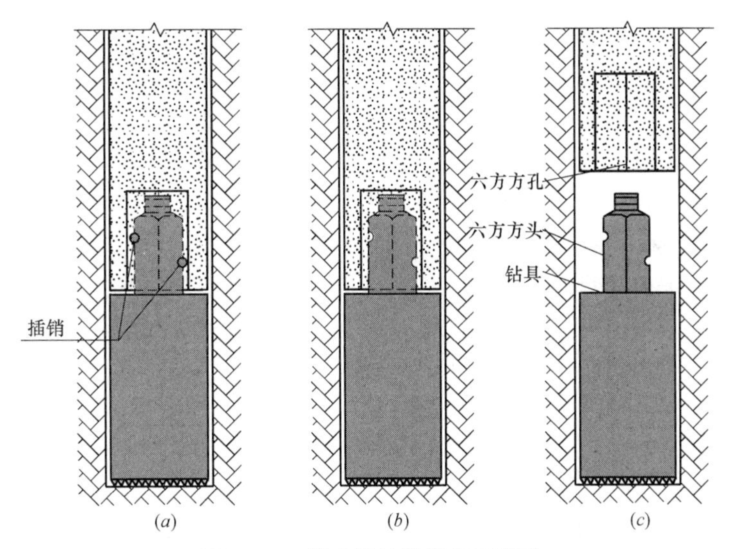

图7.1-5 潜孔锤钻具掉落示意图

（*a*）潜孔锤正常钻进成孔；（*b*）固定插销断裂或脱落；（*c*）因连接失效使钻具掉落孔内

为了实现掉落钻具的精准打捞，我们从以下主要技术路线考虑：

1. 以活动式卡销代替固定插销

从最简单的道理分析，潜孔锤钻具掉落是由于固定插销失效造成，设想如果能重新使类似于插销的卡销归位，则能将孔内钻具顺利打捞出孔，基于此：

图7.1-6（*a*）表示为拟安装有卡销的六方方孔下入孔内，尝试与掉落的六方方头钻具对接；

图7.1-6（*b*）表示为卡销进入六方方头原插销的卡槽内，顺利完成对接；

如图7.1-6（*c*）表示两根卡销归位后的模拟图。

通过将设想中的卡销置入，卡销的作用与原来的两根插销的作用一致，区别仅在于插销是潜孔锤入孔前由人工插入，而卡销则需要通过一定路径导入实现归位。

经上述分析，得出结论之一：利用活动的卡销代替原插销，归位后将掉落的钻具打捞。

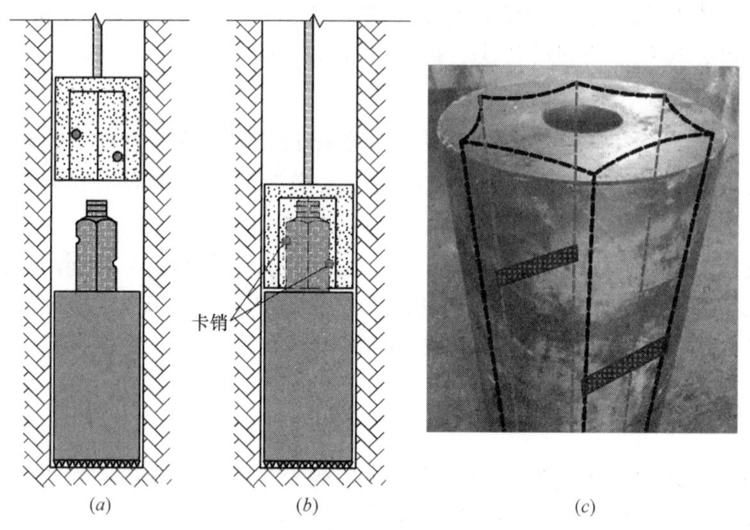

图 7.1-6　使用卡销代替插销设想示意图

2. 卡销归位行程路径分析

上述分析表明，打捞器与掉落钻具的六方方头的对接，实际为卡销的归位紧固过程。因此，如何设计卡销的对接归位，成为本发明打捞器的关键。

在卡销位于销孔正上方的理想情况下，由于卡销相对于六方方头凸出半径长度，当下落触碰到方头时必然开启相对于方头外扩的运动，方可继续沿着方头外壁向下运动，当行至销孔位置处时，卡销须自动落入销槽内，以此实现卡销归位。基于此，相对于在孔内固定不动的掉落钻具而言，卡销的归位行程从底部表现由小至大的运行轨迹，见图 7.1-7。

综合前述分析，得出结论之二：下入孔内的打捞卡销是可移动的，其行程从底部表现为由小至大的运行轨迹。

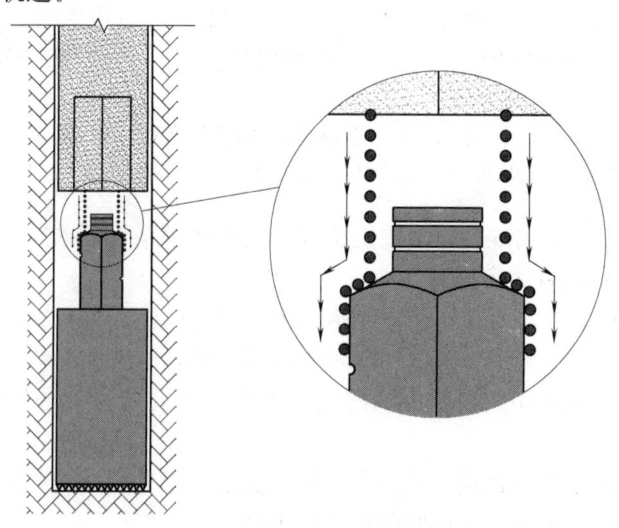

图 7.1-7　卡销相对于掉落钻具的运行轨迹示意图

3. 卡销的精准捕捉

实际潜孔锤作业时，只要保持有 1 根插销处于正常连接状态就可以将钻具提起，具体见图 7.1-8。基于此，我们只需成功将一个卡销置入销孔即可。

图 7.1-8 一个插销提起钻具

在设想中的对接和归位过程中，卡销与六方方头对插时，理想状态为拟置入的两个卡销均能抵达掉落钻具的销孔内，具体见图 7.1-9（*a*）；也可能出现其中一个卡销就位、另一个卡销未能抵达销孔的情况，具体见图 7.1-9（*b*）。以上这两种情况，都可以满足将钻具打捞起来的条件。

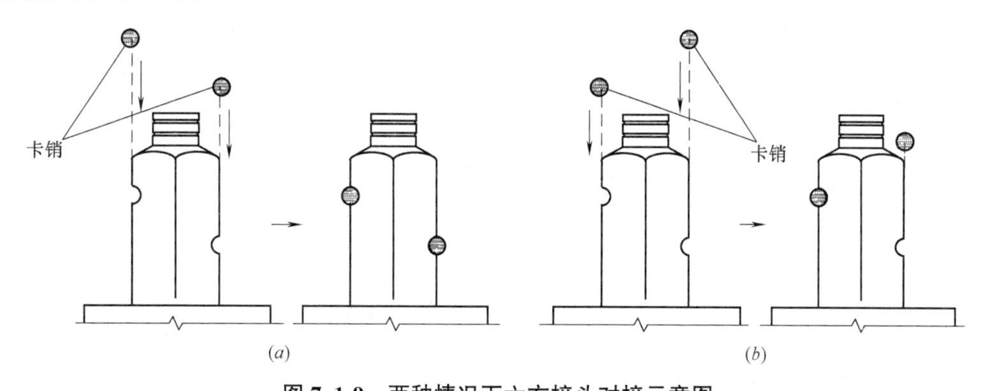

图 7.1-9 两种情况下六方接头对接示意图

（*a*）两个卡销均置入销孔；（*b*）只有一个卡销置入销孔

上述设想是在卡销与其中一个销孔正对的前提下实现的，但实际掉落的钻具无法肉眼可见，难以像在地面上将卡销直接对准置入销孔。因此，需进一步解决卡销精准捕捉的问题。

由于六方方头的两个对称面上设置有上、下销孔，在任意销孔捕捉到一个卡销即可提起钻具的技术思路下，我们对应六方方头的六边形间隔各设置一个卡销，形成“三卡销”组合，将此组合与六方方孔相结合，下入到桩孔中与掉落钻具的六方方头进行对接，则只要六方方孔能恰好套住六方方头，即可实现六方方头的 6 个边与六方方孔的 6 个边一一对应，再通过六方方孔的缓慢下放，必然使有且只有一个卡销对应置入销孔内，这样就解决了卡销精准捕捉的问题，见图 7.1-10、图 7.1-11。

综合前述分析，得出结论之三：下入孔内的三个打捞卡销是可移动的，其行程从底部表现由小至大的运行轨迹，三个卡销的设置可确保入孔打捞时一次性完全进入销孔。

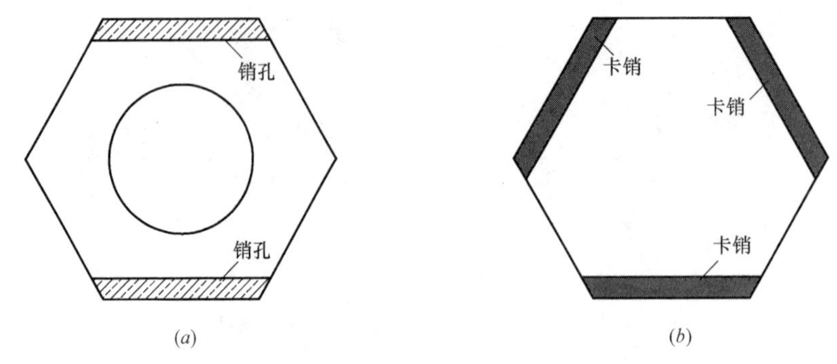

图 7.1-10　沿六方方孔隔边布置卡销示意图

(a) 六方方头销孔位示意图；(b) 沿六方方孔隔边布置卡销

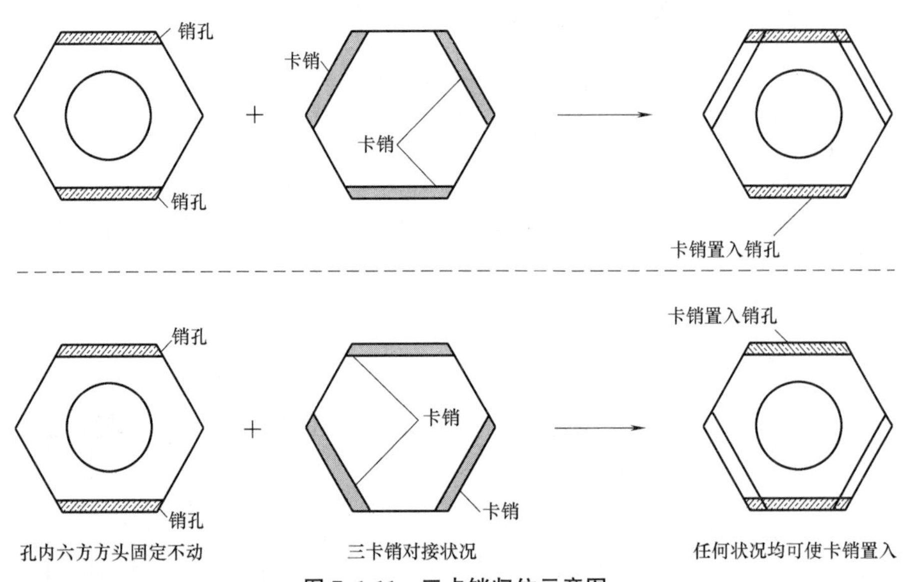

图 7.1-11　三卡销归位示意图

4. 卡销精确固定方式

由于掉落钻具上方连接的六方方头呈正六边形，所设想的三个卡销应准确分布在正六边形的三条边上，保证三个卡销与销孔能恰好对接插入，则卡销位置与销孔位置需平齐对正。因此，设计一种装置将卡销固定，使卡销精准地固定在其原有位置上，不因其与六方方头对接接触时而产生偏差，保证卡销与销孔的位置和方向完全一致。

综合前述分析，得出结论之四：设置的 3 个卡销分别位于与掉落钻具六方方头一致的六方方孔的三个边上，置于一个可移动的受控装置中，其行程从底部表现为由小至大的运行轨迹。

5. 打捞后卡销的解除

钻头打捞出孔是通过卡销将掉落的钻具固定，如果松脱，则需要解除卡销的固定。基于此，设计通过筒身上的圆孔插入撬杆，将卡销向远离六方方头的方向压缩，使其撬离销孔，因此卡销的位置移动需要具有一定的弹性，可设计一个内置弹簧的导向装置，则卡销受弹簧控制，可轻易地使六方方头与六方方孔连接失效，从而完成钻头与打捞器的分离。

综合前述分析，得出总体结论：打捞器上的三个卡销，分别隔边布置于与掉落钻具六方方头一致的六方方孔的三条边上，置于一个可移动的、内置导向弹簧的受控装置中，在弹簧弹力的作用下，卡销行程从底部表现为由小至大的运行轨迹；同时，在完成打捞后，可方便快速地实现解除分离。

7.1.3 打捞器结构

基于上述技术路线的设想和综合分析，我们设计出一种以活动式卡销代替固定插销的潜孔锤钻具打捞器和打捞方法，打捞器结构由钻杆连接头、筒身、捕获器三个部分组成，具体见图 7.1-12。

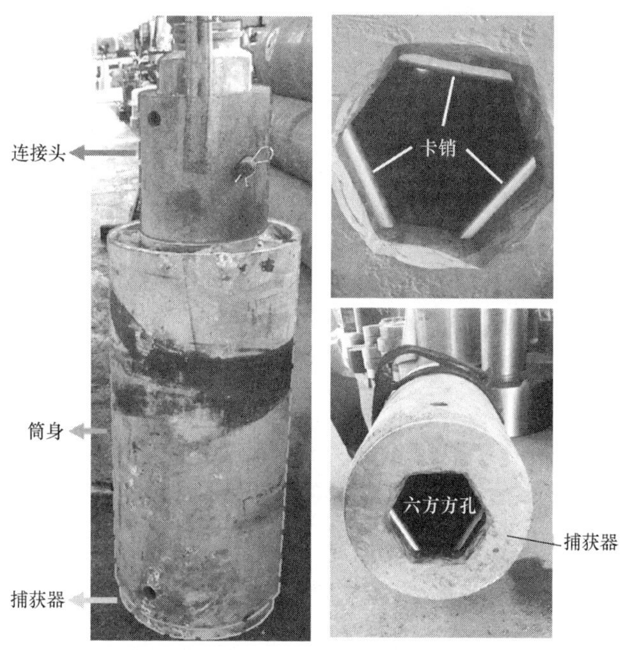

图 7.1-12 打捞器实物外观

1. 连接头

打捞器顶部是一个六方连接头，起到连接打捞器和钻机钻杆的作用，使打捞器可以下入至桩孔内部进行打捞作业，具体见图 7.1-13、图 7.1-14。

图 7.1-13 打捞器顶部连接头

图 7.1-14　打捞器顶部六方方头与六方方孔连接

2. 筒身结构

筒身的作用主要表现在以下三个方面，一是用来与顶部六方连接头和底部捕获器连接，整体与掉落的钻具对接；二是对打捞器内部设置的卡销进行约束和定位；三是打捞出掉落的钻具后，通过筒身上的解锁孔使卡销从销孔中脱出，卸除打捞出的钻具。

因此，基于筒身的功能，其结构特征表现为：

（1）筒身为圆柱状，是打捞器的连接部分，具体见图 7.1-15；

（2）筒身直径比掉落钻具直径保持一致或略小 100mm；

（3）在筒身处卡销的正上方，离筒身底部约 10cm 处，开设 3 个 ϕ10cm 圆形解锁孔，打捞完成后通过解锁孔解除打捞器与钻具间的连接；

（4）筒身的最小长度以能容纳插入掉落钻具上部六方方头的高度即可，实际打捞器筒身高约 1m。

图 7.1-15　打捞器筒身实物

3. 捕获器

(1) 结构组成

捕获器设置在筒身的底部，其总体结构由卡销、导向装置、六方方孔底盘等三个打捞构件组成，具体见图 7.1-16～图 7.1-18；捕获器通过焊接的方式与筒身相接，见图 7.1-19。

图 7.1-16 打捞器底部捕获器

图 7.1-17 底盘、卡销、导向装置分解三维图

图 7.1-18 捕获器内部卡销、弹簧、导向装置结构

图 7.1-19 捕获器与筒身焊接相接

(2) 卡销

1) 卡销呈长条状，三维图见图 7.1-20，实物见图 7.1-21，由高强度合金制成，以保证其有足够的强度、刚度，能顺利将掉落的钻具卡紧吊起。

2) 卡销沿六方孔孔边居中布置，其两边伸入六方方孔内一定长度 L，使其在卡入销孔提起钻具时在方孔内有足够的嵌固长度，见图 7.1-22。

3) 理论上卡销的直径与销孔直径一致，具体根据掉落钻具上连接的六方方头的规格确定卡销的长度，具体六方接头技术参数见表 7.1-1。

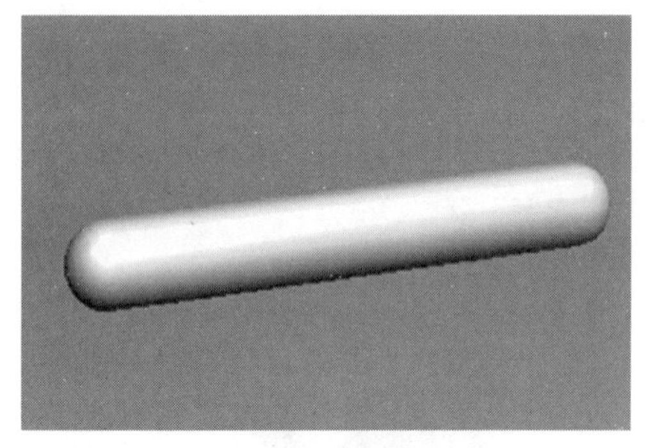

图7.1-20 卡销三维图

图7.1-21 卡销实物图

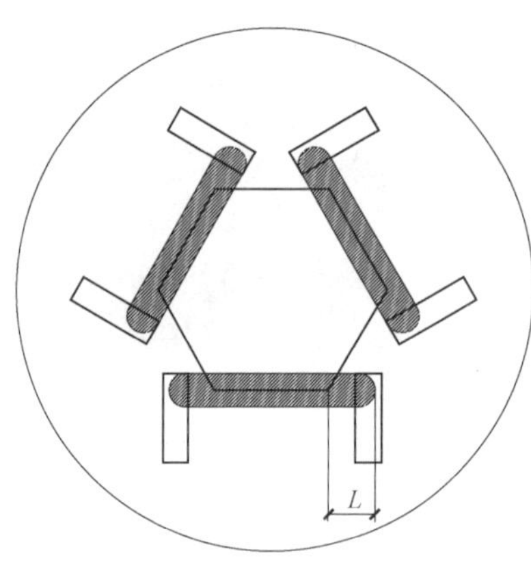

图7.1-22 捕获器顶视示意图（L=20mm）

六方接头技术参数（mm） 表7.1-1

六方方头外径	销孔直径	销孔长度	六方方孔外径	卡销伸入两边 L
120	30	104	273	20

图7.1-23 卡销导向装置实物图

（3）导向装置

1）导向装置结构：卡销的导向装置由弹簧和弹簧匣两部分构成，其内部构造见图7.1-23。

2）作用：导向装置的设置是为了使卡销响应技术路线中的行程设计要求，赋予卡销移动时的导向和自动归位功能；其中，导向功能由弹簧匣内的斜向凹槽提供，当卡销向下移动至六方方头的扩大位置处时，在向上推力的作用下，卡销朝弹簧压缩方向"内缩"方可继续向下移动；而自动归位功能则由弹簧提供，卡销在弹簧恢复自然状态的弹力作用下，一旦抵达销孔位置就能迅速归位，弹簧直径略小于或等于卡销直径均可，原理见图 7.1-24。

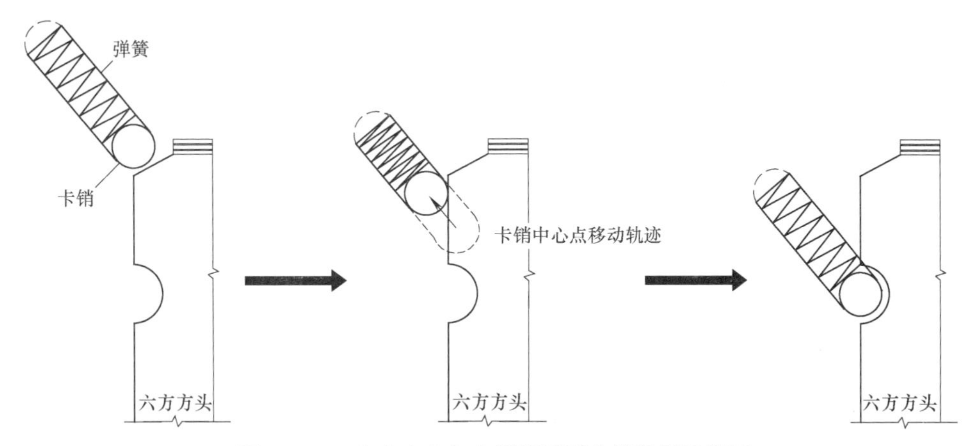

图 7.1-24　六方方头与卡销接触时卡销运行示意图

3）导向装置规格尺寸：具体尺寸见图 7.1-25，弹簧匣外壳由厚钢板加工焊接而成，高度 100mm、宽度 85mm、厚度 25mm；匣子上部包裹弹簧尾部的钢片由宽 60mm、高 25mm 的薄钢板加工成凸状半圆片，其主要作用是限制并固定弹簧在匣槽中不走位。

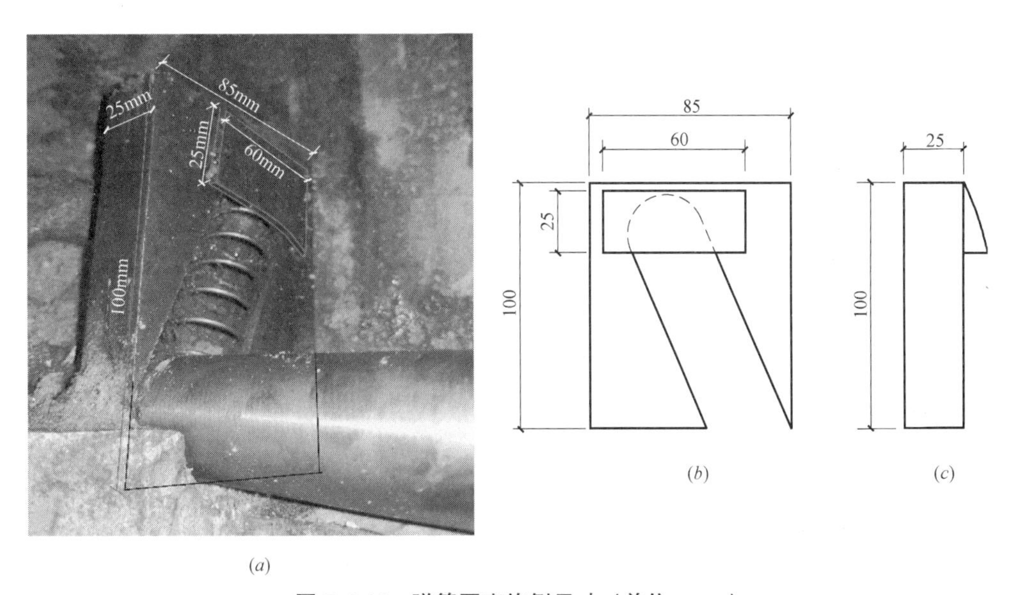

图 7.1-25　弹簧匣实施例尺寸（单位：mm）

（4）六方方孔底盘

1）六方方孔底盘厚度 100mm，外径稍小于掉落钻具的直径，以确保其便于移动而与钻具上部的六方方头完成捕捉对接，底盘起固定、对接作用，将卡销、弹簧和弹簧匣子集成于一体。

2）捕获器制作时，先将三根卡销放于六方方孔底盘上的凹槽内，然后将弹簧匣和六方方孔焊接，最后把弹簧压缩置入弹簧匣凹槽内，使其一头固定于匣子上部凸状薄片钢板中，一头与卡销相连，完成捕获器的安装再将其与筒身焊接相连，进而形成整个打捞器。

7.1.4　工艺特点

1. 事故处理准确率高

本采用卡销代替原插销，巧妙的打捞器设计使得打捞钻具事故处理精准快捷，确保了项目的正常施工。

2. 打捞钻具成本低

打捞器以潜孔锤钻进时的钻杆和连接头为辅助构件，通过设置卡销归位将掉落的钻具成完捕获打捞，其制作成本低、简单易造，且比传统事故处理方式大大缩短了处理耗时，现场打捞成本低。

3. 避免了后期事故处理费用

常用的潜孔锤钻具掉落处理方法复杂、难度大、耗时长，甚至有时不得不将潜孔锤钻具遗弃，把已施工的桩废除。本技术既保住了原有价格昂贵的潜孔锤钻具，又避免了后期变更设计补桩和加大承台的施工费用。

4. 安全高效

使用活动式卡销打捞器，无需潜水员下入孔内打捞，避免了事故处理的安全风险；同时，操作时不需要增加额外的机械设备，操作便捷、可靠、安全。

7.1.5　工艺流程

潜孔锤钻具掉落孔内现场打捞操作流程见图 7.1-26。

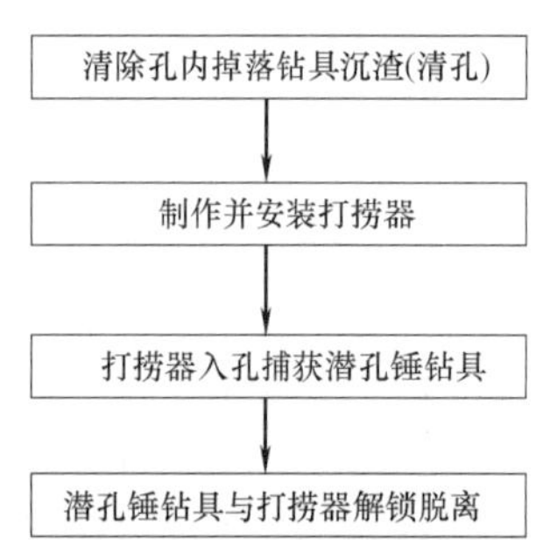

图 7.1-26　潜孔锤钻具掉落孔内打捞操作流程图

7.1.6　工序操作要点

1. 清除孔内掉落钻具沉渣（清孔）

（1）测量孔内实际深度，与掉落钻具的位置进行比对，摸清孔内沉渣厚度。

（2）调配好清孔泥浆，采用 3PN 泥浆泵正循环清孔，或采用空压机形成气举反循环清孔，将孔内覆盖钻具的渣土清除干净。

（3）清孔至掉落钻具的六方方头全部露出为止。

2. 制作并安装打捞器

（1）对掉落桩孔的潜孔锤钻具情况进行现场调查，摸清钻具相关的各项技术参数和指标。

（2）根据桩孔直径及潜孔锤钻具直径的大小，按照上述技术路线与装置结构制作相应规格的打捞器。

（3）通过打捞器的六方方头和钻机钻杆上的六方方孔，使用插销将打捞器顶部的六方方头与钻机钻杆的六方方孔通过插销进行相接，具体见图 7.1-27、图 7.1-28。

3. 打捞器入孔捕获潜孔锤钻具

（1）钻机就位调平后，钻杆与原桩孔中心对齐，缓慢下放入孔。

（2）在打捞器触碰到孔内掉落钻具上部的六方方头时，缓慢旋转钻杆带动打捞器转动，调试相互间的接触位置和方向，使钻具上部的六方方头与打捞器底部的六方方孔顺利对接。

图 7.1-27 打捞器吊装

图 7.1-28 钻机动力头连接钻具的六方方孔

(3) 继续下放钻杆，直至卡销置入销孔位置。

(4) 卡销归位置入销孔后，掉落钻具被紧紧卡牢，此时突然上提钻杆将会承受较大的压力，应缓速操作，慢慢将掉落的钻具提离孔底。

(5) 打捞过程中，控制孔内水头高度，保持孔内泥浆良好性能，防止掉落的钻具在脱离孔底地层时出现塌孔情况，确保孔壁稳定。

钻孔内掉落钻具的模拟打捞过程见图 7.1-29。

(*a*)

(*b*)

(*c*)

(*d*)

图 7.1-29 模拟孔内钻具打捞场景

(*a*) 打捞器起吊入孔；(*b*) 捕获器卡销与方头对接；(*c*) 卡销归位；(*d*) 提起掉落钻具

4. 潜孔锤钻具与打捞器解锁脱离

(1) 钻具打捞出孔后，将钻杆连接的打捞器和钻具置于地面，此时卡销位于待解锁状态，见图 7.1-30。

（2）使用头部扁平的撬杆通过预先设置的解锁孔，插入筒身并撬住卡销，卡销受力后在弹簧的作用下脱出弹簧匣，此时卡销与六方方头的卡紧作用失效，钻具与打捞器脱离，打捞任务顺利完成。掉落钻具与打捞器解锁脱离见图 7.1-31。

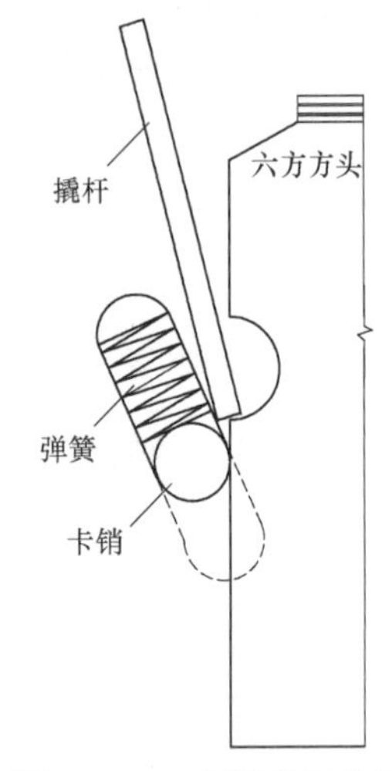

图 7.1-30　解锁位示意图

图 7.1-31　打捞器和掉落钻具解锁脱离

7.2　潜孔锤钻具六方接头插销防脱技术

7.2.1　引言

潜孔锤钻头与钻杆的连接，以及钻杆之间的连接，一般都采用六方接头连接。六方接头连接时，由六方方头、六方方筒对接插入，采用两根插销，并用弹簧销固定，其连接方式稳固、安全。常用的插销为圆筒形的细长钢柱，在六方方头与六方方筒相互对接套合后，插销通过设置的钻具外部圆形插销孔插入钻具内部插销孔，并通过操作孔在内部插销孔的另一端用弹簧销固定。具体见图 7.2-1～图 7.2-4。

图 7.2-1　六方方头

图 7.2-2　六方方筒

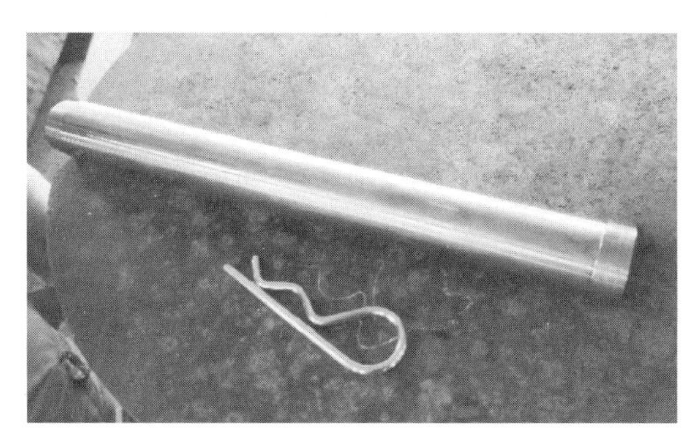

图 7.2-3 常用的插销、弹簧固定销

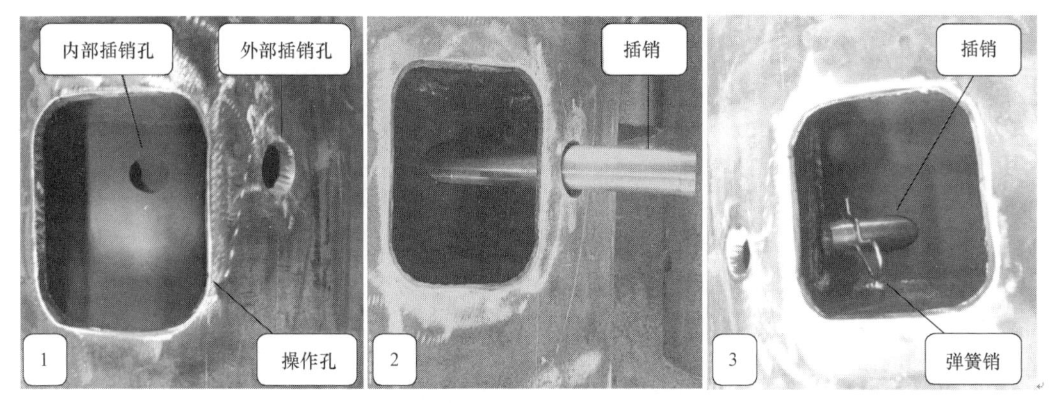

图 7.2-4 六方接头连接时插销、弹簧固定销连接过程

潜孔锤凿岩钻进时，其冲击钻进往复超高频率产生剧烈震动，在实际钻进施工中常发生因连接节头固定插销长时间作业而出现疲劳折断，或弹簧销断开，而使对接插销松动脱落，并沿插销孔中滑出，导致钻具连接失效，发生孔内钻具掉钻事故。

7.2.2 工艺原理

1. 技术路线

分析潜孔锤六方接头连接失效原因，主要是由于六方接头的插销因长时间作业出现疲劳折断，或插销松动滑脱，圆柱形插销沿圆形的钻具外部插销孔口滑出，而使钻具掉落孔内，造成孔内事故。

为解决潜孔锤钻具与钻杆及钻杆之间的连接出现的安全风险，本技术针对插销结构和钻具外部圆形规则插销孔进行重新异形设计，构筑一套安全性更高的钻具、钻杆六方连接装置，降低掉钻事故的发生。

2. 插销防脱落原理

本技术主要内容为新型插销结构、钻具外部插销孔两部分。六方接头防脱原理主要为：设计出一种非圆形的异形插销，同时将圆形的钻具外部插销孔设计为非圆形的异形孔状，使得即使插销固定失效后，由于插销和外部插销孔为异形，插销难以沿钻具内部插销孔滑出外部插销孔，以此确保六方接头工作时的牢固稳定及有效连接。

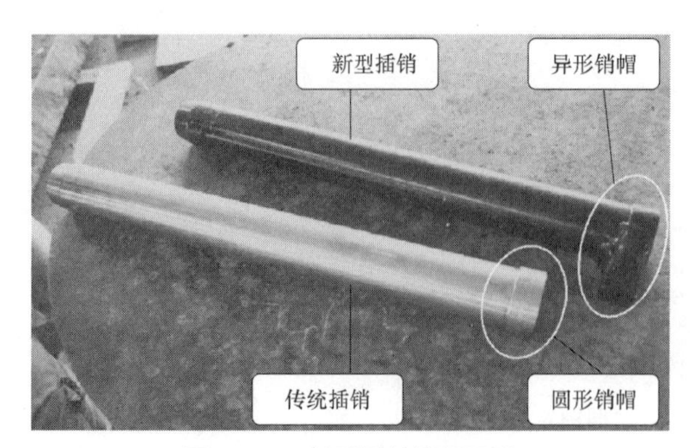

图 7.2-5　新型插销销帽设计

7.2.3　插销防脱落结构

新型插销防脱落装置包括插销结构、钻具外部插销孔两部分。

1. 插销结构

（1）新的插销在原有插销的基础上增加了销帽设计，由原先的圆形销帽成为不规则的异形销帽，具体新插销与原有插销对比见图 7.2-5。

（2）新插销由销体、销帽、弹簧销孔组成，具体见图 7.2-6、图 7.2-7。

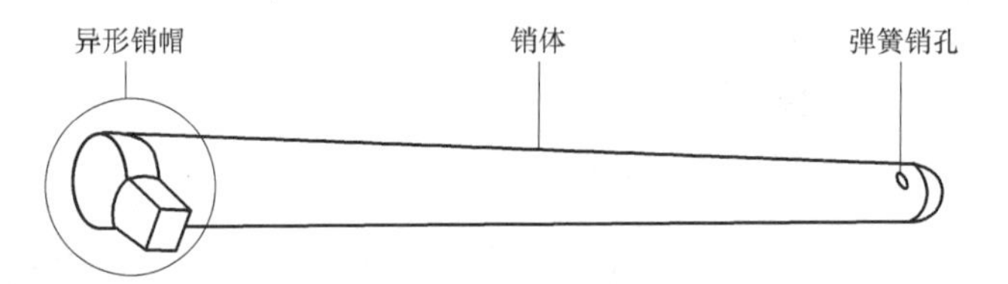

图 7.2-6　新设计插销模型

图 7.2-7　新型插销实物

（3）新型插销主体部分为钢质圆柱，销体上设有圆形孔洞，供弹簧销插入。异形销帽由传统圆形销帽与一钢制长方体组成，详细尺寸见结构设计图 7.2-8 。

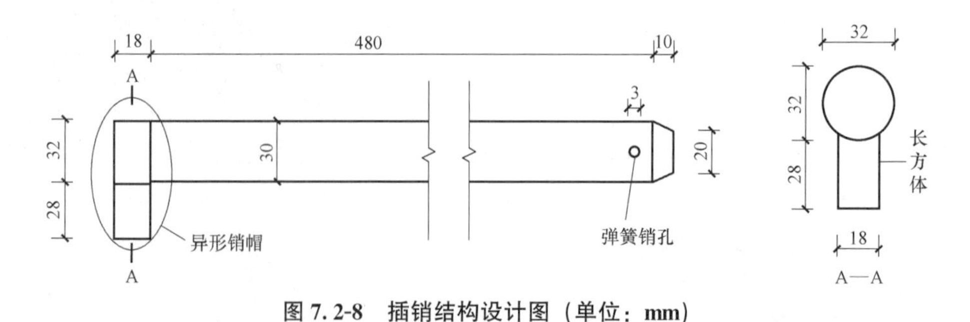

图 7.2-8　插销结构设计图（单位：mm）

2. 外部插销孔结构

（1）插销孔设计原理：对原有的外部圆形插销孔进行重新设计，插销孔形状整体与新型插销帽的形状一致，其尺寸比插销帽稍大，以方便插销插入；从重力学原理分析，新型插销孔由于增加销帽设计，其在使用过程中，销帽在重力作用下表现为长方体向下状态，为此将外部插销孔设计为与销帽相倒立的形状。具体见图 7.2-9。

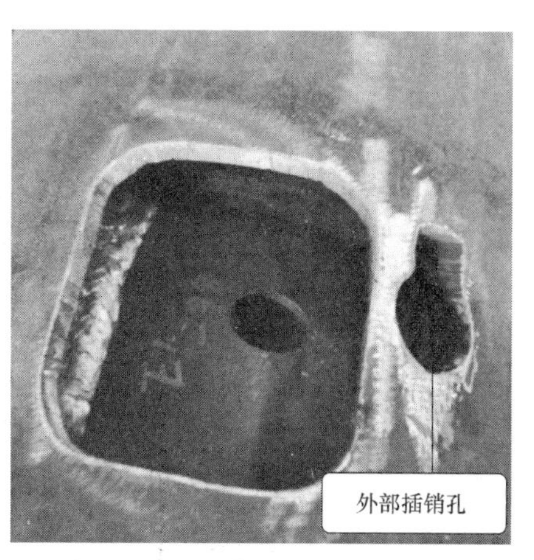

图 7.2-9　外部异形插销孔形状

（2）尺寸：插销孔尺寸较销帽尺寸略大，其形状大致可分为一圆形和一矩形，详细尺寸见图 7.2-10、图 7.2-11 。

3. 弹簧销结构

弹簧销保持不变，其为公称直径 2mm 的镀锌弹簧钢，分为直边和波浪曲边，直边长度 50mm，波浪曲边总长度约 65mm，各曲边互成波浪夹角，其中有可与销体相嵌合的 120°卡槽。弹簧销具体见图 7.2-12、图 7.2-13，弹簧销插入销体见图 7.2-14。

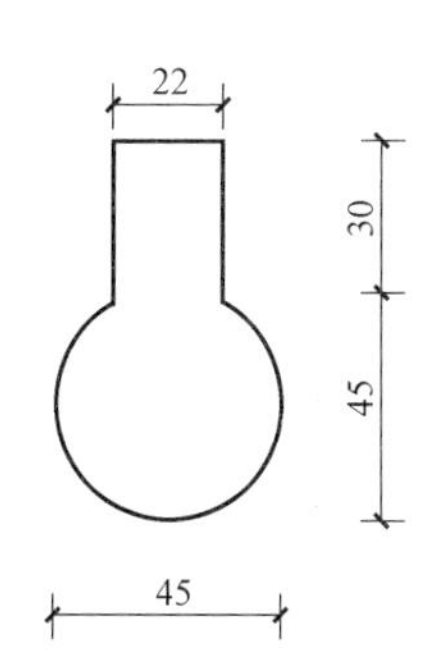

图 7.2-10　新型插销孔模型（单位：mm）

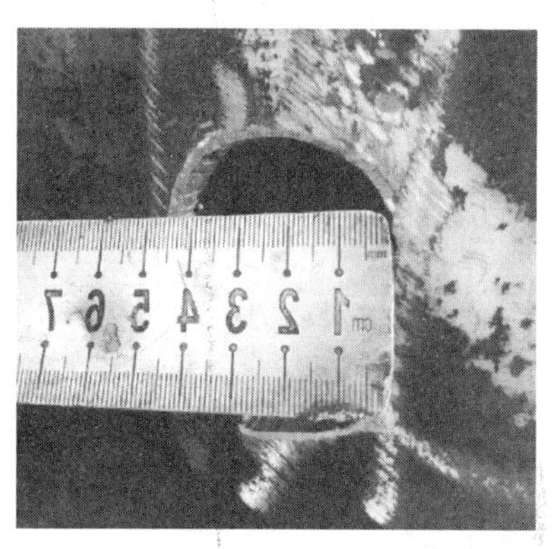

图 7.2-11　新型插销孔尺寸现场测量

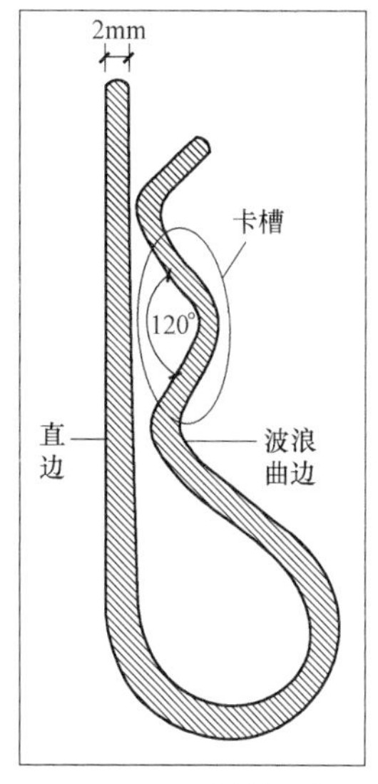

图 7.2-12　弹簧销模型

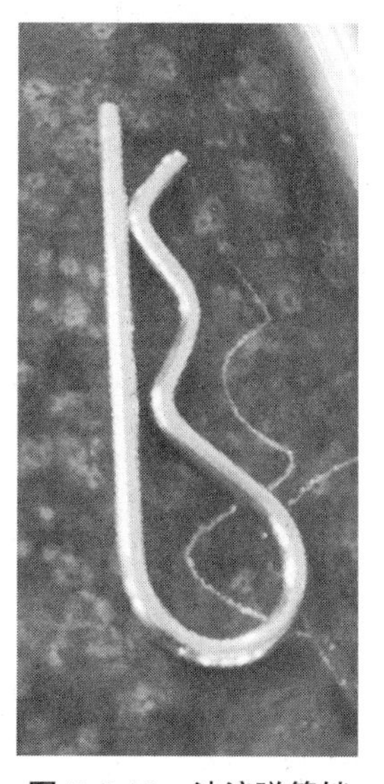

图 7.2-13　波浪弹簧销

图7.2-14　弹簧销插入销体

7.2.4　工艺特点

1. 安全性高

经过重新设计的异形插销和异形外部插销孔，不仅提高了钻具、钻杆及钻杆之间的有效连接，也保证了即使在插销或弹簧销固定失效或疲劳折断的情况下，插销也难以完全对位插销孔而滑出，潜孔锤钻具的安全性更高。

2. 操作简便

本防脱装置的设计只是将传统的插销孔和插销帽进行了形状上的变化，改装易行、操作简便。

3. 成本低

本防脱装置插销、插销孔制作成本低、简单易造。

7.2.5　防脱插销组装操作要点

1. 插销就位

（1）钻具六方方头与六方方筒的相互对接套合。

（2）将插销与外部插销孔相互对位后，将插销推入插销孔，具体见图7.2-15、图7.2-16。

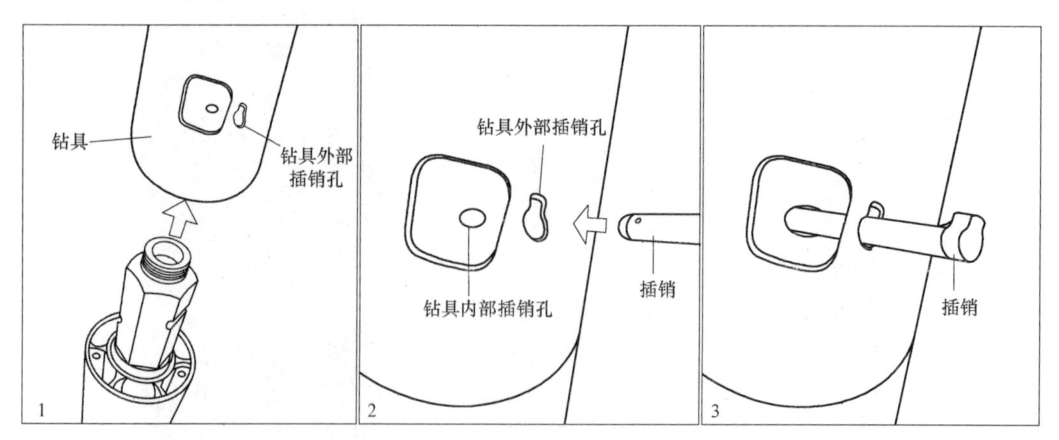

图7.2-15　六方接头连接及插销插入模型

2. 插销旋转就位

（1）当插销完全进入后，插销另一端从钻具内部插销孔穿出，此时将销帽转动180°，

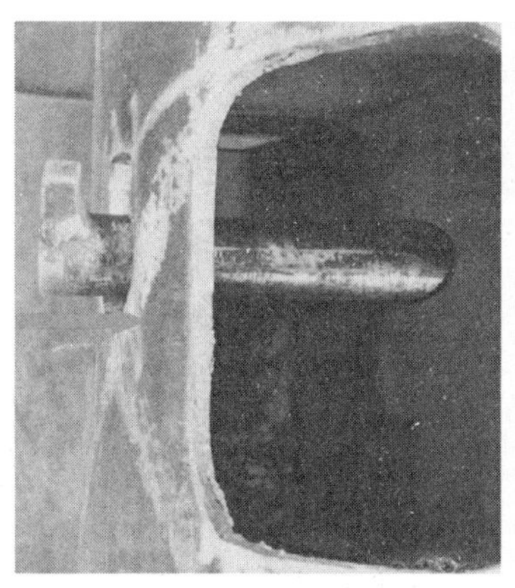

图 7.2-16 插销插入实操

使其与外部插销孔位置相互错位，销帽转动见图 7.2-17、图 7.2-18。

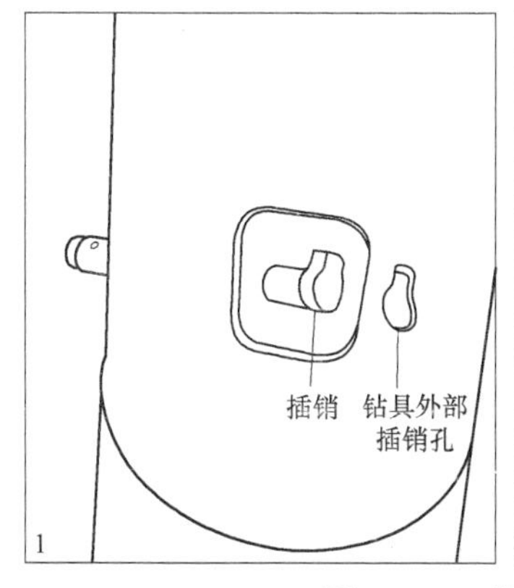

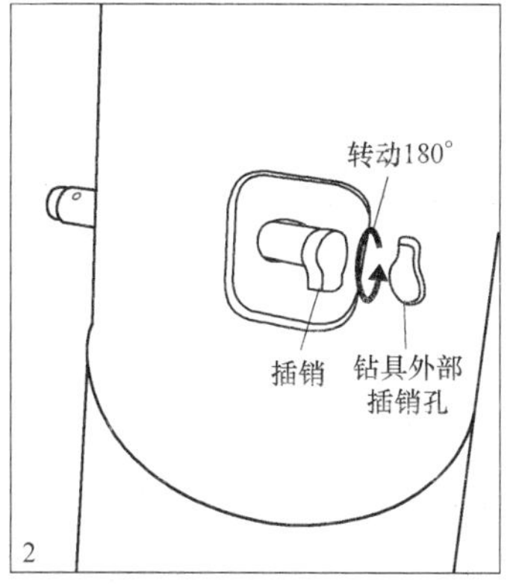

图 7.2-17 销帽转动模型

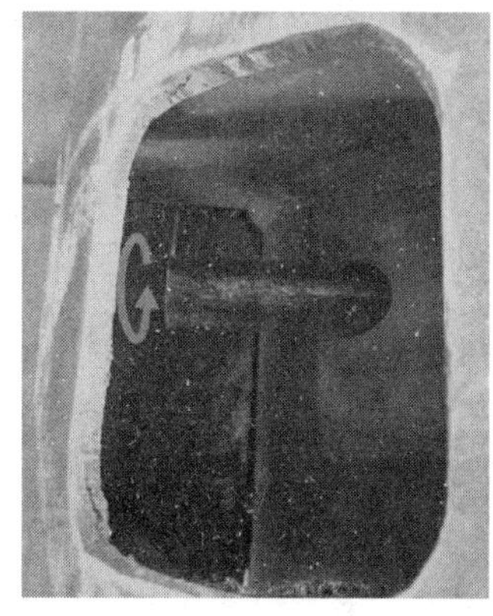

图 7.2-18 销帽转动 180°

(2) 当插销在外力作用下失效滑出时，会因销帽的独特设计而与外部插销孔错位无法滑出，销帽与外部插销孔相互错位见图 7.2-19。

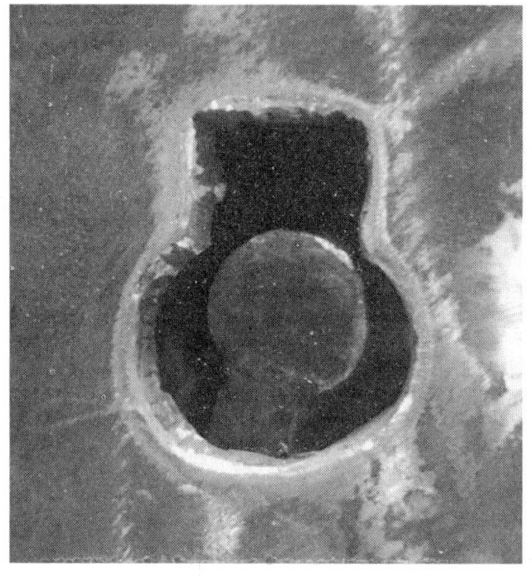

图 7.2-19 销帽与钻具外部插销孔错位

(3) 通过操作孔，在插销另一端弹簧销孔中插入弹簧销，并将其卡槽与销体相夹，保证插销固定在钻具内部插销孔中。具体见图 7.2-20、图 7.2-21。

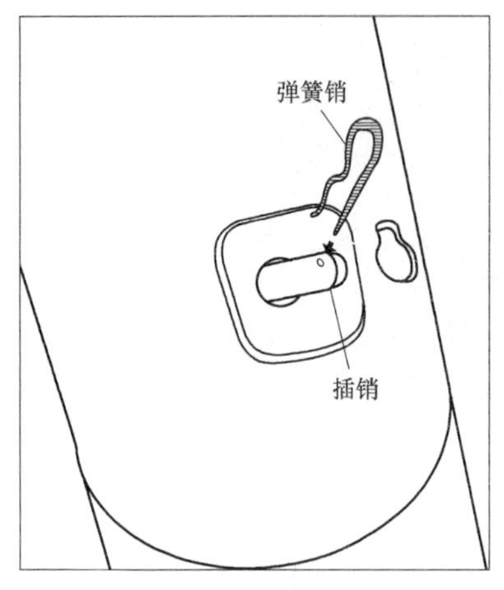

图 7.2-20 插入弹簧销模型

图 7.2-21 插入弹簧销

7.3 预应力管桩潜孔锤引孔吊脚桩处理技术

7.3.1 引言

深圳市龙岗区智慧公园项目位于深圳市龙岗中心城区，西侧为现有市政道路龙德南路，北侧为德政路，东侧为现有区政府人工湖，南侧为市民公园。场地呈准长方形，建筑设地下二层，其中北侧和东侧局部为一层地下室，基坑开挖面积约为 10457m^2，建筑净高度约 18m，基坑开挖深度 6.8～11.0m，基坑支护总长约 617.6m。拟建建筑采用天然地基浅基础，抗浮设计拟采用预应力管桩抗拔桩。

7.3.2 管桩设计与施工技术要求

1. 设计要求

(1) 管桩桩径 ϕ550mm，采用 PHC-AB，壁厚 130mm。

(2) 管桩为摩擦端承桩，桩端持力层为强风化岩层。

(3) 管桩单桩竖向承载力特征值 1500kN，单桩抗拔承载力特征值 500kN。

2. 施工技术要求

(1) 本工程设计预应力管桩采用静压法。

(2) 本工程采用标准封底十字刀刃桩尖。

(3) 桩端持力层为易受地下水浸湿软化层，在桩施打（压）完毕后立即往管内填灌混凝土，混凝土强度等级为 C25，灌注高度不少于 1m。

7.3.3 场地地层条件

根据钻探资料揭露，拟建场地岩土层按照成因类型，从上至下分为人工填土层

（Q^{ml}）、第四纪坡积层（Q^{dl}）、第四纪残积层（Q^{el}）及石炭系下统石灰岩层（C_1）。各岩土层的工程地质特征自上而下分述如下：

1. 人工填土层（Q^{ml}）

为新近填土，灰、灰褐、褐黄等杂色，松散，稍湿，由黏性土及建筑垃圾经人工堆填形成，碎石含量5%～15%，大小：3～9cm不等，平均厚度为2.16m。

2. 第四纪坡积层（Q^{dl}）

含砾黏土（地层编号为②）：红褐、黄褐色，湿，可塑—硬塑状，由粉黏粒组成，岩芯呈土柱状，平均厚度为2.59m。

粉质黏土（地层编号为③$_1$）：黄、黄褐色，湿，可塑—硬塑状；由泥质粉砂岩风化残积而成，见风化残余结构，局部夹少量碎石，平均厚度为6.45m。

粉质黏土（地层编号为③$_2$）：黄、黄褐色，湿，软—可塑状，由泥质粉砂岩风化残积而成，见风化残余结构，偶夹少量强风化泥质粉砂岩碎块，大小2～10cm，平均厚度为7.38m。

3. 石炭系下统泥质粉砂岩层（C_1）

全风化泥质粉砂岩：褐黄、褐红色，稍湿，硬塑—较硬；岩石风化成土状，遇水易软化，局部夹少量强风化泥质粉砂岩碎块，大小：2～9cm，个别达14cm，平均厚度为5.83m.

强风化泥质粉砂岩：褐黄、褐红色，稍湿，硬—较硬，岩石风化成土状，局部夹少量中风化泥质粉砂岩碎块，大小2～9cm，个别达18cm；由于原岩风化的不均匀性，普遍见厚度不等的全风化泥质粉砂岩夹层，平均厚度为5.86m。

强风化泥质粉砂岩：褐黄、褐红色，稍湿，硬—较硬，岩体基本质量等级为Ⅴ级，为极软岩—软岩。岩石风化成土夹碎石状，锤击声哑。局部夹较多中风化泥质粉砂岩碎块，大小4～16cm，个别达24cm，偶夹18～60cm全风化泥质粉砂岩，岩芯呈土柱状，岩体极破碎。平均厚度为7.75m。

场地地层影响预应力管桩施工的工程地质问题主要是分布强风化泥质粉砂岩硬质夹层，造成管桩穿透困难。钻孔K25、ZK32、ZK39剖面图见图7.3-1。

7.3.4　预应力管桩施工情况

本项目桩基设计为静压预应力管桩，总桩数572根，设计桩径ϕ550mm。由于场地广泛分布强风化泥质砂岩硬质夹层，因此预应力管桩施工前必须进行预引孔。

1. 预应力管桩大直径潜孔锤引孔

根据场地地层实际情况及施工经验，本工程预应力管桩引孔采用大直径潜孔锤施工，桩机履带式行走，潜孔锤引孔钻头直径ϕ520mm、引孔深度11～17 m。

现场预应力管桩引孔见图7.3-2。

2. 预应力管桩施工

（1）管桩引孔后施工

潜孔锤引孔完成后，即进行预应力管桩施工。由于项目处于龙岗中心城区，为避免噪声扰民，预应力管桩主要采用静压施工，对于个别基坑边个边静压桩机无法施工的角桩、边桩，则采用锤击管桩机施工。预应力管桩施工见图7.3-4。

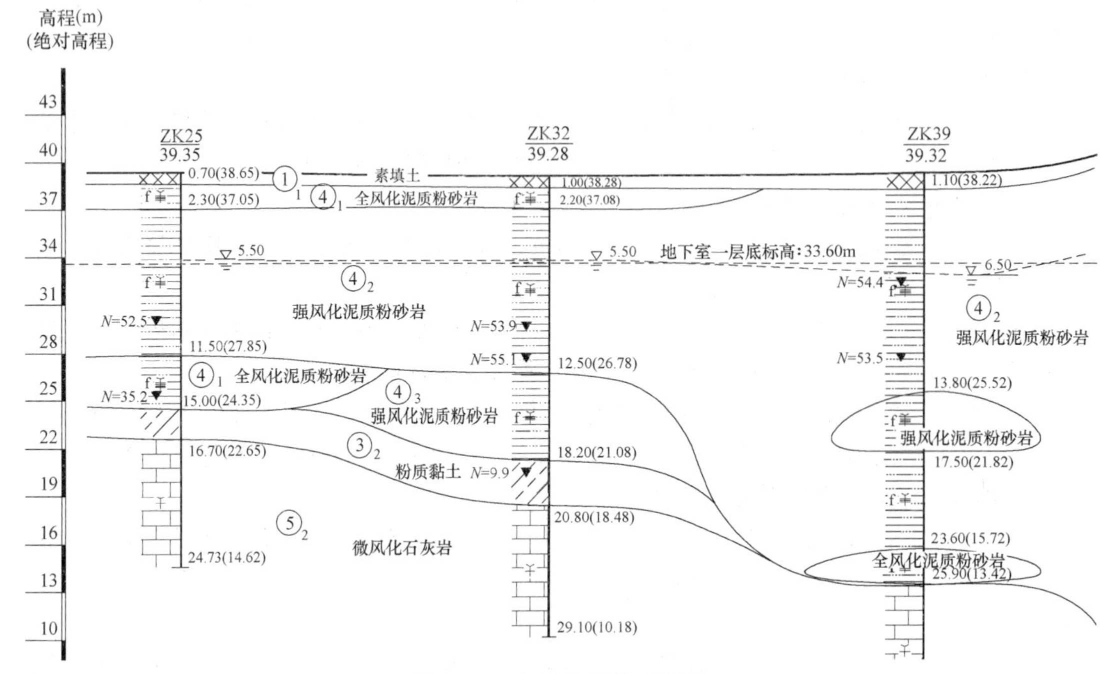

图 7.3-1　场地典型钻孔剖面

图 7.3-2　管桩潜孔锤引孔

图 7.3-3　潜孔锤引孔钻头和钻具

（2）吊脚桩情况

预应力管桩施工过程中，遇到部分桩施压（打）桩承载力终压荷载值大于设计要求，或最后三阵贯入度至小于设计要求已无法继续下压（打），导致管桩桩尖入土深度小于引孔深度的情况，俗称吊脚桩。经统计，出现吊脚桩共计 182 根桩，吊脚长度 0.10～6.00m。

具体吊脚桩情况见表 7.3-1。

图 7.3-4 潜孔锤引孔、预应力管桩施工现场

预应力管桩施工吊脚情况汇总表 表 7.3-1

吊脚长度(m)	吊脚根数(根)	吊脚桩比例(%)
<1	65	11.36
1～2	49	8.56
2～3	28	4.89
3～4	21	3.67
4～5	11	1.92
5～6	8	1.57
合计	182	32

7.3.5 预应力管桩引孔及施工吊脚桩产生原因分析

预应力管桩引孔施工中，时常出现预应力管桩实际入土长度比引孔深度小的吊脚情况，成为预应力管桩引孔施工中的质量通病。经多项工程实例分析，其产生原因主要有以下几方面：

1. 引孔底部沉渣影响

潜孔锤引孔的原理是潜孔锤在空压机的作用下，高压空气驱动冲击器内的活塞做高频往复运动，并将该运动所产生的动能源源不断的传递到钻头上，使钻头获得一定的冲击功；钻头在该冲击功的作用下，连续的、高频率对孔底硬岩施行冲击；在该冲击功作用下，形成体积破碎，达到引孔效果。

潜孔锤引孔时，部分泥渣、岩渣在空压机产生的风压下，沿潜孔锤钻杆与孔壁的间隙被吹至地面，并堆积在孔口。现场引孔过程中，一般土层段引孔速度快，泥渣上返速度快、孔口堆积泥渣偏多；但在硬质夹层段，引孔钻进速度慢，硬岩被破碎呈粉状，孔口堆积岩渣相对少。据现场统计，引孔完成后堆积在孔口的渣土一般为引孔体积的 30%～50%。因此，引孔完成后，孔底沉渣厚度较大。

预应力管桩设计为带十字钢桩尖沉入，下沉过程中桩身全断面会对孔内堆积的岩渣产生挤密效应，当挤密达到设计要求的静压力或贯入度时收锤，从而一定程度的吊脚桩现象。

本工程预应力管桩引孔施工孔口堆积岩渣、土渣情况见图7.3-5、图7.3-6。

图7.3-5　预应力管桩引孔施工孔口堆积岩渣情况（岩渣少）

图7.3-6　预应力管桩引孔施工孔口堆积土渣情况（土渣多）

2. 场地地层影响

本场地广泛分布强风化泥质粉砂岩硬质夹层，夹层厚度从数米至超过10m，据勘察报告显示，其硬质夹层引孔最深达14m以上。

在引孔过程中，堆积在孔底的渣土受夹层厚度不同导致其成分上存在一定的差异，如夹层薄的孔位，孔底堆积的泥土含量大，可压缩性好，管桩施工时可压至设计孔底标高或出现的吊脚量小；当引孔遇到全孔或硬质夹层厚的位置，孔口堆积量少，在孔底的多为粉粒状岩屑，其可压缩性差，造成吊脚偏大。

3. 引孔潜孔锤钻头和钻具直径偏小

本项目预应力管桩引孔潜孔锤直径为520mm，采用长螺旋钻具，钻具直径为300mm。受地层影响，部分引孔直径偏小，尤其是钻具直径偏细，在大风压冲击振动情况下，引孔容易出现垂直度超标，容易导致管桩施工时无法达到引孔深度。

7.3.6　工程桩验收及吊脚桩处理

本项目预应力管桩施工完成后，按设计和规范要求，对桩基进行了抗压试验和抗拔试验。试验选桩重点抽取了吊脚桩进行试验，试验结果抗压和抗拔结果均满足设计要求。

对于出现的预应力管桩吊脚桩的处理，经与建设、监理、设计、勘察、施工等多方现场会议商讨后，设计单位提出了采用高压注浆对吊脚桩进行加固处理的方案。

1. 吊脚桩注浆加固处理技术要求

（1）注浆孔成孔机械采用潜孔钻机，成孔直径130mm，孔深应大于管桩引孔深度0.5m；注浆孔终孔后应认真清孔，采用风动干钻成孔，高压风洗孔。

（2）第一次注浆完成后拔出套管，二次注浆预留注浆管耐压应大于5.0MPa，按0.5m间距钻对孔，孔径5mm，埋置之前用胶布包裹。

（3）注浆材料为P.O42.5R复合硅酸盐水泥，水灰比为0.45～0.50，注浆体强度等级为M25，注浆达到密实饱满。

（4）采用二次注浆，第一次采用常压注浆，压力约0.6MPa；第二次为高压注浆，初始注浆压力不小于 2.5MPa，二次注浆时间间隔及注浆压力可根据现场试验确定。

（5）注浆孔布置及相关技术参数见图 7.3-7。

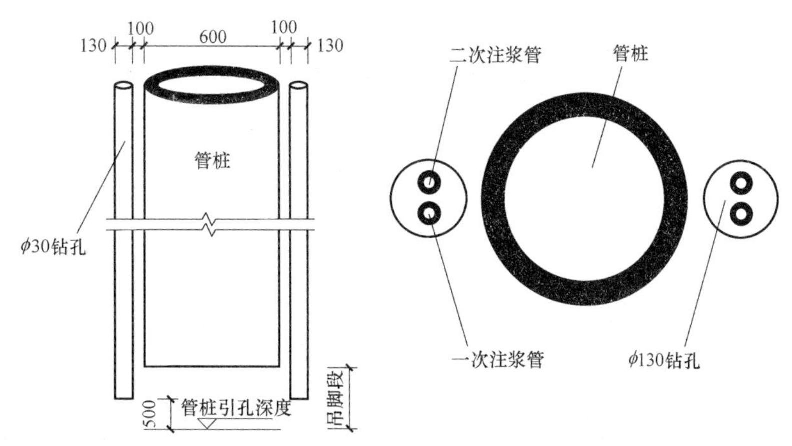

图 7.3-7 预应力管桩注浆加固处理平面、剖面图

2. 吊脚桩注浆加固处理

（1）正式加固前，先进行了三根试注浆后，正式进行注浆加固施工。试压桩分别选择吊脚系数 10%、15%、20%（吊脚系数＝吊脚长度/引孔深度），试压时记录成孔注浆孔直径、孔深、注浆次数、注浆压力、注浆量，并提出试注浆报告，按试注浆技术参数进行正式施工。

（2）正式注浆只对吊脚系数大于 20%的预应力管桩进行了处理，其一次注浆量的大小与地层相关，灌入浆量在正常计算范围，显示吊脚段在注浆前已被管桩压桩时挤密压实；二次注浆为高压注浆，注浆时其浆液会沿着注浆全孔和孔侧地层内渗透。二次注浆总注浆量约占其钻孔容积的 50%左右，注浆量少，说明预应力管桩桩侧为密实状。

（3）注浆完成后，未进行抗压和抗拔试验。现场预应力管桩吊脚桩注浆处理见图 7.3-8、图 7.3-9。

图 7.3-8 预应力管桩吊脚桩注浆孔成孔施工

7.3.7 预应力管桩引孔施工吊脚桩预防措施

预应力管桩施工时受场地地层的影响，复杂地层条件下难以避免辅助引孔，当引孔以穿透较厚填石、孤石、坚硬岩夹层等地下障碍物时，如何最大限度避免出现吊脚桩现象，经多个项目实践，总结出如下几点预防控制和处理措施：

1. 预防措施

（1）对填石、孤石、坚硬岩夹层，引孔宜采用大口径潜孔锤钻孔法，确保引孔穿透效果。

（2）在填石层引孔时，引孔潜孔锤钻头直径宜比管桩直径小 0～50mm；在孤石、坚硬岩夹层时，宜不小于管桩直径。

图 7.3-9　预应力管桩吊脚桩双管注浆

（3）引孔施工时，采取措施保证引孔钻机的平稳，并监测钻杆的垂直度；同时，在填石、孤石、坚硬岩夹层中引孔时，潜孔锤钻机的钻杆直径与管桩直径大小匹配，以最大限度减少引孔时钻具的晃动，造成引孔垂直度超标，导致后续管桩无法下沉到位。根据实际引孔施工经验，当预应力管桩直径为 500mm 时，潜孔锤钻杆直径宜不小于 426mm；当管桩直径为 600mm 时，钻杆直径宜不小于 560mm。

（4）对于引孔地层较厚的部位，为提高引孔后管桩在填石、孤石、硬岩夹层中的穿透能力，管桩桩尖宜选用锥型桩尖或开口型钢桩尖。

（5）引孔完成在管桩送入孔内后，应先调整管桩垂直度后再进行沉桩。

2. 处理措施

（1）对于吊脚长度较大的桩，有必要时，可采取吊脚范围段的桩侧注浆处理，施工时做好注浆记录。

（2）引孔时产生的孔内渣土会产生“瓶塞效应”，使得桩端难以达到引孔深度，针对此种情况，现场可选择一定数量的桩进行静载荷试验和抗拔试验，以验证桩的承载能力。

附：《大直径潜孔锤岩土工程施工新技术》自有知识产权情况统计表

章名	节名	类别	名称	编号	备注
第1章 潜孔锤预应力管桩引孔新技术	1.1 大直径潜孔锤预应力管桩引孔技术	工法	深圳市建设工程市级工法	SZSJGF025-2010	深圳市住房和建设局
		工法	广东省省级工法	GDGF054-2010	广东省住房和城乡建设厅
		科技成果鉴定	国内领先	粤建鉴字〔2010〕168号	广东省住房和城乡建设厅
		获奖	科学技术奖三等奖	2014-3-X02-D01	广东省土木建筑学会
	1.2 深厚填石层 ϕ800mm、超深预应力管桩施工技术	发明专利	预应力管桩及其施工方法	ZL 2014 1 0250049.2 证书号第2357734号	国家知识产权局
		实用新型专利	预应力管桩	ZL 2014 2 0301208.2 证书号第3912880号	国家知识产权局
		工法	深圳市建设工程市级工法	SZSJGF020-2014	深圳建筑业协会
		工法	广东省省级工法	GDGF092-2014	广东省住房和城乡建设厅
		科技成果鉴定	国内领先	粤建鉴字〔2014〕73号	广东省住房和城乡建设厅
		获奖	科学技术奖三等奖	科-3-06-D01	广东省市政行业协会
第2章 大直径潜孔锤灌注桩施工新技术	2.1 灌注桩潜孔锤全护筒跟管管靴技术	发明专利	潜孔锤跟管钻头	ZL 2014 1 0849858.5 证书号第2585271号	国家知识产权局
		实用新型专利	潜孔锤跟管钻头	ZL 2014 2 0870957.7 证书号第4397426号	国家知识产权局
		实用新型专利	潜孔锤全护筒跟管钻进的管靴结构	ZL 2014 2 0436322.6 证书号第4098251号	国家知识产权局
		科技成果鉴定	国内领先	粤建鉴字〔2015〕23号	广东省住房和城乡建设厅

续表

章名	节名	类别	名称	编号	备注
第2章大直径潜孔锤灌注桩施工新技术	2.2大直径潜孔锤全护筒跟管灌注桩施工技术	实用新型专利	引孔设备	ZL 2013 2 0622206.9 证书号第3564574号	国家知识产权局
		实用新型专利	潜孔锤全护筒的灌注桩孔施工设备	ZL 2013 2 0365744.4 证书号第3428030号	国家知识产权局
		工法	深圳市建设工程市级工法	SZSJGF0034-2012	深圳建筑业协会
		工法	广东省省级工法	GDGF154-2012	广东省住房和城乡建设厅
		科技成果鉴定	国内领先	粤建鉴字〔2012〕231号	广东省住房和城乡建设厅
		获奖	科学技术奖三等奖	2017-3-X48-D01	广东省土木建筑学会
		论文	填石层潜孔锤全护筒跟管钻孔灌注桩施工技术	《施工技术》	2013(Vol. 42)增刊
	2.3灌注桩潜孔锤钻头耐磨器跟管钻进技术	科技成果鉴定	国内领先	粤建鉴字〔2015〕24号	广东省住房和城乡建设厅
	2.4灌注桩旋挖集束式潜孔锤硬岩钻进成桩施工技术	发明专利	旋挖集束式潜孔锤的硬岩钻进成桩施工方法	201910834220.7	申请受理中
		实用新型专利	旋挖集束式潜孔锤的硬岩钻进成桩施工结构	ZL 2019 2 1466145.5 证书号第11206349号	国家知识产权局
		实用新型专利	用于硬岩层钻进的潜孔锤装置	ZL 2019 2 1466005.8 证书号第10719680号	国家知识产权局
第3章大直径潜孔锤基坑施工新技术	3.1基坑支护潜孔锤硬岩成桩综合施工技术	实用新型专利	基坑支护钻孔灌注桩施工设备	ZL 2015 2 0334560.X 证书号第4679095号	国家知识产权局
		工法	深圳市建设工程市级工法	SZSJGF019-2015	深圳建筑业协会
		工法	广东省省级工法	GDGF196-2015	广东省住房和城乡建设厅
		科技成果鉴定	国内领先	粤建鉴字〔2015〕22号	广东省住房和城乡建设厅
		获奖	科学技术奖一等奖	DZXHKJ171-9	广东省地质学会
	3.2支护桩硬岩大直径锥形潜孔锤钻进施工技术	实用新型专利	一种高效潜孔锤钻头	ZL 2019 2 1829518.0 证书号第10989926号	国家知识产权局
		实用新型专利	一种灌注桩硬岩钻孔装置	ZL 2019 2 1853502.3 证书号第10988793号	国家知识产权局
		外观设计专利	锥形潜孔锤	ZL 2019 3 0018577.9 证书号第5558846号	国家知识产权局

续表

章名	节名	类别	名称	编号	备注
第3章 大直径潜孔锤基坑施工新技术	3.2 支护桩硬岩大直径锥形潜孔锤钻进施工技术	工法	深圳市建设工程市级工法	SZSJGF107-2019	深圳建筑业协会
		科技成果鉴定	国内领先	粤建协鉴字〔2020〕774 号	广东省建筑业协会
	3.3 地下管廊硬质基岩潜孔锤、绳锯切割综合开挖技术	实用新型专利	城市地下管廊硬质岩体绳锯切割开挖结构	ZL 2017 2 0272514.1 证书号第 7003849 号	国家知识产权局
		实用新型专利	硬质岩体绳锯切割结构	ZL 2017 2 0279039.0 证书号第 6623792 号	国家知识产权局
		工法	深圳市建设工程市级工法	SZSJGF054-2018	深圳建筑业协会
		工法	广东省省级工法	GDGF226-2018	广东省住房和城乡建设厅
		科技成果鉴定	国内先进	粤建协鉴字〔2018〕040 号	广东省建筑业协会
		获奖	科学技术奖三等奖	2019-3-X14-D01	广东省土木建筑学会
	3.4 填石层自密实混凝土潜孔锤跟管止水帷幕施工技术	发明专利	深厚填石层止水帷幕潜孔锤跟管咬合桩综合施工方法	202010531074.3	申请受理中
		实用新型专利	深厚填石层止水帷幕潜孔锤跟管咬合综合施工结构	202021071020.5	申请受理中
		科技成果鉴定	国内领先	粤建协鉴字〔2020〕746 号	广东省建筑业协会
	3.5 限高区基坑咬合桩硬岩全回转与潜孔锤组合钻进技术	发明专利	限高区基坑咬合桩硬岩钻进施工系统及施工方法	202010561736.1	申请受理中
		实用新型专利	限高区基坑咬合桩硬岩钻进施工系统	202021146636.4	申请受理中
		工法	深圳市建设工程市级工法	SZSJGF078-2020	深圳建筑业协会
		科技成果鉴定	国内领先	粤建协鉴字〔2020〕754 号	广东省建筑业协会
第4章 地下连续墙大直径潜孔锤成槽新技术	4.1 地下连续墙硬岩大直径潜孔锤成槽施工技术	实用新型专利	地下连续墙入岩成槽施工设备	ZL 2015 2 0430642.5 证书号第 5076083 号	国家知识产权局
		工法	深圳市建设工程市级工法	SZSJGF007-2016	深圳建筑业协会
		工法	广东省省级工法	GDGF056-2016	广东省住房和城乡建设厅
		科技成果鉴定	国内领先	粤建鉴字〔2016〕20 号	广东省住房和城乡建设厅
		获奖	科学技术奖三等奖	2018-3-X02-D01	广东省土木建筑学会

续表

章名	节名	类别	名称	编号	备注
第4章 地下连续墙大直径潜孔锤成槽新技术	4.2 地下连续墙超深硬岩成槽综合施工技术	实用新型专利	带截齿的地下连续墙成槽机液压抓斗	ZL 2017 2 0340463.1 证书号第 6623553 号	国家知识产权局
		工法	深圳市建设工程市级工法	SZSJGF009-2017	深圳建筑业协会
		工法	广东省省级工法	GDGF240-2017	广东省住房和城乡建设厅
		科技成果鉴定	国内领先	粤建学鉴字[2017]第 024 号	广东省土木建筑学会
		获奖	科学技术奖三等奖	2019-3-X102-D01	广东省土木建筑学会
	4.3 深厚硬岩地下连续墙潜孔锤跟管咬合引孔成槽施工技术	发明专利	深厚硬岩地下连续墙成槽施工方法及其结构	202010186621.9	申请受理中
		科技成果鉴定	国内领先	粤建协鉴字〔2020〕771 号	广东省建筑业协会
		论文	硬岩地下连续墙潜孔锤跟管咬合引孔成槽施工技术	《第十一届全国基坑工程研讨会论文集》	中国建筑学会建筑施工分会
第5章 潜孔锤地基处理、锚固施工新技术	5.1 潜孔冲击高压旋喷水泥土桩及复合预制桩施工技术（知识产权属北京荣创岩土工程股份有限公司）	发明专利	潜孔冲击高压旋喷桩的施工工艺和设备	ZL 2011 1 0293700.0 证书号第 1278876 号	国家知识产权局
		发明专利	喷射器、钻头组合结构及组合钻具	ZL 2011 1 0298252.3 证书号第 1348595 号	国家知识产权局
		实用新型专利	潜孔冲击旋喷搅拌桩施工设备	ZL 2017 2 0544885.0 证书号第 6940559 号	国家知识产权局
		实用新型专利	气浆分离装置及具有该装置的钻杆组合结构	ZL 2011 2 0370314.2 证书号第 2313327 号	国家知识产权局
		实用新型专利	在底部喷射高压浆液的潜孔冲击设备	ZL 2017 2 0550134.X 证书号第 6909841 号	国家知识产权局
		获奖	发明专利奖三等奖	ZL201110293700.0	北京市人民政府
		获奖	科学技术奖三等奖	2015 城-3-002	北京市人民政府
		获奖	华夏建设科学技术奖三等奖	2016-3-7601	华夏建设科学技术奖励委员会
		获奖	全国建设行业科技成果推广项目	2015126	住房和城乡建设部科技发展促进中心

续表

<table>
<tr><th>章名</th><th>节名</th><th>类别</th><th>名称</th><th>编号</th><th>备注</th></tr>
<tr><td rowspan="14">第5章
潜孔锤地基处理、锚固施工新技术</td><td rowspan="2">5.1潜孔冲击高压旋喷水泥土桩及复合预制桩施工技术</td><td>获奖</td><td>科技进步奖一等奖</td><td>16KJJ-1-06-01</td><td>中华全国工商业联合会</td></tr>
<tr><td>获奖</td><td>中国专利优秀奖</td><td>ZL 201110293700.0</td><td>国家知识产权局</td></tr>
<tr><td rowspan="5">5.2松散地层抗浮锚杆潜孔锤双钻头顶驱钻进施工技术</td><td>发明专利</td><td>一种抗浮锚杆双钻头成孔施工方法</td><td>ZL 2018 1 0781322.2
证书号第3964498号</td><td>国家知识产权局</td></tr>
<tr><td>实用新型专利</td><td>一种双钻头的钻进结构</td><td>ZL 2018 2 1145403.5
证书号第8516719号</td><td>国家知识产权局</td></tr>
<tr><td>工法</td><td>深圳市建设工程市级工法</td><td>SZSJGF080-2018</td><td>深圳建筑业协会</td></tr>
<tr><td>工法</td><td>广东省省级工法</td><td>GDGF223-2018</td><td>广东省住房和城乡建设厅</td></tr>
<tr><td>科技成果鉴定</td><td>省内领先</td><td>粤建协鉴字〔2018〕047号</td><td>广东省建筑业协会</td></tr>
<tr><td rowspan="7">5.3海上平台斜桩潜孔锤锚固施工技术</td><td>发明专利</td><td>抗拔桩结构及其施工方法</td><td>ZL 2014 1 0425689.2
证书号第2359078号</td><td>国家知识产权局</td></tr>
<tr><td>实用新型专利</td><td>抗拔桩结构</td><td>ZL 2014 2 0485723.0
证书号第4098001号</td><td>国家知识产权局</td></tr>
<tr><td>工法</td><td>深圳市建设工程市级工法</td><td>SZSJGF057-2017</td><td>深圳建筑业协会</td></tr>
<tr><td>工法</td><td>广东省省级工法</td><td>GDGF241-2017</td><td>广东省住房和城乡建设厅</td></tr>
<tr><td>科技成果鉴定</td><td>国内领先</td><td>粤建协鉴字〔2017〕82号</td><td>广东省建筑业协会</td></tr>
<tr><td>获奖</td><td>科学技术奖二等奖</td><td>2018-2-X60-D01</td><td>广东省土木建筑学会</td></tr>
<tr><td colspan="4"></td></tr>
<tr><td rowspan="7">第6章
潜孔锤绿色施工新技术</td><td rowspan="4">6.1灌注桩潜孔锤钻进串筒式叠状降尘防护施工技术</td><td>发明专利</td><td>伸缩式钻进防护罩结构</td><td>201911121862.9</td><td>申请受理中</td></tr>
<tr><td>实用新型专利</td><td>伸缩式钻进防护罩结构</td><td>ZL 2019 2 1987379.4
证书号第11200000号</td><td>国家知识产权局</td></tr>
<tr><td>工法</td><td>深圳市建设工程市级工法</td><td>SZSJGF106-2019</td><td>深圳建筑业协会</td></tr>
<tr><td>科技成果鉴定</td><td>国内先进</td><td>粤建协鉴字〔2020〕775号</td><td>广东省建筑业协会</td></tr>
<tr><td>6.2灌注桩潜孔锤钻进孔口合瓣式防尘罩施工技术</td><td>实用新型专利</td><td>一种合瓣式孔口防尘装置</td><td>202020293116.X</td><td>申请受理中</td></tr>
<tr><td rowspan="2">6.3灌注桩大直径潜孔锤气液钻进降尘施工技术</td><td>发明专利</td><td>一种大直径潜孔锤钻进降尘系统及降尘方法</td><td>202010165315.7</td><td>申请受理中</td></tr>
<tr><td>实用新型专利</td><td>一种大直径潜孔锤钻进降尘系统</td><td>202020293409.8</td><td>申请受理中</td></tr>
</table>

续表

章名	节名	类别	名称	编号	备注
第 6 章 潜孔锤绿色施工新技术	6.3 灌注桩大直径潜孔锤气液钻进降尘施工技术	工法	深圳市建设工程市级工法	SZSJGF034-2020	深圳建筑业协会
		科技成果鉴定	国内先进	粤建协鉴字〔2020〕753 号	广东省建筑业协会
	6.4 润滑潜孔锤冲击器自动虹吸油雾技术	发明专利	自动虹吸润滑装置	202010519536. X	申请受理中
		实用新型专利	自动虹吸润滑装置	202021061927. 3	申请受理中
		实用新型专利	基于潜孔锤供给润滑油的油管结构	202021054012. X	申请受理中
		实用新型专利	基于潜孔锤供给润滑油的储油结构	202021053398. 2	申请受理中
第 7 章 潜孔锤施工事故处理新技术	7.1 潜孔锤钻具活动式卡销打捞技术	发明专利	潜孔锤钻具的打捞方法	202010220615. 0	申请受理中
		实用新型专利	具有活动式卡销的潜孔锤钻具打捞装置	202020423550. 5	申请受理中
		实用新型专利	便于准确对位的潜孔锤钻具的打捞装置	202020405524. X	申请受理中
		工法	深圳市建设工程市级工法	SZSJGF061-2020	深圳建筑业协会
		科技成果鉴定	国内领先	粤建协鉴字〔2020〕752 号	广东省建筑业协会
		获奖	科学技术奖二等奖	（证书待发）	广东省地质学会
	7.2 潜孔锤钻具六方接头插销防脱技术	实用新型专利	适用于潜孔锤钻具六方接头的插销防脱装置	202020543016. 8	申请受理中